www.ingramcontent.com/pod-product-compliance
Ingram Content Group UK Ltd.
Pitfield, Milton Keynes, MK11 3LW, UK
UKHW020108200726
13856UKWH00002B/444

9 782011 950543

Une expérience de trente années passées dans l'Industrie du Tissage m'a fait toucher du doigt les lacunes qui peuvent subsister dans l'instruction des jeunes gens qui se destinent à la carrière de directeurs ou d'employés supérieurs de tissage, même s'ils ont suivi avec succès les cours des Ecoles supérieures de Tissage.

C'est dans le but de faciliter à ces jeunes gens leurs débuts dans la carrière industrielle que j'ai réuni en un volume les notes et documents qui m'ont paru pouvoir les intéresser.

Je dédie ce volume à mes jeunes collègues, leur souhaitant d'y trouver des conseils qui leur soient de quelque utilité et des données inédites qui les renseigneront sur ce qui se fait de nouveau en mécanique appliquée à l'industrie du tissage.

JULES-VICTOR SCHLUMBERGER.

PRÉFACE

Au sortir des écoles, le jeune directeur n'a qu'une connaissance générale, théorique surtout, des procédés usités en tissage. Il connaît les diverses phases par lesquelles doit passer le fil livré par la filature, pour être manutentionné et converti en tissus.

Les questions de préparation du fil, de la formation des chaînes, de leur encollage et de leur montage sur métiers; les productions, salaires, tissus et armures diverses, formeront dans notre étude autant de chapitres distincts, traités à fond et qui indiqueront clairement au lecteur les procédés les plus modernes employés dans les premiers établissements du continent et des Etats-Unis.

Nous laisserons de côté la partie construction de machines elles-mêmes, chaque industriel ayant le choix entre de nombreux constructeurs se faisant concurrence et offrant à l'industrie des machines de préparation et des métiers à tisser se ressemblant à peu près tous et ne différant guère que par leur prix de vente.

Ce que nous cherchons surtout à mettre en lumière, ce sont les procédés nouveaux de fabrication, ainsi que les dernières machines créées, souvent peu connues, arrivant actuellement sur le marché et qui marquent

un progrès sensible sur ce qu'on connaissait jusqu'à présent.

Cet ouvrage est précédé d'un aperçu historique de la filature et du tissage dans nos régions et est divisé en plusieurs parties comprenant :

L'historique de la Filature et du Tissage en Alsace depuis les temps les plus reculés jusqu'à nos jours et un Aide-mémoire pratique de Tissage mécanique et en particulier du Tissage du coton, comprenant les principes de mécanique sur les poulies et engrenages.

Notions sur la composition et la décomposition des tissus.

Analyse des tissus fondamentaux.

Formules, Renseignements usuels.

Données pratiques pour toutes les opérations du tissage.

Réglage des machines.

Etablissement des prix de revient, etc.

Le tout, représentant la troisième édition de cet Aide-mémoire, qui a obtenu jusqu'à présent, pour ses deux éditions précédentes, la faveur du public spécial auquel elles étaient destinées.

Matières traitées dans l'Aide-mémoire de Tissage

Chaîne. — Réception des filés chaîne. Leur distribution et leur préparation.

Bobinage, Ourdissage, Encollage, Rentrage, Rappondage. Montage des chaînes sur métiers.

Trame. — Réception des filés trame. Leur distribution. Mouillage des cannettes. Essoreuses. Navettes. Diverses sortes de trames.

Le Métier à tisser. — Du choix du métier, de son réglage, vitesses, divers systèmes, productions, calculs de poulies, des pignons, etc.

Des défauts.

Tissus façonnés, Ratières, Jacquards.

Tarifs, façons, laizes.

Nouveaux systèmes de métiers. Métiers automatiques, à changement de navettes, à changement de cannettes.

Payes, Primes, etc.

Moteurs et générateurs.

Transmissions. Renvois. Transmissions par câbles, par l'électricité.

Assurances ouvrières, Caisses des malades, Caisses de retraite, de vieillesse. Amendes, Permissions, Sorties, Heures de travail.

Eclairage, Ventilation, Humidification.

Vestiaires, Lavabos, Dispensaires, Réfectoires, etc.

HISTORIQUE DE LA FILATURE ET DU TISSAGE

de 1430 à nos jours

Il paraît qu'en 1430 déjà, on connaissait, en Angleterre, le coton en laine, puisque Hackluyt, dans un opuscule de cette date intitulé *Marche de la Politique anglaise*, nous dit que les Gênois fournissaient à l'Angleterre du coton du Levant, commerce qu'ils conservèrent jusque vers l'an 1534. Depuis cette époque, un grand nombre de vaisseaux, frétés à Londres ou à Bristol, entretenaient un vaste commerce avec la Sicile, l'île de Chypre, Tripoli, et même avec la Syrie.

Chargés, pour y aller, de différentes étoffes de laine, ils en rapportaient des soies, du coton, des laines, etc.

Ce commerce prit bientôt une grande extension entre les mains des négociants d'Anvers, au détriment des Anglais, qui cessèrent de l'exploiter entièrement en 1575.

Weeler, qui écrivait en 1601, assure qu'un peu avant les troubles des Pays-Bas les Anversois étaient devenus les plus grands négociants du monde et que le coton était un des nombreux articles dont ils fournissaient l'Europe à cette époque ; ils le tiraient en partie de la Sicile, du Levant, et quelquefois de Lisbonne.

Après le sac d'Anvers, le commerce anglais dans le Levant reprit son ancienne splendeur. Il était brillant en 1621, comme on le voit par le témoignage de M. Munu qui, dans son *Traité de commerce de l'Inde,* parle de coton, comme de l'un des articles importés par les marchands anglais des côtes de la Méditerranée.

Il est probable que les premières fabriques de futaines furent établies en Italie ; que, de là, elles passèrent dans les Pays-Bas, d'où elles furent introduites en Angleterre.

Cette opinion est d'autant plus raisonable qu'on croit que les fabriques de Bolton et de Manchester furent élevées par des réfugiés protestants. On y fabriqua, pour la première fois, des futaines dans

le commencement du XVIIe siècle, et l'on peut supposer avec raison que le premier établissement régulier ne remonte pas plus haut.

Le premier document authentique sur les manufactures de coton se trouve dans un ouvrage publié en 1646 par Robert.

« La ville de Manchester, dit-il, achète à Londres du coton en « laine, qui vient de Chypre et de Smyrne, pour en faire de la « futaine, des bazins, de belles toiles peintes en rouge, qu'elle « envoie à Londres, d'où on les expédie à l'étranger. »

Une loi somptuaire de Jacques Ier, passée au Parlement d'Ecosse en 1681, prouve indubitablement que la fabrication des étoffes de coton était assez avancée dans ce pays à cette époque.

C'était à la main que l'on filait alors à Manchester, à l'aide d'une machine connue sous le nom de *roue à un fil*.

Cet appareil, très simple, consistait en un seul fuseau mis en mouvement au moyen d'une roue. De la main droite on faisait tourner la roue, la gauche tenait le fil.

En 1745, Montaran fit venir de la Chine des rouets, au moyen desquels on obtenait un fil moins grossier que celui qui était filé sur les rouets ordinaires.

Ce fut vers l'an 1760 que James Hargreaves (que l'on peut considérer comme l'inventeur de la filature), cardeur et tisserand dans le Lancashire, imagina la carde à bloc, composée de deux cardes ordinaires, dont l'une était fixée sur un bloc et l'autre mobile, au moyen de cordes qui passaient sur des poulies.

Un cardeur faisait ainsi deux fois plus d'ouvrage qu'auparavant. Ce fut le premier pas fait pour perfectionner les procédés du filage du coton ; mais cette première invention ne tarda pas à être remplacée par un autre moyen de carder infiniment plus avantageux : les *cardes à tambours*.

Le nom de l'inventeur de cette excellente machine est resté ignoré.

On sait seulement que le père du célèbre Sir Robert Peel, qui a été ministre de l'Intérieur en Angleterre, fut le premier manufacturier qui en fit usage, en 1762, dans ses fabriques de Blackburn.

Ces cardes ne différaient pas beaucoup de celles dont on se sert aujourd'hui. Elles n'avaient pas le peigne qui détache le coton du cylindre de décharge ; cette opération était faite par deux ouvriers

munis de cardes à la main, qui les appliquaient alternativement au tambour finisseur et en retiraient le coton.

En 1767, le même James Hargreaves inventa la *Jeannette* (The Spinning Jenny), dont on se sert encore dans certaines localités pour filer la laine cardée. Après plusieurs essais, il parvint à faire un métier à 8 broches. Une courroie sans fin, horizontale, les faisait tourner, tandis qu'il leur présentait autant de boudins de coton cardé, tenus entre deux morceaux de bois, qu'il serrait avec les mains, en faisant en même temps un mouvement rétrograde pour former les aiguillées du fil.

Il les enroulait ensuite sur les broches en s'en approchant.

Il augmenta successivement le nombre des broches jusqu'à 80.

Il alla s'établir à Notthingham, où il éleva une filature d'après son système.

L'invention d'Hargreaves, que l'on commençait à adopter malgré la résistance de la population ouvrière, fut remplacée, en 1769, par l'invention plus importante des cylindres à étirer, due à Arkwright, du Lancashire, qui vint se fixer à Notthingham en 1778, du vivant même de Hargreaves.

Samuel Crompton, réunissant les deux systèmes de Sir Hargreaves et de Arkwright, inventa le *Mull Jenny*, qui ne fut introduit dans les fabriques que vers l'an 1786, et qui a été en usage depuis.

Il est à remarquer que ces inventions n'eurent lieu que peu de temps avant la Révolution française, qui fit cesser toute relation entre les deux pays dès 1792.

Alors, nous n'avions fait qu'entrevoir, en France, cette nouvelle industrie, et nous ne l'avions que fort peu étudiée sous le rapport de son importance, quand toute la population fut appelée sous les armes.

Toute industrie, excepté celle qui avait la guerre pour objet, fut pour ainsi dire suspendue entièrement. Il est vrai qu'en 1800, sous le ministère de M. le comte de Chaptal, Liewen Bowans, de Liège, nous fit connaître le système de filature en usage en Angleterre depuis plus de dix ans.

Alors, de grandes manufactures de coton s'élevèrent à Rouen, à Lille, à Mulhouse et dans ses environs, et partout où l'on pouvait trouver une chûte d'eau et des bâtiments. Ce n'est toutefois que

depuis 1816, époque à partir de laquelle on a pu aller librement en Angleterre et en tirer des ouvriers, tant pour la construction que pour la conduite des métiers, qu'on a obtenu des résultats comparables à ceux des Anglais.

Premières filatures en France. — Ce n'est guère qu'aux dernières années du XVIIe siècle que remonte la fabrication des fils et tissus de coton en France. En 1668, il ne fut importé du Levant en France que 450,000 livres de coton en laine, et 1,450,000 livres de coton filé.

En 1740, l'importation du coton en laine s'élevait déjà à 3,851,000 livres et celle du coton filé à 2,014,778 livres.

Jusqu'en 1750, le coton n'était encore filé qu'à la main.

En 1765, une manufacture de coton fut établie à Amiens et les directeurs de cette fabrique firent exécuter en 1773, sur les dessins qu'ils s'étaient procurés en Angleterre, des machines à filer le coton qui mettaient en action de 16 à 20 broches.

Dans les années suivantes, différents essais furent tentés, mais ils ne prirent de la consistance qu'après la guerre d'Amérique. En 1784, le sieur Martin, d'Amiens, importa le premier en France les machines à filer le coton, inventées en Angleterre, et il obtint, à ce titre, l'autorisation de fonder une manufacture privilégiée à l'Epine, sur la rivière de Seine, près Arpajon.

Premiers tissages en France. — Ce n'est que vers les premières années du XVIIIe siècle que la fabrication des tissus de coton prit de l'extension en France.

En 1803, on commença à former, à Saint-Quentin, des établissements pour la filature et le tissage du coton. A Tarare, l'industrie cotonnière marchait sur la même ligne que Saint-Quentin.

En 1806, le jury déclara dans son rapport que l'art de filer et tisser le coton était parfaitement établi en France.

Le coton, provenant du Levant et filé à la main dans les Vosges, ne permettait pas de faire mieux, et il fallut que la création de la filature du coton à la mécanique vînt révolutionner toute cette industrie et rendre possible la fabrication des étoffes supérieures. Tous les articles tissés l'étaient à la main; des métiers à bras, disséminés dans les campagnes, étaient la propriété des industriels ayant

filatures, ou même celle des ouvriers eux-mêmes et les filés, enroulés sur les ensouples de chaîne, étaient envoyés à domicile chez les tisserands.

Les trames leur étaient livrées et pesées et les tissus finis étaient rapportés aux industriels contre paiement de la façon au tisserand. Des agglomérations de métiers à bras se formèrent peu à peu, on ouvrit des ateliers réunissant un certain nombre de métiers sous la surveillance d'un contremaître; ce fut là l'origine des premiers tissages en France, dans les années 1750 à 1780.

Ce fut d'abord Paris et ses environs immédiats qui alimentèrent Mulhouse en tissus, jusqu'à ce que la filature eût pris naissance en Alsace même.

Les premiers essais furent naturellement très imparfaits, parce que l'art de la construction mécanique en Alsace était encore dans son enfance.

Filatures et tissages en Alsace. — Après Amiens, ce fut en Picardie, dans les Flandres, en Normandie, puis seulement en Alsace, que furent créées des filatures et, à leur suite, des ateliers de tissage.

La filature fondée en 1802, à Wesserling, par Gros, Davilliers, Roman et Co, et dont les bâtiments existent encore, fut, selon toute apparence, le premier établissement mécanique de ce genre en Alsace.

Puis vint celui établi à Bollwiller par N[as] Dollfus et Lischy-Dollfus, entre 1804 et 1806.

M. Antoine Herzog créa, un peu plus tard, de grands établissements au Logelbach, près Colmar, en 1806.

On vit ensuite se construire une filature à Willer, en 1805-1806, par M. Isaac Kœchlin.

A Massevaux, en 1809, par MM. N[as] Kœchlin et frères, et à Mulhouse par MM. Blech, Fries & Cie.

A Guebwiller, par MM. N[as] Schlumberger & Cie en *1810*, et, en *1812*, par Dollfus-Mieg & Cie, à Mulhouse.

En 1820, à Munster, par Jacques Hartmann.

Les métiers à tisser, naturellement, augmentèrent en proportion du nombre des broches de filatures créées en Alsace.

Mulhouse, Guebwiller, Wesserling, Munster, Colmar et leurs environs eurent rapidement une population très nombreuse de tisserands à bras et, quand les premiers métiers mécaniques arrivèrent sur le marché, la création de tissages exploitant des centaines de métiers simplifia énormément le travail du tissage.

Les derniers métiers à tisser à bras, pour l'industrie du coton, disparurent après 1870 et furent remplacés partout par des métiers mécaniques.

Les progrès réalisés en tissage eurent une marche continue et actuellement le tissage de tous textiles est arrivé à un degré de perfection que jamais on n'eût osé prévoir, il y a 50 ans à peine!

Nous donnons, dans le chapitre traitant du métier à tisser, la description détaillée des métiers automatiques les plus modernes, et qui prouvent abondamment que le génie de l'homme n'a pas de limites et tend de plus en plus à perfectionner les moyens de travail mis à sa disposition.

Ouvrages consultés :

Traité élémentaire de la filature du coton, par Oger. (1839, Mulhouse, P. Baret.)

Manuels Roret. — *Histoire de la Filature et du Tissage*, par E. Lorentz & Cie. (L. Julien. Paris, 1844.)

Nouveau système complet de Filature de coton usité en Angleterre, par Molard jeune. (Paris, Bachelier, 1828.)

Relation historique des progrès de l'Industrie commerciale de Mülhausen et ses environs, par Mathieu Mieg l'aîné. (C. Engelmann, à Mulhouse, 1823.)

L'Industrie de Mulhouse au XIXe siècle. Histoire documentaire, par la Société industrielle. (Veuve Bader et Cie. Mulhouse, 1902.)

INTRODUCTION

La solution des différentes questions qui se présentent journellement à résoudre dans le travail du tissage mécanique, ne nécessite pas la connaissance de mathématiques élevées; nous n'avons à faire usage dans l'établissement des calculs que des règles élémentaires de l'arithmétique, règles de trois, règles de proportions, et des notions les plus élémentaires d'algèbre. Nous supposons donc le lecteur possédant ces connaissances sommaires, et nous ne les exposerons pas ici; nous ne ferons que résumer brièvement les principes généraux de mécanique relatifs aux poulies et aux roues d'engrenage qui, une fois établis, nous dispenseront d'envisager ce point de vue de l'étude de chaque machine, et par conséquent nous éviteront de nombreuses répétitions. — Le lecteur qui n'aurait étudié que l'arithmétique sera ainsi à même de résoudre également les autres questions qui lui seraient étrangères.

RÉSUMÉ DES PRINCIPES DE MÉCANIQUE

SUR LES

COMMANDES PAR POULIES ET PAR ENGRENAGES

Les roues d'engrenage, les poulies, les tambours, dont l'emploi est si fréquent dans les machines, ont pour objet de transmettre l'action d'un moteur et d'en varier la vitesse dans des limites déterminées. Lorsqu'il s'agit de transmettre le mouvement d'un arbre à un autre arbre parallèle, les roues qui les font mouvoir sont appelées *roues droites* ou cylindriques parce que leurs génératrices sont parallèles. Les roues montées sur des arbres perpendiculaires ou inclinés sont appelées *roues d'angle* ou *coniques*, parce que

les génératrices tendent vers un sommet commun. Cependant les roues cylindriques à dentures héliçoïdales peuvent aussi transmettre le mouvement à deux axes perpendiculaires.

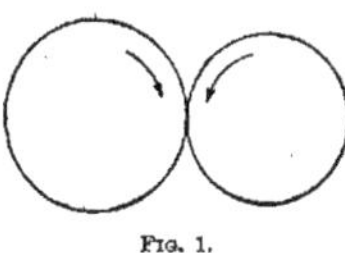

Fig. 1.

Quand deux roues droites ou coniques se transmettent le mouvement de l'une à l'autre, elles tournent en sens contraire (fig. 1); de sorte que si les axes sur lesquels sont placées ces deux roues doivent tourner dans le même sens, il est nécessaire d'intercaler une troisième roue intermédiaire qui communique alors de la première roue à la deuxième (fig. 2), et il est essentiel d'observer que quelle que soit la grandeur de cette roue intermédiaire, elle ne change pas la vitesse relative des roues A et B, et par suite celle de leurs axes, car, dans le même temps, il y a le même nombre de dents en contact, c'est-à-dire que si la première roue A fait avancer la roue intermédiaire C de trois dents, celle-ci fera de même tourner la roue B d'un même nombre de dents, et la même chose a lieu quels que soient le nombre et la grandeur de ces roues intermédiaires. Les roues intermédiaires ne servent donc qu'à varier le sens de rotation et à relier ensemble des roues éloignées.

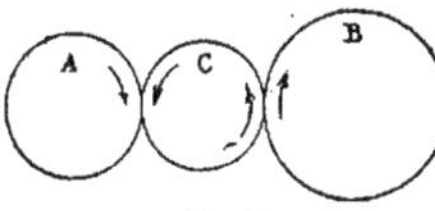

Fig. 2.

Faisons observer que ce principe ne s'applique qu'aux roues intermédiaires engrenant à la fois avec les deux premières. Il est évident que si l'axe de la roue intermédiaire porte deux roues différentes, non seulement le sens de la rotation sera changé, mais aussi la vitesse, comme dans la disposition représentée (fig. 3).

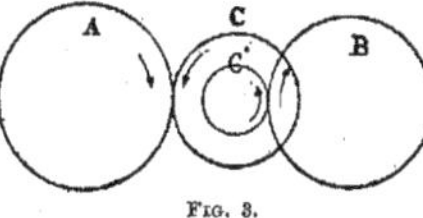

Fig. 3.

Lorsque deux arbres parallèles sont éloignés et que le mouvement est communiqué de l'un à l'autre par des tambours ou poulies embrassées par des courroies, la simple disposition des brins de la courroie suffit pour varier le sens de rotation des arbres (fig. 4). Ainsi, quand ces arbres doivent tourner dans le même sens, les brins de la courroie sont parallèlement placés sur la circonférence des tambours ou poulies, et dans le cas où les arbres doivent opérer leur rotation en sens contraire, on fait croiser les brins de la courroie.

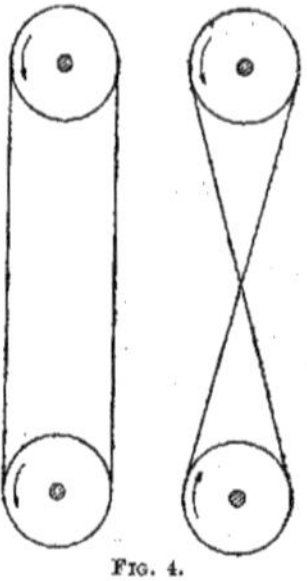

FIG. 4.

Principe fondamental. — En faisant tourner sans glisser deux plateaux, poulies ou tambours l'un contre l'autre, chaque point de la circonférence de l'un vient successivement coïncider avec chaque point de la circonférence de l'autre et les arcs parcourus dans le même temps sont égaux. Alors, si la première circonférence a un développement double de la seconde, cette dernière fera deux tours pendant que la première n'en fait qu'un.

Il en sera de même pour deux roues dentées qui engrènent ensemble : si l'une a 48 dents, par exemple, et l'autre 12, la roue de 12 dents fera 4 révolutions pendant que la première n'en fera qu'une.

D'après ce principe général les engrenages droits et coniques, comme les poulies et tambours employés pour les transmissions de mouvement, suivent les lois communes suivantes :

1° Le nombre des dents de deux roues en contact est proportionnel aux circonférences ou aux rayons et diamètres de ces mêmes roues.

Ainsi, en représentant par N le nombre de dents d'une roue de rayon R et par n le nombre de dents d'un pignon r, on a la proportion :

$$\frac{N}{n} = \frac{R}{r}$$

d'où l'on peut déduire toujours l'une des quatre quantités lorsqu'on en connaît trois. Ainsi l'on aura :

$$N = \frac{nR}{r} \quad n = \frac{Nr}{R}$$

$$R = \frac{Nr}{n} \quad r = \frac{nR}{N}$$

2° La vitesse des roues, poulies ou tambours, est en raison inverse de leur nombre de dents ou de leurs rayons.

En représentant par V la vitesse de rotation (nombre de tours dans un temps donné, ou encore, chemin parcouru par un point de la circonférence) de l'arbre qui porte une roue de rayon R et par v la vitesse de l'arbre de la roue du rayon r, on a :

$$\frac{V}{v} = \frac{r}{R} = \frac{n}{N}$$

on tire de là :

$$V = \frac{rv}{R} \quad v = \frac{VR}{r} \quad R = \frac{rv}{V} \quad r = \frac{VR}{v}$$

D'où l'on peut conclure cette règle générale facile à retenir et d'une application continuelle dans les fabriques.

Pour obtenir le nombre de tours d'un arbre de transmission commandé par une poulie ou par une roue d'engrenage, on multiplie l'un par l'autre le nombre de tours de l'arbre de commande et le diamètre de la poulie ou le nombre de dents de la roue placée sur cet arbre, et on divise ce produit par le diamètre de la poulie ou le nombre de dents de la roue placée sur l'arbre commandé.

Pour trouver le diamètre à donner à une poulie (ou le nombre de dents d'une roue) à placer sur un arbre pour avoir une vitesse donnée, on multiplie l'un par l'autre le nombre de tours de l'arbre de commande et le diamètre de la poulie (ou le nombre de dents de la roue) placée sur cet arbre, et on divise ce produit par le diamètre de la poulie ou le nombre de dents de la roue de l'arbre commandé.

Exemples numériques : 1° Une roue de 240 millimètres de diamètre porte 75 dents : combien portera une roue de 160 millimètres qui doit engrener avec elle ?

On a :

$$n = \frac{N\,r}{R} = \frac{75 \times 160}{240} = 50 \text{ dents.}$$

2° Deux roues en contact ont, la première 45 dents, la seconde 60, le rayon de la première est de 150 millimètres; quel sera le rayon de la seconde?

$$r = \frac{n\,R}{N} = \frac{60 \times 150}{45}\ 200 \text{ millimètres.}$$

3° Une roue de 400 millimètres de diamètre fait 25 tours par minute et doit en commander une autre qui fera 60 tours par minute. Quel sera le diamètre de celle-ci?

$$r = \frac{V\,R}{v} = \frac{400 \times 25}{60}\ 166 \text{ millimètres.}$$

4° Une roue de 450 millimètres de diamètre fait dans une minute 125 tours; elle en commande une autre de 250 millimètres de diamètre; quel sera le nombre de tours de celle-ci?

$$n = \frac{450 \times 125}{250} = 225 \text{ tours.}$$

Dans les problèmes précédents, nous avons pris indifféremment les rayons ou les diamètres des roues ou poulies; il est évident que le résultat ne change pas, pas plus du reste, que si, au lieu du diamètre, on employait la circonférence correspondante, toutes ces valeurs étant proportionnelles entre elles.

Les problèmes précédents n'ont rapport qu'aux dimensions et vitesses de deux roues ou poulies; lorsque plusieurs systèmes de roues ou poulies établissent la transmission d'un axe A à un second B, il est facile de généraliser la règle précédente. En effet, on aura pour expression de la vitesse de la première roue intermédiaire par exemple ;

$$V = \frac{v\,r}{R}$$

Cette roue, à son tour, transmettant la commande par une roue r' à une roue R', l'expression de la vitesse sera :

$$V' = \frac{v\,r\,r'}{R\,R'}$$

et ainsi de suite :

$$V'' = \frac{v\, r\, r'\, r''}{R\, R'\, R''}$$

$$V_m = \frac{v\, r\, r'\, r''\, r''' \,.....\, r^m}{R\, R'\, R''\, R'''\,.....\, R^m}$$

Il suffit donc de multiplier le nombre de tours de la roue A par minute, par le rayon ou le diamètre de toutes les roues ou poulies qui commandent, et de diviser ce produit par le produit des rayons ou diamètres de toutes les roues commandées.

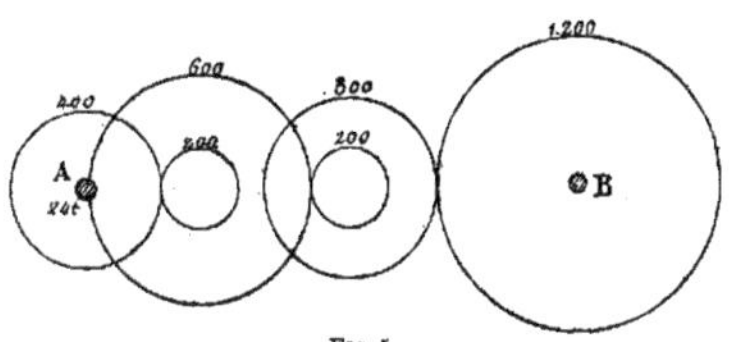

Fig. 5.

Exemple : L'arbre A (fig. 5) fait 24 tours par minute; il commande l'arbre B par des roues qui ont pour diamètre 400, 600 et 300 millimètres; les roues commandées ont 200 centimètres, celle calée sur l'arbre B, 1200. Combien de tours fera la roue B ?

$$V = \frac{24 \times 400 \times 600 \times 300}{200 \times 200 \times 1200} = 36 \text{ tours.}$$

Un calcul analogue permettra de déterminer le rayon ou diamètre de la roue B, connaissant le nombre de tours qu'elle doit faire 36.

$$D = \frac{24 \times 400 \times 600 \times 300}{200 \times 200 \times 36} = 1^m,200.$$

D'après ce qui précède, connaissant la distance des centres de deux arbres parallèles et le nombre de tours que chacun d'eux doit faire, il sera facile de déterminer les rayons des roues qu'ils doivent porter.

Supposons des arbres distants de 160 millimètres; le premier devant faire 60 tours pendant que le second en fera 40, la vitesse

étant inversement proportionnelle aux rayons, il suffit de diviser la distance 160 proportionnellement au nombre 60 et 40; le plus grand des deux résultats sera le rayon de la seconde roue et le plus petit celui de la première.

$$\frac{160 \times 40}{60 + 40} = 64 \text{ millimètres, rayon de la } 1^{re} \text{ roue,}$$

$$\frac{160 \times 60}{60 + 40} = 96 \text{ millimètres, rayon de la } 2^{e}\text{; } (64 + 96 = 160 \text{ mill.}).$$

Deuxième exemple. — Un arbre faisant 16 tours par minute doit commander un autre arbre par une paire de roues d'engrenage à raison de 81 tours dans le même temps; la transmission intermédiaire consiste en deux roues d'engrenage et deux poulies au moyen d'un axe intermédiaire; la roue qui commande, montée sur le premier arbre, contient 54 dents, la première poulie de commande a 250 centimètres; on veut déterminer le nombre de dents de la seconde roue et le diamètre de la poulie commandée.

La solution de ce problème laisse évidemment une certaine latitude, car on peut se donner le diamètre de la seconde roue d'engrenage et en déduire le diamètre de la seconde poulie ou réciproquement; si l'on veut faire le calcul d'une manière rationnelle il faut prendre pour vitesse de l'axe intermédiaire une moyenne entre les deux vitesses extrêmes, soit :

$$\sqrt{81 \times 16} = 36$$

on aura alors :

$$\frac{16 \times 54}{36} = 24, \text{ nombre de la roue commandée,}$$

et

$$\frac{36 \times 250}{81} = 111^{mm},10, \text{ diamètre de la poulie commandée}$$

Si, par exemple, on pouvait disposer d'une roue de 32 dents, on aurait pour vitesse de l'intermédiaire :

$$\frac{16 \times 54}{32} = 27 \text{ tours}$$

et

$$\frac{27 \times 250}{81} = 84 \text{ millimètres, diamètre de la poulie commandée.}$$

Cette poulie étant un peu petite, on aurait avantage à diminuer le nombre de dents de la première roue commandée; si, par exemple, on se donne une poulie de 125 millimètres on aurait

$$\frac{81 \times 125}{250} \; 40 \, ^1/_2 \text{ tours, vitesse de l'arbre intermédiaire,}$$

et

$$\frac{16 \times 54}{40{,}5} = 21 \text{ dents, nombre de la seconde roue commandée.}$$

Ces derniers problèmes montreront la grande variété de cas qui peuvent se présenter dans le calcul des roues et poulies et suffiront, pensons-nous, à indiquer la manière de les résoudre.

On a souvent, dans les différentes machines industrielles, à calculer la vitesse circonférencielle des organes ou le développement dans un temps donné: cette vitesse et le développement varient pour chaque point en raison de sa distance à l'axe. Ils dépendent, d'ailleurs, du nombre de tours dans un temps donné. Ce nombre de tours se compte ordinairement par minute.

n étant le nombre de tours par minute, le chemin parcouru dans ce temps par un point placé à la distance r de l'axe de rotation, sera visiblement $2 \pi r n$ (la circonférence $\times$ par le nombre de tours) et la vitesse par seconde sera :

$$V = \frac{2 \pi r n}{60} = \frac{\pi r n}{30} = \frac{r n}{9{,}55}$$

on tire de là :

$$n = \frac{V \times 60}{2 \pi R} \text{ et } n = \frac{V}{2 \pi R} = \frac{V}{\pi d}$$

(V étant donné par minute).

Si on considère un point placé à l'unité de distance de l'axe, c'est-à-dire à un mètre, l'expression de la vitesse pour ce point sera $\frac{n \pi}{30}$ dans laquelle il n'entre de variable que le nombre de tours du système. C'est cette valeur que l'on désigne par le nom de *vitesse angulaire.*

Applications : 1° Quelle est la vitesse à la circonférence d'un tambour dont le diamètre est de $1^m,10$, le nombre de tours par minute étant 130 ?

$V = \frac{rn}{9,55} = 7^m,48$ par seconde et par minute : $7^m,48 \times 60 = 448^m,80$.

2° Un cylindre doit développer 18 mètres par minute; son diamètre est de 32 millimètres; combien de tours doit-il faire ?

$$n = \frac{18}{\pi \times 0,032} = 178 \text{ tours.}$$

3° Quelle est la vitesse angulaire dans un système de rotation à 560 tours par minute :

$$\omega = \frac{\pi n}{30} = \frac{3,14 \times 560}{30} = 58^m,60.$$

Dimensions des engrenages. — Les cercles dont les rayons ont été déterminés par les règles précédentes sont appelés cercles primitifs. Vu la difficulté de déterminer exactement sur des roues existantes les diamètres primitifs, il est bien préférable de les remplacer dans les calculs par le nombre de dents qui est plus facile à compter et qui est le plus souvent marqué sur les roues par les constructeurs.

Le cercle primitif dans un engrenage se trouve environ aux 5/9 de la hauteur de la dent; c'est sur les cercles primitifs qu'a lieu le contact des roues, que l'on effetue la division des dents et que l'on mesure l'épaisseur de la denture. Le pas de l'engrenage est la distance qui mesure le milieu d'une dent au milieu de la dent suivante, ou bien encore c'est l'épaisseur de la dent prise sur le cercle primitif, plus le creux.

Connaissant le pas de l'engrenage qui, pour deux roues en contact, doit être rigoureusement le même sur les circonférences primitives, on obtient le nombre de dents de l'une des roues par la formule :

$$N = \frac{2 \pi R}{p}$$

dans laquelle N représente le nombre de dents, R le rayon de la roue et p le pas de l'engrenage.

Le diamètre D sera :

$$D = \frac{p N}{\pi}.$$

La dimension principale à déterminer dans un engrenage est le pas qui, dans une denture bien exécutée = 2,1 fois l'épaisseur de la dent.

Mais pour pouvoir déterminer l'épaisseur à donner à la denture d'une roue, il faut connaître l'effort que chaque roue doit successivement supporter.

L'effort qu'une roue doit supporter s'obtient en divisant la quantité de travail en kilogrammètres[1] qu'elle y possède ou qu'elle doit transmettre, par la vitesse, à la circonférence de son cercle primitif.

Exemple: Une roue d'engrenage doit transmettre à sa circonférence primitive, qui a deux mètres de rayon, une quantité de travail de 500 kilogrammètres, en faisant 10 tours par minute; quel est l'effort que la dent supportera?

La vitesse par seconde à la circonférence primitive sera:

$$\frac{6^{m},28 \times 2^{m} \times 10}{60} = 2^{m},09$$

et

$$\frac{500}{2^{m},09} = 239 \text{ kilogrammes.}$$

Quand on connaît l'effort que doit supporter la dent en fonte d'une roue, on obtient l'épaisseur de la dent en centimètres par la formule

$$E = 0,105 \sqrt{P}$$

dans laquelle 0,105 est un multiplicateur constant pour la fonte et P l'effort supporté par la dent. Ainsi, dans l'exemple précédent on a :

$$E = 0,105 \sqrt{239} = 16^{mm},2.$$

Le pas de l'engrenage sera:

$$16,2 \times 2,1 = 34 \text{ millimètres.}$$

Le multiplicateur 0.105 correspond à une longueur de dent L = 4 : 5 E; il s'élève à 0,126 si L = 3 E, et descend à 0,077 si L = 8 E.

[1] Le kilogrammètre est l'unité de travail mécanique : il correspond à l'effort nécessaire pour élever un poids d'un kilogramme à un mètre.

Le cheval-vapeur est le travail mécanique de 75 kilogrammètres par seconde.

TABLEAU des dimensions à donner au pas et à l'épaisseur des dents d'engrenage quand on connaît la pression qu'elles doivent supporter.

PRESSION en kilogrammes	ROUES EN FONTE		ROUES A DENTS DE BOIS	
	Épaisseur des dents en m/m	Pas de l'engrenage en m/m	Épaisseur des dents en m/m	Pas de l'engrenage en m/m
KIL.	MILL.	MILL.	MILL.	MILL.
5	2.8	4.9	3.2	6.8
10	3.3	6.9	4.7	9.8
15	4 0	8.5	5.6	11.8
20	4.6	9.7	6.4	13.4
30	5.7	12 0	7.9	16.6
40	6.6	13.9	9 1	19.2
50	7.4	15 6	10.2	21.5
60	8.1	17.0	11.2	23.5
70	8.7	18.4	12.1	25.4
80	9.4	19.7	12.9	27.3
90	9.9	20.8	13.7	28.8
100	10.5	22.0	14.5	30.4
125	11 6	24.4	16 1	33.8
150	12 8	26.9	17.7	37.1
175	13.8	29.1	19.1	40.2
200	14.8	31.1	20.2	42.5
225	15.7	33.0	21.7	47.6
250	16.6	34.8	22.9	48 1
275	17 3	36.3	23.9	50.2
300	18 2	38.1	25.1	52.6
350	19.6	41.2	27.1	56.9
400	21.0	43.2	29.0	60.9
500	23.4	49.1	32.3	67.9
600	25.7	54 0	35.5	74.6
700	27.7	58 2	37.2	78.3
800	29.7	62.4	41.0	86.2
900	31.5	66 1	43.5	91 3
1000	33 2	69.6	45.8	96.2

Dans le tableau précédent, l'épaisseur des dents pour la fonte a été obtenue par la formule $E = 0,105 \sqrt{P}$, et pour les dents en bois, par $E = 0,145 \sqrt{P}$.

Dans les roues d'engrenage à grande vitesse, la denture peut être fine et réduite à un pas de 25 à 26 millimètres. La largeur L, dans le sens de la jante, égale à six fois l'épaisseur E de la dent. Le nombre de dents en contact supplée alors avantageusement à des dents plus fortes, mais moins en prise. Dans un engrenage fait sur bois, en supposant un pas de 26 millimètres, il faut compter 15 millimètres pour les dents en bois et 11 millimètres pour la dent en fonte.

Pour la denture en bois, il faut augmenter l'épaisseur trouvée pour la fonte d'un tiers, ou se servir de la formule $E = 0,145 \sqrt{P}$.

Cette épaisseur serait alors $16,2 + \frac{16,2}{3} = 21,6$, et le pas $2,1 \times 21,6 = 45,3$.

Connaissant la quantité de travail transmise à la circonférence d'une roue, on détermine l'effort supporté à une distance donnée de l'axe, soit par la même roue, soit par une plus petite, soit par une plus grande montée sur le même axe, en divisant la quantité de travail trouvée, par la vitesse de la circonférence correspondante donnée.

Exemple : Une roue hydraulique de $2^m,10$ de rayon possède à la vitesse de $1^m,60$ par seconde à sa circonférence une force de 15 chevaux, ou 1,125 kilogrammètres ; sur l'arbre de cette roue hydraulique est placée une roue d'engrenage en fonte de $1^m,65$ de rayon ; quel est : 1° l'effort supporté par chaque dent en fonte de la roue d'engrenage ; 2° l'épaisseur de chaque dent ?

L'effort $P = \frac{1125^{kgm} \times 2^m,10}{1^m,60 \times 1^m,65} = 894^k,70$.

L'épaisseur de la dent : $0,105 \sqrt{894,70} = 3^c,13$,
et le pas : $2,1 \times 3,13 = 6^c,57$.

A l'aide de la table suivante, on détermine le diamètre en mètres d'une roue d'engrenage, connaissant le pas des dents et leur

nombre, en multipliant le diamètre correspondant dans cette table au nombre des dents, par le pas indiqué en mètres.

Exemple : Quel est le diamètre d'une roue de 75 dents, dont le pas est de $0^m,038$?

Le nombre correspondant dans la table à 75 est 23,872.

$23,872 \times 0^m,038 = 0^m,907$, diamètre de la roue cherché.

Les principales dimensions d'une roue d'engrenage dérivent de l'épaisseur de la dent. Ainsi, la hauteur de la dent, mesurée dans le prolongement du rayon, égale généralement son épaisseur augmentée d'un tiers. L'épaisseur de la jante ou de l'anneau en fonte, dans le sens du rayon de la roue, égale l'épaisseur des dents.

Dans les bras des roues en fonte, où l'on néglige les nervures minces comme n'ayant d'autre effet que d'empêcher la flexion du bras, on détermine la largeur des bras, près du moyeu, par la formule :

$$a\, b^2 = \frac{P\, L}{125}$$

dans laquelle a représente l'épaisseur constante du bras ; b sa largeur, qui se réduit aux 4/5 depuis le moyeu jusqu'à la jante, et l'on fait généralement $b = 5,5\, a$. P est la pression exercée et L la longueur du bras en centimètres.

Pour éviter le bruit dans les usines, on emploie avec avantage des engrenages à dents de bois en contact avec des engrenages à dents en fonte ; le frottement est plus doux, et l'expérience a prouvé que l'usure se répartissait également sur la fonte et sur le bois. La perte de matière absorbée par le frottement est moindre d'un millimètre par année de travail journalier.

Vis sans fin. — Pour produire un mouvement très lent, on se sert de l'engrenage d'une roue avec une vis sans fin. En effet, la roue ne tourne que d'une dent pour un tour de la vis, quand elle est à filet simple ; de deux dents quand elle est à filet double, etc.

TABLEAU servant à déterminer les nombres de dents ou diamètres des roues d'engrenage quand on connaît le pas de la denture et réciproquement.

NOMBRE DE DENTS	DIAMÈTRE	NOMBRE DE DENTS	DIAMÈTRE	NOMBRE DE DENTS	DIAMÈTRE
10	3.183	58	18.461	106	33.740
11	3.501	59	18.780	107	34.058
12	3.820	60	19.098	108	34.376
13	4.138	61	19.416	109	34.695
14	4.456	62	19.734	110	35.013
15	4.774	63	20.053	111	35.331
16	5.093	64	20.371	112	35.650
17	5.411	65	20.689	113	35.968
18	5.729	66	21.008	114	36.286
19	6.048	67	21.326	115	36.604
20	6.366	68	21.644	116	36.923
21	6.684	69	21.963	117	37.241
22	7.002	70	22.281	118	37.559
23	7.321	71	22.599	119	37.878
24	7.639	72	22.917	120	38.196
25	7.957	73	23.236	121	38.514
26	8.276	74	23.554	122	38.833
27	8.594	75	23.872	123	39.151
28	8.912	76	24.191	124	39.469
29	9.231	77	24.509	125	39.788
30	9.549	78	24.827	126	40.106
31	9.867	79	25.146	127	40.424
32	10.186	80	25.464	128	40.742
33	10.504	81	25.782	129	41.061
34	10.822	82	26.100	130	41.379
35	11.140	83	26.419	131	41.697
36	11.459	84	26.737	132	42.016
37	11.777	85	27.055	133	42.334
38	12.095	86	27.874	134	42.652
39	12.414	87	27.692	135	42.770
40	12.732	88	28.010	136	43.289
41	13.050	89	28.329	137	43.607
42	13.369	90	28.647	138	43.925
43	13.687	91	28.965	139	44.244
44	14.005	92	29.284	140	44.562
45	14.323	93	29.602	141	44.880
46	14.642	94	29.920	142	45.199
47	14.960	95	30.238	143	45.517
48	15.278	96	30.557	144	45.835
49	15.597	97	30.875	145	46.153
50	15.915	98	31.193	146	46.472
51	16.233	99	31.512	147	46.790
52	16.552	100	31.830	148	47.108
53	16.870	101	32.148	149	47.427
54	17.188	102	32.647	150	47.745
55	17.506	103	32.785	151	48.063
56	17.825	104	33.103	152	48.382
57	18.143	105	33.421	153	48.700

On calcule le diamètre de la roue de manière à lui faire décrire une révolution pour un nombre donné de tours de la vis par la formule :

$$D = \frac{n p}{3{,}14}$$

n nombre de tours de la vis ; p pas.

Largeur des courroies. — La résistance pratique d'une courroie en cuir est de $0^{k},2$ par millimètre de section, soit de 20 kilos par centimètre carré. L'épaisseur ordinaire est de 5 millimètres. On admet qu'une courroie peut transmettre la puissance d'un cheval-vapeur lorsqu'elle a une largeur et une vitesse telle qu'elle développe dans une seconde une surface de 1500 centimètres carrés ; d'après cette donnée, on détermine la largeur des courroies par la formule :

$$L = \frac{1500 \times F}{v}$$

F exprimant la force en chevaux-vapeur et v la vitesse en centimètres par seconde.

Exemple : Si $F = 2$ chevaux-vapeur et $v = 3$ mètres par seconde, alors :

$$L = \frac{1500 \times 2}{300} = 10 \text{ centimètres.}$$

Cette formule satisfait aux conditions suivantes :

1° La courroie se développe sans glisser sur les poulies qu'elle embrasse.

2° Elle ne s'allonge pas notablement.

3° Elle résiste très bien à l'effort de traction à transmettre.

Il convient que les diamètres des deux poulies de transmission embrassées par la courroie ne dépassent pas le rapport de 1 à 3.

On offre depuis un certain nombre d'années, à l'industrie, des courroies en coton, en caoutchouc, en poils d'animaux, etc., dont on obtient d'assez bons résultats.

Mesures des surfaces planes.

NOMS	SURFACES
Triangle..........	$B \times \frac{H}{2}$
Parallélogramme...	$B \times H$
Trapèze...........	$\frac{B+b}{2} \times H$
Polygone régulier..	$P \times \frac{A}{2}$
Cercle.............	πR^2 ou $\pi \frac{D^2}{4}$
Secteur...........	$a \times \frac{R}{2}$
Segment..........	Surface secteur moins celle triangle inscrit
Ellipse............	$\pi \frac{A a}{4}$
Couronne..........	$\pi \times \left(\frac{D^2 - d^2}{4}\right)$

B = base; H = hauteur; P = périmètre; A = apothème; a = arc; $A\,a$ grand et petit axe; $D\,d$ grand et petit diamètre; R = rayon; b = petite base.

Surface dans l'espace et volumes

CORPS	SURFACES LATÉRALES	SURFACES TOTALES	VOLUMES
Prisme	$P \times H$	$PH + 2B$	$B \times H$
Pyramide	$P \times \frac{h}{2}$	$\frac{Ph}{2} + B$	$\frac{1}{3} B \times H$
Cylindre	$2\pi r \times H$	$2\pi r(g + r)$	$\pi r^2 H$
Cône	$\pi r g$	$\pi r(g + r)$	$\frac{\pi r^2 H}{3}$
Tronc de cône	$\pi(r + r')g$	$\pi(r + r')g + r^2 + r'^2$	$\frac{1}{3}\pi H(r^2 + r'^2 + rr')$
Zone	$2\pi RH$	$\pi(2RH + (r^2 + r'^2))$	
Sphère	....	$4\pi R^2$	$\frac{4}{3}\pi R^3 = 4.18 R^3$
Secteur sphérique	....	....	$\frac{2}{3}\pi R^2 H$
Segment sphérique	$2\pi RH$	$\pi(rRH + r^2 + r'^2)$	$\frac{\pi H}{2}(r^2 + r'^2) + \frac{1}{6}\pi H^3$

B = base; H hauteur; P périmètre; *h* hauteur d'un des triangles latéraux; *g* génératrice; R rayon de la sphère; *r* et *r'* rayon de base des solides.

PREMIÈRE PARTIE

NOTIONS THÉORIQUES SUR LE TISSAGE

PRÉLIMINAIRES. — DÉFINITIONS

Le tissage est l'ensemble des opérations nécessitées pour la conversion des fils en tissus. A part les tulles et certains tissus du genre dentelles, tous les autres, en général, résultent de l'entrelacement, dans un ordre quelconque ou déterminé à l'avance, de deux séries de fils. Les uns, disposés parallèlement les uns aux autres, s'étendent d'un bout à l'autre de la pièce; on les nomme *fils de chaîne* et leur ensemble constitue une *chaîne;* les autres sont déroulés par la navette et insérés successivement dans l'intérieur de la chaîne passant alternativement sur et sous un certain nombre des premiers fils, on les appelle fils de *trame* et la longueur de fil passée alternativement dans le tissu, dans le sens transversal, se nomme *duite.*

On comprend aisément que le mode d'entrelacement ou de croisement de la chaîne et de la trame peut être varié à l'infini; c'est cette variété qui, jointe à celle de la matière et à la grosseur des fils employés, produit les différents effets de tissus.

La variété des entrelacements est désignée sous le nom d'*armures.*

Les premières, ou armures fondamentales, comprennent les *unis,* les *croisés,* les *sergés,* les *satins,* etc., etc., qui servent de base à la fabrication des tissus même les plus compliqués. Les secondes, ou armures façonnées, sont celles qui forment dans le tissu des figures, fleurs ou effets façonnés quelconques.

Les armures sont trop nombreuses et le cadre que nous nous sommes tracé pour cet ouvrage trop restreint, pour nous permettre de nous étendre à l'étude complète des armures façonnées et des appareils mécaniques qui permettent de les réaliser. Nous renvoyons à cet égard aux ouvrages spéciaux. Nous ne parlerons donc que des diverses armures fondamentales.

Un tisseur ayant un échantillon d'un tissu à reproduire doit d'abord l'analyser et le décomposer, c'est-à-dire rechercher la nature des textiles qui entrent dans sa composition, étudier et noter l'ordre de croisement des fils.

Analyse et décomposition des tissus. — La méthode la plus simple et la plus généralement employée, pour noter et représenter la composition du tissu, consiste à figurer par une croix, sur du papier quadrillé ordinaire, la levée des fils de chaîne sur ceux de la trame. Dans ce papier quadrillé les lignes elles-mêmes représentent, dans un sens, les fils de chaîne, et, dans le sens perpendiculaire, ceux de la trame. Les signes × seront placés aux points d'intersection des lignes. (Voir fig. 6, 7, 8 et suivantes.)

Pour la représentation des armures dessin ou façonnées dont le *rapport* (c'est-à-dire le nombre de fils nécessaires pour former un effet complet) est assez étendu, on emploie du papier plus serré, dit de mise en carte et, au lieu de marquer par des × la levée des fils de chaîne, ou les *pris*, on remplit de couleur le carreau correspondant, et on laisse en blanc ceux qui doivent indiquer le passage de la trame sur les fils de chaîne ou les *sautés*. En général et à moins d'indication contraire, ce sont les lignes ou interlignes verticaux qui représentent le sens de la chaîne.

Pour décomposer un tissu, il n'y a pas de règle absolue, car quoique le détissage se fasse habituellement dans le sens de la trame, il peut également se faire dans le sens de la chaîne. Ce choix dépend le plus souvent de la nature et de la qualité des matières dont l'étoffe est formée et du plus ou moins de facilité que présente l'un ou l'autre sens pour le détissage. On peut également opérer par l'endroit ou par l'envers de l'échantillon, pourvu que le pointage que donne la décomposition soit régulièrement indiqué sur le papier quadrillé ou de mise en carte. Dans ce qui suivra, nous admettrons que le détissage se fasse dans le sens de la trame et l'endroit du tissu en dessus.

Avec le papier quadrillé, il faut encore se munir, pour la décomposition, d'une bonne loupe ou compte-fils pour constater la *réduction* du tissu (c'est-à-dire le nombre de fils en chaîne et en trame au centimètre ou au quart de pouce) et, pour rechercher

l'ordre de croisement des fils, de pinces aux branches effilées ou d'une longue aiguille pour les séparer un à un.

Avant tout, il faut commencer par rechercher quelle est la chaîne et quelle est la trame du tissu à décomposer. A défaut de lisière dans l'échantillon, qui indique immédiatement le sens de la chaîne, on pourra se baser sur l'un des indices suivants :

1° Le textile le plus résistant et, à plus forte raison, un fil retors, peut être considéré généralement comme étant la chaîne, car le fil de chaîne est habituellement plus gros que le fil de trame et est beaucoup plus tordu à la filature. La trame est généralement, dans les tissus courants, d'une dizaine de numéros plus fine que la chaîne et a beaucoup moins de torsion.

2° Dans toute étoffe écrue, tissée en chaîne ou en trame simple, celui des fils qui est paré ou encollé et qui, par conséquent, se présente sous un aspect plus lisse, tout en étant le plus résistant, est la chaîne, et l'autre, le plus duveteux et le moins résistant, la trame.

3° Comme les dents du peigne laissent presque toujours une trace plus ou moins visible sur le tissu, c'est encore un moyen qui peut faire reconnaître quelle est la chaîne et quelle est la trame.

Le sens de la chaîne étant reconnu, on coupe l'échantillon en droit fil, puis on sort quelques duites, de manière à former une espèce de frange avec les fils de chaîne, frange destinée à soutenir les duites lors du détissage et à faciliter la recherche du croisement des fils. Il est indispensable toutefois, avant de procéder à l'analyse, de fixer sur cette frange un fil qui servira de point de départ pour le pointage de chaque duite. A cet effet, il suffit de couper une petite partie des fils de la frange et de faire partir la décomposition du premier fil resté le long de la frange. On commence alors à détisser en ayant soin de saisir et d'écarter délicatement, avec la pointe de l'aiguille, toutes les duites les unes après les autres, et d'en noter le croisement fil par fil avant de les enlever définitivement. Tous les fils couvrant la trame ou les *pris* qui, par conséquent, ont dû lever lors du tissage, s'indiquent sur le papier quadrillé par une petite croix à l'intersection des lignes horizontales et verticales et les fils sous la trame ou les *sautés* restent en blanc.

L'analyse ne donnera la reproduction intégrale du tissu que si

elle est faite très exactement. Si pendant l'opération on prenait deux duites à la fois ou encore, ainsi que cela arrive fréquemment, on enlevait une duite sans en avoir étudié l'évolution, le travail serait manqué et devrait être recommencé. Il faut surtout, lorsqu'on détisse un échantillon, ne pas formuler trop vite son jugement ni se baser sur les premières indications fournies par l'analyse pour en deviner le reste; on serait exposé à commettre de graves erreurs, car un certain nombre de fils détissés les premiers peuvent indiquer une armure qui souvent ne tarde pas à changer complètement sur les fils suivants. Ce n'est donc qu'après avoir retrouvé plusieurs fois le même ordre de croisement qu'on peut s'arrêter et se prononcer sûrement.

Pour reconnaître la nature des matières dont un tissu est formé, on peut, indépendamment de la longueur et du caractère des fibres, s'aider du moyen suivant : en brûlant un fil de provenance végétale, coton, lin, etc., la combustion est prompte et nette et laisse peu de résidus, tandis que les fibres de provenance animale, laine, soie, etc., répandent une odeur caractéristique et laissent un résidu gras et charbonneux.

ARMURES FONDAMENTALES

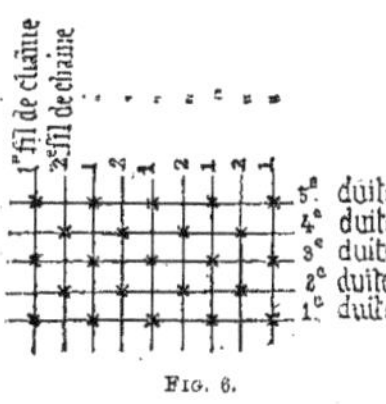

Fig. 6.

De l'uni. — Si l'on divise les fils formant une chaîne en deux nappes, l'une composée de tous les fils de rangs pairs, par exemple, et la seconde des fils de rangs impairs et que, faisant lever et baisser alternativement ces deux nappes, on insère successivement une duite entre elles, dans l'intervalle de deux mouvements, on obtiendra l'armure *toile* ou *uni* la plus simple de

toutes et la plus employée pour les tissus à usage courant. En examinant cette armure, on reconnaîtra facilement que la première duite, de même que les autres duites de rangs impairs du tissu, sont toutes recouvertes par les fils de rangs impairs de la chaîne et la seconde duite, ainsi que les autres duites paires, par tous les fils de rangs pairs de la chaîne. On aura donc à pointer par des petites croix ;

à la première duite, tous les fils de chaîne de rangs impairs,

à la seconde duite, tous les fils de chaîne de rangs pairs, ainsi que le représente la figure 6, en répétant le pointage de la première duite sur toutes les autres duites impaires et celui de la seconde duite sur toutes les duites paires.

Pour reproduire l'uni, il suffira donc théoriquement de deux lames[1] placées l'une devant l'autre, l'une portant tous les fils de rangs impairs de la chaîne et l'autre tous les fils de rangs pairs, que l'on fera lever alternativement; et, en général : le nombre de lames nécessaire pour reproduire un tissu est donné par celui des fils qui lèvent ou qui tissent différemment l'un de l'autre. Dans l'uni, on ne trouve que deux fils qui lèvent différemment.

Nous verrons néanmoins ci-dessous que, dans le tissage mécanique de l'uni, on fait usage, en pratique, de quatre lames; les *maintenues* sont d'autant moins fréquentes que les mailles des lisses sont moins serrées et rapprochées sur les lames; chaque lame portant ainsi moitié moins de fils, ceux-ci risquent moins d'être entraînés par le mouvement de montée d'une lame à laquelle ils n'appartiennent pas.

L'uni est un tissu sans envers, puisque la moitié des fils de la chaîne reste au-dessous d'une duite pendant que l'autre moitié passe au-dessus de cette même duite, et ainsi de suite à chaque insertion de trame.

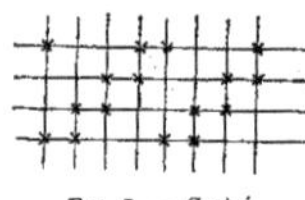

FIG. 7. — Croisé.

Du croisé. — Le croisé, appelé aussi *battavia*, dont l'analyse ou l'armure est représentée (fig. 7), est

[1] Supposant le lecteur ayant un métier sous les yeux, nous nous dispensons de donner la définition de ce mot dans ce chapitre théorique; on trouvera plus loin des détails relatifs à cette question.

comme l'uni un tissu classique et d'une fabrication très courante. Il n'a non plus d'envers, puisque chaque fil de chaîne lève sur deux duites consécutives, pour rester ensuite deux fois en fond sous les deux duites suivantes et que le sillon est produit à chaque duite par la levée simultanée de deux fils, tandis que les deux autres fils restent en fond. Le rhythme de l'armure est donc de deux pris et de deux sautés et le pointé de chaque rangée horizontale ou de chaque duite n'est autre que le pointé de la rangée précédente reculé d'une case, soit vers la droite, soit vers la gauche, selon que le sillon de la croisure doit être fait de gauche à droite ou de droite à gauche.

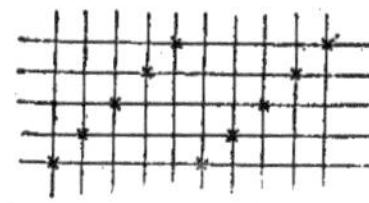
Fig. 8. — Sergé de 5.

Du sergé (*fig.* 8). — Le sergé (fig. 8) oppose de simples liages à des effets de flotté plus ou moins étendus. Le pointé décoche, c'est-à-dire avance ou recule d'un fil à chacune des insertions de trame, par conséquent, chaque point de liage est diagonalement voisin de celui qui le précède et de celui qui le suit. La contexture du sergé est donc oblique et comme le plus petit sergé possible, celui de trois (fig. 9), exige trois cases de base et trois de hauteur, il en résulte que le sergé est un tissu avec envers, puisqu'il y a toujours au moins deux fils sautés contre un pris, et, par la même raison, dans le sergé de cinq, par exemple, de quatre sautés contre un pris.

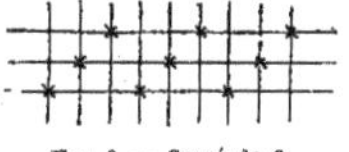
Fig. 9. — Sergé de 3.

Du satin. — Le caractère des satins est de rompre l'ordre du liage, en évitant le plus possible les diagonales ou sillons réguliers.

Dans les satins pairs ou impairs de *quatre*, de *cinq*, de *huit*, etc., le rhythme est de un pris et de tout le restant des fils de sautés, ce qui produit également un tissu avec envers, puisqu'un seul fil lie, tandis que tous les autres restent en fond. La différence du satin avec le sergé est que le décochement n'est plus continu et qu'il ne se fait plus de un à un et suivant une diagonale nettement accusée; il est alternatif ou sauté. En effet, l'armure du

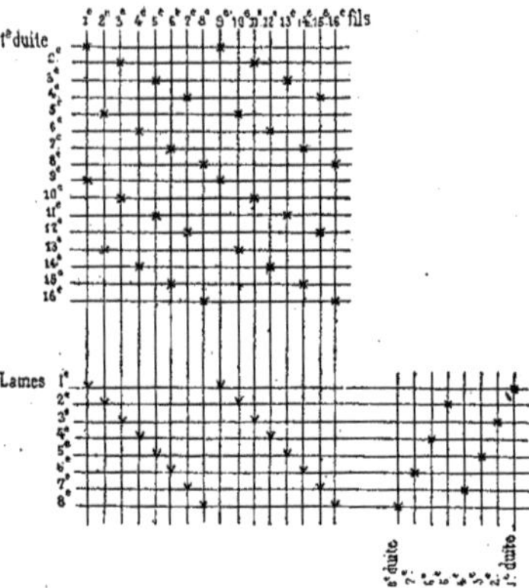

Fig. 10. — Analyse d'un satin ordinaire.

satin ordinaire de huit, par exemple, représentée figure 10, montre que:

Le 1er fil	lie	à la	1re duite,
2e	»	»	5e »
3e	»	»	2e »
4e	»	»	6e »
5e	»	»	3e »
6e	»	»	7e »
7e	»	»	4e »
8e	»	»	8e »

et ainsi de suite; d'où il résulte que les fils impairs de chaîne 1, 3, 5, 7, lèvent successivement sur les quatre premières duites du rapport, tandis que les fils pairs 2, 4, 6 et 8, lèvent ensuite sur les quatre dernières. Cette armure a l'inconvénient de laisser sur le tissu des traces de liage très apparentes qui ne conviennent pas pour la fabrication des satins soie. On la remplace avec avantage par la suivante, figure 11, qui consiste à faire lever :

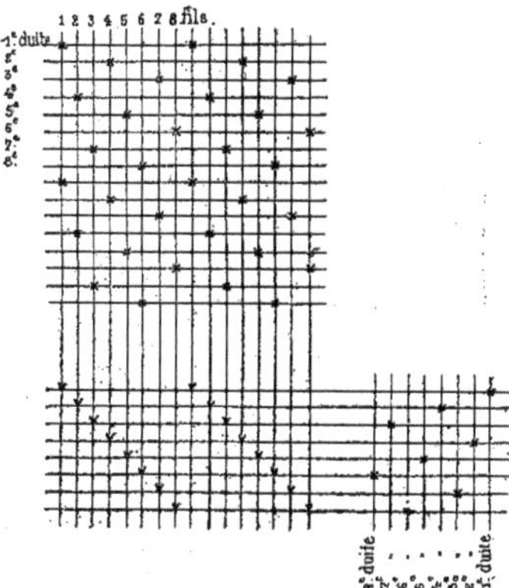

Fig. 11. — Analyse d'un satin soie.

Le 1er fil à la 1re duite,
2e » 4e »
3e » 7e »
4e » 2e »
5e » 5e »
6e » 8e »
7e » 3e »
8e » 6e » et ainsi de suite.

Ici, le liage des fils est produit par le pris des fils, en sautant toujours deux fils de chaîne et deux duites. Il n'y a donc plus de continuité dans un sens diagonal; les points de liage se trouvent isolés les uns des autres et aucune diagonale régulière plus ou moins inclinée n'apparaît plus à l'endroit du tissu. Dans cet article, un des éléments est généralement en excès sur l'autre, pour couvrir ce dernier et cacher les points de liage, sinon complètement, du moins le plus possible. C'est le textile en excès qui fait face

d'endroit, et c'est précisément la grande concentration ou réduction serrée des fils de ce textile qui produit la beauté de ce tissu.

Dans les croisés, les sergés et les satins, les rapports en chaîne et en trame sont égaux, c'est-à-dire que la mise en carte de chacune de ces armures contient toujours autant de cases en hauteur qu'en largeur.

Les croisés, sergés et satins se subdivisent en nombreuses sortes ayant pour base des combinaisons de numéros divers en chaîne et en trame.

Ces tissus se font aussi avec 4, 5, 6, 7, 8, 9, 10 lames et même plus, suivant qu'on désire allonger plus ou moins l'effet de l'armure fondamentale décrite ci-dessus.

Les satins se font en satins par la chaîne ou satins par la trame, suivant que l'effet de l'armure est produit dans le sens de la chaîne ou dans celui de la trame.

Du brillanté. — Le brillanté est un tissu produit d'une variété de petits effets de trame qui flotte sur la chaîne, et, pour qu'il soit bien réussi, il faut qu'il soit suffisamment duité en trame floche et peu tordue, qui fasse bien ressortir les effets.

Le brillanté nous servira d'exemple pour rechercher le nombre de lames indispensable pour reproduire un tissu.

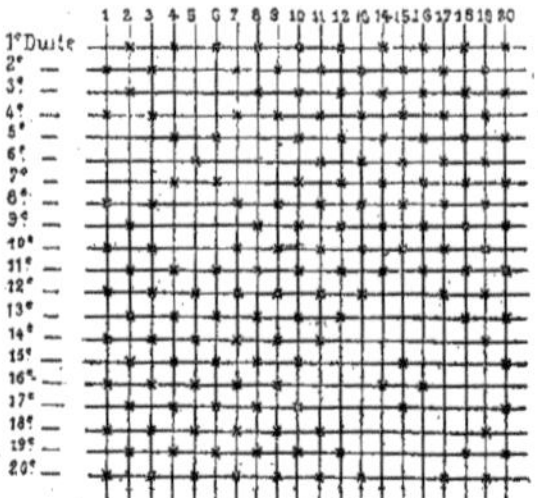

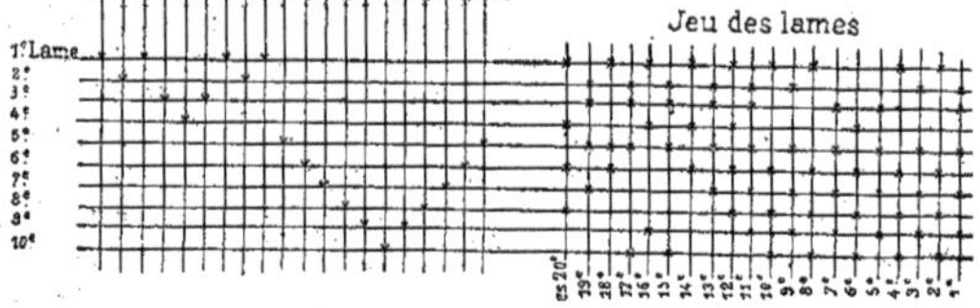

Jeu des lames

FIG. 12. — Analyse d'un brillanté.

L'armure représentée figure 12 est celle d'un brillanté composé de vingt fils en chaîne au rapport, c'est-à-dire que les 21e, 22e, 23e fils, etc., seront la reproduction des 1er, 2e, 3e, etc. Théoriquement, le 1er fil et tous ses similaires, 21e, 41e, 61e, 81e, etc., devront être rentrés dans une même lame, les 2e, 22e, 42e, 62e, 82e également, et ainsi des autres, et il suffira, pour obtenir le tissu décomposé, de faire lever chacune de ces lames dans l'ordre donné par le pointage de chacune des duites successives de l'armure. Mais en observant attentivement cette armure, on remarquera promptement que les 3e, 7e et 9e fils, par exemple, lèvent exactement sur les mêmes duites que le 1er, le 8e sur les mêmes que le 2e; on pourra donc rentrer les fils qui lèvent d'une manière semblable dans la même lame, et faire réduire ainsi le nombre des lames nécessaire qui, théoriquement, devraient être de 20.

Ainsi la 1re lame contiendra le 1er, le 3e, le 7e et le 9e fil.

2e	»	2e	8e
3e	»	4e	6e
4e	»	5e fil seulement	
5e	»	10e	et le 20e
6e	»	11e	19e
7e	»	12e	18e
8e	»	13e	17e
9e	»	14e	16e
10e	»	15e fil seulement,	

de sorte qu'il ne faudra, en réalité, que 10 lames au lieu de 20 pour la reproduction de l'échantillon donné.

Tissus à côtes. — Dans les tissus qui se composent de bandes unies et d'effets tels que des côtes en travers formées par la réunion de deux ou de plusieurs duites passées dans des ouvertures similaires de chaîne, on est forcé, pour pouvoir les produire, de rentrer *(remettre,* en terme de tissage) les fils des lisières dans des lames toutes distinctes de celles qui portent ceux du fond.

Il s'en suit qu'au tissage, tandis que les lames qui portent les fils du fond font alternativement de l'uni et de la côte, celles qui portent ceux des lisières continuent à faire de l'uni, de sorte que

les duites pour la côte, insérées dans les mêmes ouvertures de chaîne, se trouvent ainsi retenues aux extrémités du tissu et empêchées de revenir sur elles-mêmes.

D'autres articles, tels que ceux composés par exemple d'un fond uni entrecoupé de rayures satinées ou sergées, ne peuvent également être tissés que par deux corps de lames bien distincts. L'analyse d'une armure semblable montre, en effet, que les fils de l'uni exigent des lames différentes de celles des fils sergé ou satiné. Il en est de même des tissus appelés *petits façonnés*, qui se composent d'un fond uni, par exemple, qui s'étend d'une lisière à l'autre et sur lequel se trouvent parsemés de petits effets produits par une seconde chaîne. Nous indiquerons plus loin une disposition simple et ingénieuse pour tisser les lisières en uni, avec un corps de lame qui tisse une autre armure quelconque.

Les tissus qui se composent de plusieurs armures différentes présentent parfois certaines difficultés pour faire raccorder le dessin, chaque armure contenant un nombre différent de duites au rapport. Il est donc indispensable, pour obtenir l'effet complet de chaque armure, d'étendre la mise en carte complète sur un total de duites qui soit divisible par le rapport en trame de chaque armure différente. Ainsi, si chaque échantillon se composait d'un fond uni avec rayures en satin de cinq, d'autres rayures en sergé de huit, et de plus, par exemple, d'un petit effet entre deux pointillés s'étendant sur 12 duites, il faudrait, pour en établir la mise en carte, prendre un total de duites qui soit divisible à la fois par 2, par 5, par 8 et par 12; le plus petit nombre divisible étant 120, on représentera la carte par 120 coups de trame. Dans le rapport, l'armure unie sera, par conséquent, reproduite 60 fois; le satin de 5, 24 fois; le sergé de 8, 15 fois, et l'effet pointillé, 10 fois. S'il en était autrement, l'une ou l'autre des armures serait incomplète, ce qui produirait des interruptions d'effets et, par suite, des défauts visibles et d'un vilain aspect.

Nous bornerons à cet exposé sommaire des principales armures fondamentales notre étude sur les différents tissus. Le cadre que nous nous sommes tracé pour cet ouvrage, essentiellement pratique et élémentaire, ne nous permet pas d'entrer dans le détail de la décomposition et de la reproduction des différents autres genres de

tissus, tels que les cannelés, les piqués, les gazes, les velours et les façonnés obtenus par la mécanique Jacquard.

Ayant donc décomposé les différentes armures fondamentales, nous allons examiner en détail les indications nécessaires à donner à un contremaître ou à l'ouvrier pour régler les différentes opérations à effectuer pour convertir définitivement en tissu l'échantillon donné et décomposé.

Reproduction d'un tissu analysé ou décomposé

Les différentes opérations par lesquelles doit passer un échantillon jusqu'à sa confection en tissu et qui doivent nécessairement toutes concorder entre elles, sont :

La réduction du tissu en chaîne.

Le *remettage* ou rentrage des fils de la chaîne dans les lames.

L'*ourdissage* de la chaîne.

Le *lissage* ou la commande des harnais.

Le *travail* ou la réduction du tissu en trame et, enfin, le tissage ou le jeu des lames selon que le nécessite l'armure.

L'ensemble des données concernant ces diverses opérations constitue ce qu'on appelle une *disposition*.

Nous donnons ci-dessous un exemple de disposition relative à l'article le plus simple : l'uni ou calicot, et nous examinons ci-après en détail chacune des parties de cette disposition.

Calicot en 72 4/5 P.

Sur un peigne de 16 dents au centimètre, en 90 centimètres de largeur.

Remettage

8	dents à	2	fils lisière.	remis amalgamés sur 4 lames.
1422	—	2	— fond.	
8	—	2	— lisière.	
1440	dents.			

Ourdissage

16 fils chaîne coton simple n° 27/29 ourdis doubles pour lisières.
2848 — — — 27/29 pour le fond.
16 — — — 27/29 ourdis doubles pour lisières.
2912 fils.

Lissage

4 lames de chacune 720 mailles sur 90 centimètres de largeur.

Travail

Rapport de l'armure : 2 duites trame coton simple n° 36/38, en moyenne 38 duites au centimètre.

Jeu des lames

La figure 13 représente, ainsi qu'ils se trouvent sur le métier à

Fig. 13. — Exemple d'une disposition d'uni.

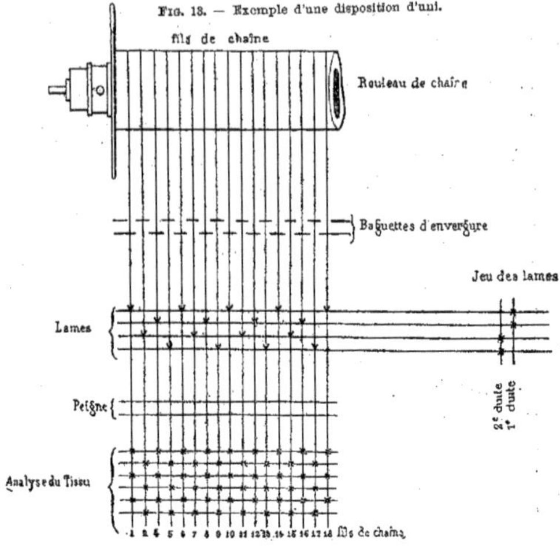

tisser le rouleau de chaîne, les baguettes d'enverjure, les lames, le peigne et le tissu.

Les fils de la chaîne sont indiqués sur la gauche par des traits verticaux et leur rentrage dans les différentes lames est donné par un petit signe qui a la forme d'un V.

Les autres traits verticaux, sur la droite, représentent le jeu des lames dont la levée, à chaque duite, est indiquée par des croix.

En fabrique, pour abréger le tracé des figures de chaque disposition, on se contente d'indiquer les traits horizontaux et verticaux avec le rentrage des fils de la chaîne et le jeu des lames, en laissant tout le reste de côté.

Analysons à présent en détail chacune des indications que renferme la disposition précédente :

Calicot en 72 4/5 P. — Se lit calicot en 72 *portées* 4/5. — La *portée* est une unité conventionnelle qui sert à déterminer le nombre de fils de chaîne qui entre dans la composition d'un tissu. Dans le tissage du coton, la portée comprend 40 fils, de sorte qu'un tissu composé de 72 4/5 P doit comprendre : $(72 \times 40) \times \frac{40 \times 4}{5} = 2912$ fils[1].

Dans le commerce, on néglige d'indiquer les fractions de portées; on désignera donc l'article $72\frac{4}{5}$P comme 72 P; il n'y a guère que dans les articles fins, tels que jaconas, organdis, etc., qui se font d'habitude sur un fond invariable de 65 1/4 P, que l'on désigne l'article tel quel : 65 1/4 P.

En fabrique, à l'ouvrier, on indique toujours le nombre exact de portées, y compris les fractions : 70 1/4 P, 72 4/5 P, 73 1/2 P., etc., car il faut naturellement se baser sur le total exact des fils pour disposer les harnais, peignes, etc.

Remettage. — Le remettage est l'opération qui consiste à rentrer les fils de la chaîne dans les mailles des lisses de toutes les lames exigées par l'armure. On désigne également par ce mot la

[1] Dans le tissage des matières plus fines que le coton, comme la soie, par exemple, la portée comprend 80 fils.

configuration graphique qui indique à l'ouvrière rentreuse l'ordre dans lequel les fils doivent être rentrés.

La première lame est celle qui se trouve placée le plus loin de l'ouvrier et, par conséquent, la première du côté du rouleau de chaîne. Le remettage, comme l'opération du piquage en peigne, qui la suit, se fait en partant de la gauche et en allant vers la droite.

Après avoir analysé une armure, si l'on note le rentrage des fils successifs, 1, 2, 3, etc., qui tissent différemment, dans les lames 1, 2, 3, etc., d'un corps de lame, il arrive que le *remettage* se présente sous certaines formes régulières résultant de l'effet ou du dessin du tissu ; on simplifie donc l'indication de ce remettage en le désignant simplement dans la disposition par une des dénominations généralement adoptées et dont nous allons énumérer les principales :

1° *Remettage suivi.* — L'effet du remettage suivi est de répéter le même sujet, croisure ou dessin dans le même sens, pour former un ensemble sans interruption ni reprise visible. Dans un équipage de quatre lames, par exemple, avec le remettage suivi, on rentrera :

Le 1er fil dans la 1re maille de la 1re lame (fig. 14).
2e » 1re » 2e »
3e » 1re » 3e »
4e » 1re » 4e »
5e » 2e » 1re »
6e » 2e » 2e »
7e » 2e » 3e »
8e » 2e » 4e » et ainsi de suite.

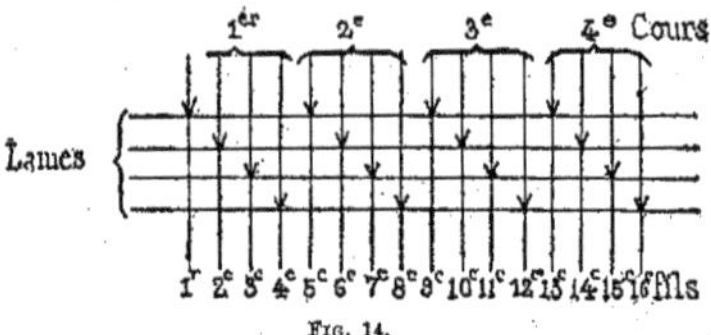

Fig. 14.

Les quatre premiers fils rentrés constituent *un cours*, de sorte que les 5e, 6e, 7e et 8e fils suivants forment ensemble un second cours, etc.

2° *Remettage à pointe.* — Si au lieu de rentrer tous les fils, comme dans le cas précédent, on rentre un premier cours suivi, puis un second dans l'ordre inverse, en supprimant toutefois le redoublement des premiers et des derniers fils de chaque cours, le sujet se trouvera répété alternativement dans un sens et puis dans l'autre, produisant un effet symétrique de chaque côté du dernier fil du premier cours.

Avec le remettage à pointe, les fils seront rentrés dans un corps de huit lames, ainsi qu'il suit (fig. 15) :

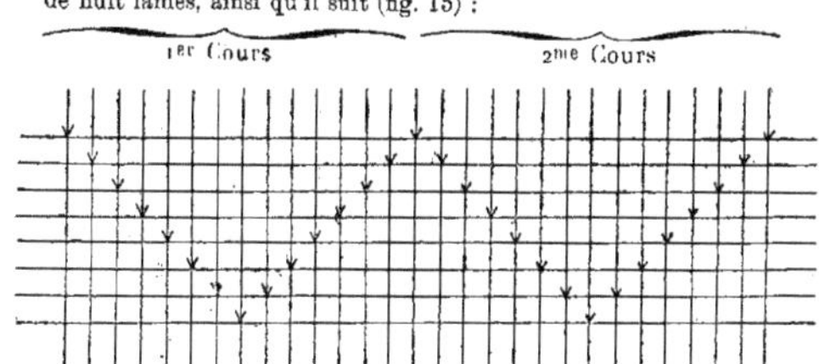

FIG. 15.

Le 1er fil	dans la 1re	maille de la 1re	lame,	
2e	» 1re	» 2e	»	
3e	» 1re	» 3e	»	
4e	» 1re	» 4e	»	
5e	» 1re	» 5e	»	
6e	» 1re	» 6e	»	
7e	» 1re	» 7e	»	
8e	» 1re	» 8e	»	
9e	» 2e	» 7e	»	
10e	» 2e	» 6e	»	
11e	» 2e	» 5e	»	
12e	» 2e	» 4e	»	
13e	» 2e	» 3e	»	
14e	» 2e	» 2e	»	et ainsi de suite.

Le cours se compose par conséquent de 14 fils, puisque dans chaque lame se trouvent rentrés deux fils, à l'exception des 1re et 8e lames, qui n'ont qu'un fil. Les 1re et 8e lames seront donc maillées avec moitié moins de lisses que les six intermédiaires.

Dans l'armure du brillanté ci-dessus, figure 12, les 9 premiers fils seront remis à pointe dans les 5 premières lames, et les 11 fils suivants seront remis également à pointe dans les 5 autres lames.

3° *Remettage à retour* (fig. 16). — Ce remettage, supposé également avec 8 lames, diffère du précédent, en ce que les 1re et 8e lames, au lieu de porter un fil, en ont deux rentrés simultanément l'un après l'autre, ce qui porte à 16 le total des fils d'un cours. On produit avec ce remettage, à fort peu de chose près, le même effet qu'avec le précédent, si ce n'est que la pointe, au lieu d'être d'un seul fil, est faite ici avec deux fils.

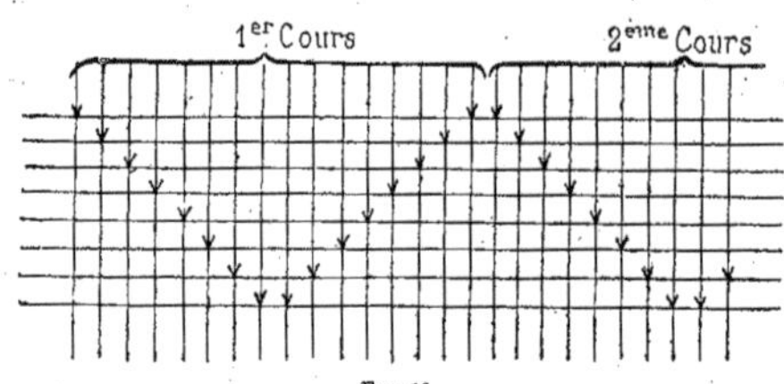

Fig. 16.

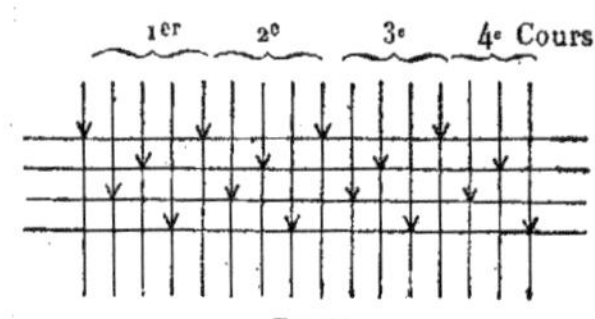

Fig. 17.

4° *Remettage amalgamé* (fig. 17). — Le remettage amalgamé, très employé pour le tissage mécanique du calicot, consiste à passer :

Le 1er fil	dans la	1re maille	de la	1re lame,	
2e	»	1re	»	3e	»
3e	»	1re	»	3e	»
4e	»	1re	»	4e	»
5e	»	2e	»	1re	»
6e	»	2e	»	3e	»
7e	»	2e	»	2e	»
8e	»	2e	»	4e	» et ainsi de suite.

C'est le remettage que nous avons indiqué dans la disposition donnée pour exemple, figure 13. On peut évidemment employer également le remettage suivi, en changeant l'ordre de levée des lames, mais le remettage amalgamé présente cet avantage que les fils impairs de la chaîne étant tous rentrés dans les deux premières lames, et tous les fils pairs dans les deux dernières, il s'en suit qu'elles peuvent, par deux ou par paires, être attachées au cylindre porte-lames d'un métier à tisser ordinaire à deux excentriques, ce qui produit ainsi nécessairement l'armure unie, tout en divisant mieux les fils de la chaîne et en évitant les *tenues*, auxquelles on serait exposé si on n'employait que deux lames.

Les quatre remettages ci-dessus sont considérés comme des remettages fondamentaux ; il suffira donc, dans les dispositions, de les indiquer par leur nom.

Restent maintenant encore :

5° *Les remettages en plusieurs corps,* qui s'emploient pour le tissage d'étoffes telles que cannelés, piqués, etc., qui exigent deux ou trois corps de chaîne superposés, dont les fils se trouvent rentrés dans les mêmes dents. On désigne comme premier corps de lames celui qui est le plus rapproché du rouleau de chaîne, et comme dernier corps celui qui en est le plus éloigné.

Ce dernier genre de remettage ne peut pas s'indiquer par une dénomination dans la disposition. Il est indispensable d'en stipuler exactement la configuration graphique ou d'indiquer l'ordre du rentrage des fils. On dira alors : *Remettage suivant disposition.*

Piquage en peigne. — Après leur rentrage dans les lames, les fils sont passés dans les dents du peigne. Les dents du peigne sont

plus ou moins serrées, suivant que le nombre des fils de chaîne est plus ou moins nombreux pour une même largeur de tissu. Il est donc nécessaire de choisir un peigne en rapport avec ce nombre de fils. De plus le peigne, de même que les lames, doit être établi d'après la largeur de l'étoffe que l'on veut tisser, en y ajoutant toutefois une certaine quantité pour le retrait que l'étoffe subit au tissage et au blanchiment, et qui varie de 3 à 10 %.

Les lames doivent être faites exactement sur la réduction du peigne, pour que les fils de la chaîne soient maintenus dans une direction rectiligne parallèle.

L'article que nous avons pris pour exemple comprend, pour le piquage en peigne :

16 fils doubles de lisière,
2848 fils pour le fond, } ensemble : 2880 fils.
16 fils doubles de lisière,

Ici, nous rentrons deux fils dans chaque dent du peigne, il faudra donc que le peigne ait $\frac{2880}{2} = 1440$ dents, sur une largeur de 90 centimètres; les peignes se désignant par le nombre de dents au centimètre, nous aurons pour nombre : $\frac{1440}{90} = 16$ dents; l'étoffe, après tissage, n'aura plus alors que 83 à 85 centimètres de largeur.

Si le tissu devait avoir 90 centimètres de largeur après fabrication, il faudrait prendre un peigne de 97 à 98 centimètres de largeur, qui aurait alors environ 15 dents en moyenne au centimètre.

Dans les dispositions, on indique toujours l'empeignage exact; cela facilite le calcul des emplois de matières, etc.

Le retrait d'un article après tissage varie suivant que l'article est tissé à trame sèche ou à trame mouillée. Les numéros des fils de chaîne et de trame employés par la fabrication influent aussi sur la laize du tissu. Il est difficile de donner des règles fixes pour l'empeignage de tel ou tel tissu; la pratique seule peut indiquer au directeur ou aux contremaîtres quel est l'empeignage exact pour obtenir après tissage une laize donnée.

Voici néanmoins un tableau des empeignages à donner pour quelques sortes les plus courantes :

Tableau indiquant le retrait de divers articles coton

LAIZES	NOMBRE DE PORTÉES	EMPEIGNAGE	LARGEUR APRÈS TISSAGE	OBSERVATIONS
3/4	50	1m,01	0m,90	Trame mouillée
»	50	0,97 3/4	0,91 1/2	Trame sèche
»	55	1,01	0,90	—
»	60	0,97 3/4	0,90	—
»	68	0,97 1/2	0,90	—
»	70	0,98	0,90	—
»	70	1,01	0,90	Trame mouillée
»	71	1,01	0,90	—
»	72	1,01	0,90	—
»	73	1,01	0,90	—
»	75	0,99	0,90	—
»	79	0,99	0,90	—
»	84	0,99	0,90	—
»	88	0,99	0,90	—
»	82	0,89 1/2	0,85	—
»	87	0,88	0,84	Trame sèche
7/8	59	1,13	1,06	—
»	60	1,13	1,06	Trame mouillée
»	69	1,13	1,06	—
»	74	1,13	1,06	—
»	84	1,13	1,06	—
»	93	1,13	1,06	—
9/8	94	1,35	1,28	—
»	113	1,35	1,28	Trame sèche
»	140	1,35	1,28	—
136 cent.	112	1,43	1,36	—
»	120	1,43 1/2	1.36	—
1 mètre	42	1,02 1/2	0,99	Trame mouillée
»	46	1,02 1/2	0,99	—
»	47	1,02 1/2	0,99	—
Organdis	68	0,85 1/2	0,82	—
Jaconas	54	0,85 1/4	0,82	—

Suivant que l'on modifiera les numéros des filés entrant dans la composition de ces différents articles, il faudra augmenter ou diminuer l'empeignage; nous le répétons, c'est surtout une question d'appréciation et d'expérience pratique.

Le peigne du métier à tisser est un organe très délicat qui demande à être établi avec une très grande perfection, car la moindre irrégularité peut laisser sur le tissu un défaut irréparable. Le peigne a pour but, tout en chassant les duites et en les serrant les unes contre les autres, de maintenir les fils régulièrement répartis dans les dents, semblablement espacés à leur place. Dans l'exemple que nous avons cité ci-dessus, nous avons rentré deux fils dans chacune des dents du peigne; il est clair que suivant que le compte en chaîne (nombre de fils au quart de pouce) est plus ou moins élevé, on rentrera plus ou moins de fils dans la même dent. Ce rentrage n'est pas cependant tout à fait arbitraire, car, ainsi que nous le ferons remarquer plus loin, le nombre de fils en dent peut avoir une influence assez importante sur la régularité et la beauté de l'aspect de certains tissus.

Primitivement, les dents des peignes étaient faites en jonc fendu longitudinalement; de cet espèce de jonc appelé *rotin* vient le nom de *ros* ou *rot* par lequel on désigne encore le peigne dans beaucoup de localités.

Aujourd'hui, les dents des peignes sont généralement en métal, fer ou laiton; elles sont fixées, par chacune de leurs extrémités, à deux tringles appelées *jumelles* au moyen d'un fil de cuivre ou de laiton et quelquefois de fil de lin poissé, dont la grosseur est en rapport avec l'écartement que les dents du peigne doivent avoir Les peignes établis avec du fil poissé ont des jumelles en bois et se désignent par le nom de peignes poissés; on les emploie surtout à cause de la modicité de leur prix, car les peignes soudés sont d'un prix plus élevé. Il est plus facile de remplacer une dent cassée à un peigne poissé qu'à un peigne soudé pendant que la chaîne est montée sur le métier, car il suffit de ramollir, au moyen d'un fer chaud, la poix qui fixe les dents, à la place à réparer, pour pouvoir remplacer rapidement la dent cassée sans salir le tissu.

Avec un peigne soudé, l'opération prend plus de temps et salit presque inévitablement le tissu. Malgré cela, les peignes soudés sont employés plus couramment que les autres, à cause de leur grande solidité et de leur rigidité.

Les jumelles sont en fer, la ligature (appelée aussi liure ou

mollier) en métal. Pour les tissus qui se tissent à trame mouillée, on se sert souvent de peignes à dents de cuivre ou de laiton qui ont, sur celles en acier, l'avantage de s'oxyder moins facilement.

L'écartement entre les deux jumelles, qu'on appelle la *foule* intérieure du peigne, dépend de la finesse de la chaîne, du jeu du battant et de la foule qui est donnée aux lames. Elle est en moyenne de 60 à 65 millimètres pour les toiles fines; de 65 à 75 millimètres pour les tissus ordinaires, et de 75 à 85 millimètres pour les articles gros. Il est indispensable au tissage que le peigne ne reste pas encrassé, et l'encrassement se produisant assez rapidement depuis l'emploi des chaînes encollées, on se trouve bien de donner une hauteur, aux dents du peigne, un peu supérieure à celle que nous venons d'indiquer.

Un peigne peut durer deux ans quand il sert pour articles forts ou mi-forts et tisser de 78 à 90 pièces de 85 mètres, soit environ 7000 à 7500 mètres de chaîne. Pour articles fins, il peut durer trois ans et tisser le double ou le triple de pièces, suivant la vitesse donnée aux métiers.

Il existe, depuis quelque temps, des machines à faire les peignes automatiquement. Elles sont très pratiques et se composent d'une cisaille qui partage en parties égales, de la longueur voulue des dents, le fil de laiton ou d'acier disposé en rouleaux de longueur indéfinie.

Ces dents sont amenées automatiquement par des glissières entre des tringles de métal (jumelles). Leur place respective dans le peigne est marquée par un fil de fer enroulé en ressort à boudins, qui leur donne l'écartement voulu. Au sortir de la machine, le peigne est porté au soudeur, qui fixe les dents d'après la méthode habituelle; chaque machine produit de quoi alimenter facilement un tissage de 1000 métiers en peignes très réguliers et exacts. On règle le nombre et l'écartement des dents au moyen d'un compteur et de pignons spéciaux.

Ourdissage. — Ourdir, c'est classer et assembler en une longueur égale et déterminée un nombre de fils désigné par la disposition, dont l'ensemble prend le nom de *chaîne*.

Pour que l'ouvrière ourdisseuse puisse faire son travail, il faut lui indiquer : le nombre de fils qui doivent former la chaîne;

Si ces fils doivent être ourdis doubles, triples, etc.;
Le nombre de fils destinés à former les lisières;
La longueur que doit avoir la chaîne.

Dans la disposition ci-dessus, nous voyons indiqués :

16 fils coton simple		27/29 ourdis doubles pour lisières, c'est-à-dire	32 fils
2848	—	27/29 pour le fond, ci	2848 »
16	—	27/29 ourdis doubles pour lisières.	32 »
2880		Total	2912 fils

ou 72 portées 4/5.

Nous n'avons, comme on l'a vu ci-dessus, que 2880 fils, en réalité, à passer en peigne, mais chacun des 32 fils des lisières devant être composé de la réunion des deux fils simples, le compte de l'ourdissage doit comprendre la totalité des fils simples, pour donner celui des bobines à placer sur la cantre.

Les lisières sont des bandes étroites qui forment, en quelque sorte, les bordures de chaque côté du tissu et qui sont ordinairement composées ou de fils plus gros ou de fils de même grosseur que ceux du fond et ourdis doubles ou encore, très souvent, de fils retors. La trame opère alternativement son retour pour ses insertions successives contre les fils extrêmes de chaque lisière et, comme en raison du retrait que subit le tissu, c'est sur elles que se porte en grande partie la fatigue du tissage; c'est là la raison pour laquelle on ourdit les lisières avec des matières plus fortes et plus résistantes que celles du fond. Les lisières constituent un des points les plus importants de la fabrication, et il est essentiel de donner tous ses soins à produire des lisières pures, nettes et irréprochables d'exécution. Les lisières se tissent le plus souvent en uni et au moyen de dispositifs spéciaux ou, à défaut, par de petites lames portant les mailles nécessaires pour les fils des lisières.

Quand les lisières doivent être tissées dans l'armure du fond, ces lames spéciales deviennent inutiles et les fils des lisières sont rentrés dans les premières et les dernières mailles des lames qui tissent le fond. Nous indiquerons, au chapitre du métier à tisser, une disposition spéciale pour tisser les lisières en uni.

Toutes les chaînes sont *envergées*. *L'enverjure* consiste à diviser

la totalité des fils en un certain nombre de parties ou nappes similaires destinées à faciliter la vérification et la bonne marche du travail. L'enverjure *fil à fil*, également appelée *en croix*, sert à retrouver ou à mettre chaque fil à sa place respective lors du remettage, du rappondage ou du tissage; c'est, par conséquent, la division régulière des fils pairs et impairs de la chaîne. L'enverjure par portée, qui s'emploie pour les chaînes ourdies à bras et en boudin, sert pour la mise en râteau lors du montage ou pliage de la chaîne, opération qui a pour but de répartir également sur le rouleau ou ensouple, et dans la largeur voulue, tous les fils ramassés en masse.

L'enverjure se fait en passant entre les fils divisés comme il est indiqué ci-dessus, une baguette ou une ficelle, que l'on appelle baguette ou cordon d'enverjure.

Lissage. — Le lissage consiste dans la confection des lames. Une lame se compose de deux baguettes en bois d'environ trois centimètres de hauteur sur huit à dix millimètres d'épaisseur, appelées *liserons*, dont la longueur varie suivant la largeur de l'article à produire et sur lesquelles se tricotent les lisses nécessaires pour la confection du tissu. Les lisses se nouent au fur et à mesure de leur confection autour de ficelles appelées *cristelles*, qui se fixent aux extrémités des liserons et maintiennent ainsi l'ensemble des mailles sur la largeur voulue. Sur le milieu des lisses sont formées des mailles en œillet, dont la forme varie selon l'usage et le genre de tissu à la confection duquel elles sont destinées; ce sont ces mailles en œillet qui reçoivent les fils de chaîne et leur communiquent leur mouvement au tissage. La hauteur totale d'une lame varie de 22 à 25 centimètres, et on appelle *harnais* ou équipage l'ensemble des lames, quel qu'en soit le nombre, avec le peigne, nécessaires à la confection d'un tissu.

Les mailles des lisses les plus employées sont à *boucles*, comme l'indique la figure 18. Il y a encore les mailles à *nœuds simples*, dites de *levée*, lorsque le fil est passé sur la maille (fig. 19), et de *rabat* lorsque le fil est passé sous la maille (fig. 20).

Pour tisser les chaînes de lin et de laine, on se sert le plus souvent de lisses avec maillons en acier ou en cuivre (fig. 21).

Il y a aussi les mailles à *culottes,* qui servent à la fabrication des articles gaze.

On emploie depuis peu, avec avantage, un nouveau genre de harnais à lisses d'acier mobiles qui, par leur déplacement, la diminution ou l'augmentation de leur nombre, se prêtent aux combinaison les plus variées, permettant d'obtenir à volonté des vides, des bandes ou des rayures.

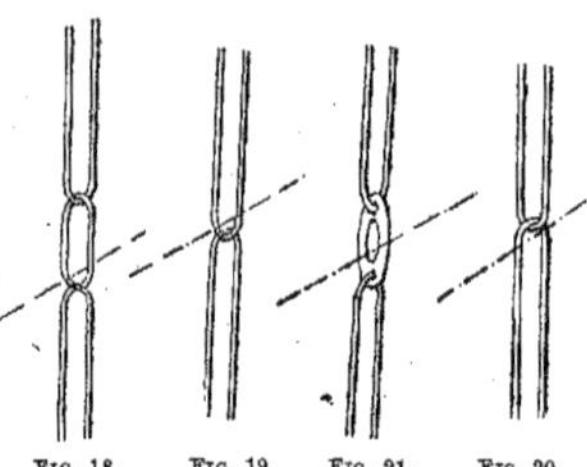

Fig. 18. Fig. 19. Fig. 21. Fig. 20.

Ces harnais à lisses d'acier se font également extensibles : on peut ainsi régler leur écartement suivant le compte de chaîne du tissu ou la laize à obtenir.

Fabrication des harnais

Depuis un certain temps, les harnais ne se font plus que rarement à la main; la plupart des tissages sont outillés de manière à faire leurs peignes et leurs harnais à l'établissement même et à les parer, les brosser et vernir mécaniquement.

Les *machines à tricoter les harnais,* de construction américaine ou anglaise, sont très ingénieuses; elles produisent automatiquement tous les harnais nécessaires à un tissage, quel qu'en soit le nombre de portées et la composition.

Une de ces machines, bien réglée, peut facilement produire en une journée de 11 heures.

En 70P, 3 harnais de 4 lames, soit 12 lames.

Pour satin : 82P, 2 harnais de 5 lames, soit 10 lames.

— 87P, la même quantité.

Pour articles fins :

2 1/2 harnais de 4 lames, soit 10 lames; pour ces harnais la vitesse de la machine doit être ralentie.

Les fils dont on se sert pour la fabrication des harnais sont des cotons retors ou câblés, c'est-à-dire qui ont subi deux torsions.

Par exemple, pour tisser les chaînes en coton n° 28-30, on emploie habituellement des lisses faites avec du n° 36 à 9 brins.

Pour les n^{os}	40-42	—	45 à 9 —
—	60	—	60 à 9 —
—	100	—	80 à 9 —
—	120	—	100 à 9 —

Il existe des machines spéciales pour la fabrication des harnais à maillons d'acier ou de cuivre; d'autres font les mailles tout en fil, avec nœuds complets ou simple culotte, suivant le désir du fabricant.

Les harnais, terminés à la machine à tricoter, sont passés sur des baguettes, puis parés et brossés, c'est-à-dire trempés d'abord dans une auge remplie à moitié à peu près d'un parement spécial.

Il existe bien des recettes de colles pour parer les harnais; nous avons vu employer la suivante avec succès.

Recette pour le parement des harnais

35 litres d'eau.

500 grammes de farine de sagou.

500 grammes de gélatine.

Faire fondre la gélatine dans l'eau, très lentement; puis délayer dans un litre d'eau, à petit feu :

25 grammes de savon blanc.

100 grammes de cire blanche.

12 grammes de potasse.

Mélanger la *moitié* de ce litre de solution aux 35 litres de parement ci-dessus. Ces 35 litres de mélange serviront pour parer 80 à 150 harnais, suivant leur laize.

Le harnais paré peut être brossé sur la *machine à brosser*, qui se compose d'un chariot vertical muni de rails glissant sur des galets fixés au plafond de l'atelier. Ce chariot, animé d'un mouvement de va-et-vient, présente la lame qui y est fixée et tendue au moyen de crochets, à une paire de brosses circulaires faisant 400 à

500 tours à la minute. La lame passe lentement entre ces brosses, qui couchent le duvet du fil et enlèvent l'excès de parement.

Au sortir de cette machine, la lame est bien lisse et le parement a pénétré le fil de part en part

Il faut alors la suspendre dans un endroit chaud et ventilé jusqu'à ce qu'elle soit complètement sèche, en ayant soin de la tenir bien tendue au moyen de poids, pour éviter la fermeture ou le bouchement des mailles.

Au bout de deux ou trois jours, quand la lame est bien sèche, on la vernit; cette opération se fait encore très facilement au moyen d'une machine spéciale à vernir, qui se compose d'un chariot horizontal sur lequel on accroche et on tend la lame. Le chariot, mis en mouvement au moyen d'une manivelle, glisse sur des rails qui l'amènent sous une paire de cylindres placés au milieu de la machine et qui trempent dans une petite auge remplie de vernis. La lame s'engage entre ces cylindres et s'imprègne de vernis sur la largeur voulue, qui est déterminée par la longueur même des cylindres. L'excédent de vernis est ensuite enlevé et réparti convenablement sur toute la lame au moyen de brosses, soit à la main, soit par une machine spéciale.

Le vernis employé se compose de :

Huile de lin...............	7k.500
Litharge..................	0k.750
Terre d'ombre.............	0k.100
Sel de Saturne............	0k.400
Succin.	0k.900
Essence de térébenthine	0k.760

Ce vernis s'obtient en faisant cuire à petit feu dans une chaudière, pendant 3 à 3 1/2 heures, l'huile de lin avec la litharge et la terre d'ombre. Ces deux dernières matières doivent être renfermées dans un petit sachet en feutre ou en drap bien fermé qui plonge simplement dans l'huile. Le succin étant fondu on l'ajoute au mélange, mais seulement quelques minutes avant que la cuisson soit terminée. Le liquide une fois retiré du feu et devenu tiède, on y verse en les mélangeant, l'essence de térébenthine et le sel de Saturne. La préparation de ce vernis étant difficile et longue, on a plus

d'avantage à se le procurer tout fait chez les fabricants spéciaux. Un harnais bien préparé ainsi doit pouvoir servir à tisser de 2.000 à 2.500 *mètres d'articles* ordinaires.

Dans la disposition ci-dessus, le remettage indique qu'il y a dans le peigne 1440 dents contenant chacune 2 fils, soit en tout 2880 fils; chaque lame devant contenir le même nombre de fils, on aura sur chacune : $\frac{2880}{4} = 720$ mailles. — Il y aura donc à faire 4 lames de chacune 720 mailles sur la même largeur que le peigne, c'est-à-dire de 90 centimètres. — Dans le cas de remettages figurés, dont quelques lames peuvent contenir beaucoup plus ou moins de fils les unes que les autres, il suffit de remettre au lamier le tracé d'une seule figure ou d'un rapport, en ayant soin de lui indiquer combien de fois il doit être répété sur toute la largeur.

Lorsqu'un fabricant fait faire les harnais dans un établissement spécial, le maillage sur les lames de tous les remettages, celui suivi excepté, doit toujours être guidé par une disposition qui indique exactement la répartition des lisses sur chacune des lames. — Il est bon d'envoyer en même temps des baguettes donnant les longueurs exactes du harnais, baguettes sur lesquelles on aura préalablement tracé les répartitions des lisses sur les lames. Cette précaution est surtout bonne à prendre quand il s'agit de la fabrication de harnais pour tissus à bandes; on évitera ainsi toute erreur.

Travail. — Dans le *travail*, on inscrit le nombre de duites dont se compose le rapport de l'armure et qui correspond toujours au nombre d'excentriques et de cartons qu'au métier à tisser il faut pour reproduire le tissu. On y inscrit de plus la nature et le numéro des filés dont doit être tramée la pièce en ayant soin, lorsqu'elle exige d'être faite de plusieurs matières ou couleurs différentes, de les inscrire exactement dans l'ordre où il faudra les passer les unes après les autres au tissage.

La moyenne du nombre de duites au centimètre, reconnue à l'analyse, y est inscrite également et sert pour établir le prix de

revient de l'article. En Alsace, on compte généralement les duitages au quart de pouce.

Ajoutons ici qu'on appelle *chefs* des petits filets ou bandes de couleurs, qu'on tisse au commencement et à la fin de chaque pièce ou de chaque coupe, et qui ont pour but principal d'en clore le commencement et la fin. — Ces chefs, très variés d'ailleurs comme couleurs et comme filets, servent aussi dans beaucoup de maisons à faire distinguer entre eux les différents articles. — Dans certains cas, les chefs doivent résister à l'opération du blanchiment; il faut alors employer des filés en couleurs dites *grand teint*. Quand les tissus ne sont pas destinés à des commandes spéciales et sont utilisés soit pour l'impression, soit pour la vente directe par le fabricant, les chefs tissés peuvent être supprimés et remplacés par des chefs imprimés à la main en une ou deux couleurs. Quoique ces chefs soient plus économiques, on préférera toujours les chefs tissés, qui flattent la marchandise et lui donnent aussi plus d'authenticité.

Jeu des lames. — Pour indiquer le jeu des lames, on trace une série de lignes parallèles à la direction des fils de chaîne et en nombre égal à celui des duites composant le rapport du dessin et, à l'intersection de chacune de ces lignes avec celle représentant la lame, on marque par une croix les lames qui doivent lever à chaque duite successive; la disposition doit donc contenir autant de pointés différents qu'il y a de duites au rapport.

L'analyse et le remettage étant indiqués, le pointé du jeu des lames se fait très facilement. En effet, dans l'exemple ci-dessus (fig. 13), l'analyse nous montre que les fils 1, 3, 5, 7, 9, etc., doivent lever à la 1re duite; ces fils étant rentrés dans les 1re et 2e lames et dans aucune autre, nous mettrons une croix à l'intersection des lignes représentant chacune de ces lames et de la ligne verticale représentant la duite; et, à la seconde duite, les fils 2, 4, 6, 8, 10, etc., doivent lever; ces fils sont tous rentrés dans les lames 3 et 4, nous pointerons donc ces deux lames sur la ligne figurant la 2e duite.

De même dans l'exemple du brillanté ci-dessus (fig. 12).

A la 1re duite doivent lever les fils 2, 4, 6, 8, 10, 12, 14, 16, 18

et 20, rentrés dans les lames 2, 3, 5, 7 et 9; nous avons donc pointé chacune de ces lames à la 1re duite.

A la 2e duite doivent lever les fils 1, 3, 6, 9, 11, 13, 15, 17, 19, rentrés dans les lames 1, 3, 6, 8, 10; nous avons pointé ces cinq lames, et ainsi de suite.

Les deux analyses que nous avons données du satin, figures 10 et 11, contiennent également le remettage et le jeu des lames et pourront servir de complément aux deux exemples ci-dessus.

Fabrication des articles en chaînes de couleur

La fabrication des articles en chaînes de couleur ayant pris une très grande importance depuis un certain nombre d'années, nous croyons utile de donner quelques renseignements sur l'ourdissage de ces chaînes, qui est l'opération la plus difficile et dont dépend la bonne réussite du travail. Ce travail étant bien fait, l'encollage ou le parage va tout seul. Admettons que l'on ait à tisser un dessin composé en chaîne, ainsi qu'il suit :

24 fils bleu foncé............	
2 — blancs	
3 — rouges	
2 — blancs	
6 — bleu clair.............	
2 — blancs	
3 — rouges	Soit 80 fils au rapport.
2 — blancs	
6 — bleu clair.............	
2 — blancs.................	
3 — rouges	
2 — blancs	
23 — bleu foncé............	

Nous allons en donner l'ourdissage d'abord pour machine à parer écossaise. La machine à parer comportant 8 rouleaux ourdis,

appelons nos 1, 2, 3, 4 les rouleaux d'un côté de la machine, et 5, 6, 7 et 8 ceux de l'autre côté, en commençant par le haut, et rappelons que les fils sont rentrés dans le peigne d'enverjure de la machine à parer de la manière suivante :

1er côté de la machine.			2e côté de la machine.		
1er fil,	rouleau n°	1	1er fil,	rouleau n°	5
2e	—	3	2e	—	7
3e	—	2	3e	—	6
4e	—	4	4e	—	8

Comme nous avons moitié des fils sur chacun des côtés de la machine, il s'en suit que pour former le dessin complet :

Le 1er fil	partira	du rouleau n°	1	Le 5e fil	partira	du rouleau n°	2
2e	»	»	5	6e	»	»	6
3e	»	»	3	7e	»	»	4
4e	»	»	7	8e	»	»	8

Par conséquent, le 1er bleu sera sur le rouleau n° 1 ; le 2e bleu sur le rouleau n° 5, pour être sur le rouleau d'ensouple à la suite du premier bleu ; le 3e sur le rouleau n° 3 ; le 4e sur le rouleau n° 7, etc., etc. Pour ne pas étendre démesurément cette énumération et pour en faire saisir l'ensemble plus simplement, nous la figurerons graphiquement, figure 22.

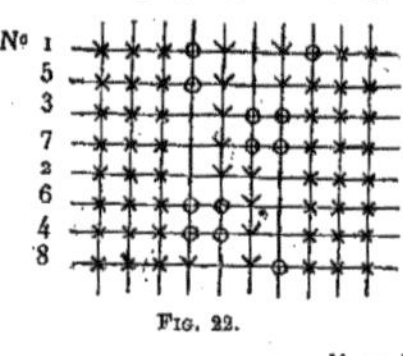

Fig. 22.

Dans la mise en carte ci-contre, les numéros 1, 5, 3, 7, 2, 6, 4, 8, sont les numéros des rouleaux ourdis, tels qu'ils se trouvent sur la machine à parer. Représentons les quatre couleurs dont se compose le dessin par les signes suivants :

X = bleu foncé
O = blanc
I = rouge
V = bleu clair

Les 24 premiers fils bleu foncé sont à placer l'un à la suite de l'autre sur la mise en carte, en allant toujours de haut en bas; puis viennent les 2 blancs à la suite des 24 bleu foncé et qui sont sur les rouleaux 1 et 5, puis les 3 rouges à la suite des 2 blancs qui tombent sur les rouleaux 3, 7, 2, puis 2 blancs qui tombent sur les rouleaux 6 et 4.

On donnera donc à l'ourdisseuse la feuille d'ourdissage suivante, et en lisant sur la mise en carte les lignes horizontales, on aura :

1er ROULEAU	2e ROULEAU	3e ROULEAU	4e ROULEAU	5e ROULEAU	6e ROULEAU	7e ROULEAU	8e ROULEAU
3 bleu foncé	3 bleu foncé	3 bleu foncé	3 bleu foncé	3 bleu foncé	3 bleu foncé	3 bleu foncé	3 bleu foncé
1 blanc	1 rouge	1 rouge	2 blancs	1 blanc	2 blancs	1 rouge	1 bleu clair
1 bleu clair	2 bleu clair	1 bleu clair	1 bleu clair	1 bleu clair	1 bleu clair	1 bleu clair	1 rouge
1 rouge	1 rouge	2 blancs	1 rouge	1 rouge	1 rouge	2 blancs	1 bleu clair
1 bleu clair	3 bleu foncé	3 bleu foncé	3 bleu foncé	1 bleu clair	3 bleu foncé	3 bleu foncé	1 blanc
1 blanc				3 bleu foncé			3 bleu foncé
2 bleu foncé							
10 fils	10 fils	10 fils	10 fils	10 fils	10 fils	10 fils	10 fils

Admettons que cet article doive être tissé en 60 P sur 80 centimètres (soit 2400 fils).

L'ourdisseuse répétera ce rapport de 10 fils 30 fois pour chaque rouleau, $300 \times 10 \times 8 = 2400$. Il y aurait en plus à ajouter les lisières. On met ordinairement 2 fils de lisières en retors blanchi aux deux lisières, soit 4 fils par rouleau ourdi.

Ce dessin est très simple et peut être fait sans difficulté à l'encolleuse, sans crainte que les couleurs se confondent ou déteignent l'une sur l'autre, en admettant toutefois que les couleurs employées soient solides et qu'elles résistent à l'eau.

Dans le cas d'une encolleuse, nous aurons la mise en carte et la feuille d'ourdissage suivantes (fig. 23), en observant que la garniture de chaîne est ici de six rouleaux et même seulement de quatre, si on a un cadre d'ourdissoir suffisamment grand.

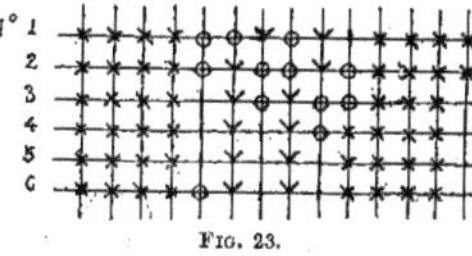

Fig. 23.

On a ici, sur le 1er et le 2e rouleau, un rapport de 14 fils, et sur les 4 autres, un rapport de 13 fils; en répétant ces rapports 30 fois sur chaque rouleau, on a :

$30 \times 14 \times 2 =$ 840 fils sur les deux premiers rouleaux.
$30 \times 13 \times 4 =$ 1560 fils sur les quatre autres.

Total : 2400 fils ou 60 P.

1er rouleau	2e rouleau	3e rouleau	4e rouleau	5e rouleau	6e rouleau
4 bleu foncé	4 bleu foncé	4 bleu foncé	4 bleu foncé	4 bleu foncé	4 bleu foncé
2 blancs	1 blanc	1 rouge	1 rouge	1 rouge	1 blanc
1 bleu clair	1 bleu clair	1 bleu clair	1 bleu clair	1 bleu clair	1 bleu clair
1 blanc	2 blancs	1 blanc	1 rouge	1 rouge	1 rouge
1 bleu clair	1 bleu clair	1 bleu clair	1 bleu clair	1 bleu clair	1 bleu clair
1 rouge	1 blanc	2 blancs	1 blanc	1 rouge	1 rouge
4 bleu foncé	4 bleu foncé	3 bleu foncé	4 bleu foncé	4 bleu foncé	4 bleu foncé
14 fils	14 fils	13 fils	13 fils	13 fils	13 fils

Autre exemple

Admettons maintenant un autre dessin de la composition suivante, dont nous faisons commencer le rapport au milieu de la plus large bande noire, pour avoir moitié à une lisière et moitié à l'autre.

9 fils noirs................	43 fils au rapport.
1 — blanc................	
1 — rouge................	
1 — orange................	
3 — noisette................	
3 — blancs................	
3 — noisette................	
1 — orange................	
3 — noisette................	
3 — blancs................	
3 — noisette................	
1 — orange................	
1 — rouge................	
1 — blanc................	
9 — noirs................	

En opérant comme précédemment, nous formons la mise en carte, figure 24, en admettant les signes suivants :

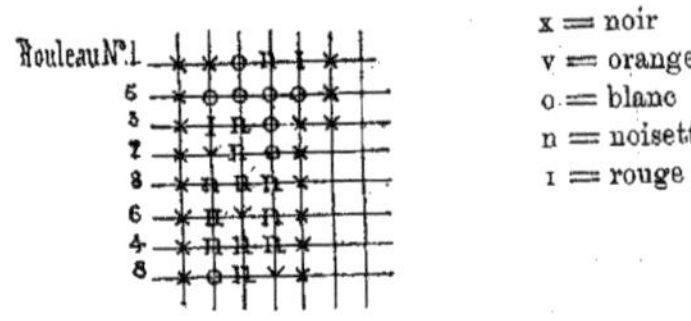

x = noir
v = orange.
o = blanc
n = noisette
ı = rouge

Fig. 24.

D'après cette mise en carte et en lisant les lignes horizontales nous aurons, comme précédemment, à donner la feuille d'ourdissage suivante :

1er ROULEAU	2e ROULEAU	3e ROULEAU	4e ROULEAU	5e ROULEAU	6e ROULEAU	7e ROULEAU	8e ROULEAU
2 noirs	1 noir	1 noir	1 noir	1 noir	1 noir	1 noir	1 noir
1 blanc	3 noisettes	1 rouge	3 noisettes	4 blancs	1 noisette	1 orange	1 blanc
1 noisette	1 noir	1 noisette	1 noir	1 noir	1 orange	1 noisette	1 noisette
1 rouge		1 blanc			1 noisette	1 blanc	1 orange
1 noir		2 noirs			1 noir	1 noir	1 noir
6 fils	5 fils	6 fils	5 fils	6 fils	5 fils	5 fils	5 fils

En admettant cet article en 53 3/4 P sur 80 centimètres, soit 2150 fils, nous répéterons 50 fois le rapport sur chaque rouleau et nous aurons :

$50 \times 6 \times 3 = $ 900 fils pour les 1er, 3e et 5e rouleaux.
$50 \times 5 \times 5 = $ 1250 » pour les autres rouleaux.
Total : 2150 » ou 43 3/4 P.

L'ourdissage pour encolleuse est très simple. Il suffit de diviser le nombre total des fils sur 4, 5 et 6 rouleaux et en faisant, autant que possible, des rouleaux tous de la même couleur. En résumé, il n'y a pas pour l'encolleuse de règle absolue à donner, comme pour la machine à parer. L'encolleur sera obligé de disposer ses fils pour former, autant que possible, les dessins, et les rentreuses devront se guider sur la composition des chaînes pour le rentrage ou mieux encore, se conformer à l'ordre donné par la carte.

Ourdissoir pour ourdir par couleurs séparées

Dans la fabrication des articles en chaînes de couleur, on peut employer avantageusement des ourdissoirs spéciaux qui permettent de changer rapidement et sans être obligé d'ourdir de nouveaux rouleaux de coton couleur, les dessins, rayures ou combinaisons de rayures d'un tissu.

Au lieu de faire des rouleaux d'ourdissoir de 1 mètre à 1 mètre 50 de largeur, cette machine, réduite dans ces proportions, ne fait que des rouleaux de 15 à 20 centimètres de largeur. On dispose ces rouleaux sur une barre fixe, en variant leur disposition d'après la couleur de chacun ou suivant les largeurs et les écartements à donner aux bandes.

Ainsi, par exemple, on se propose de faire un article ayant :

1	bande	de	40	fils	blancs,	1	bande	de	35	fils	blancs,
1	»		10	»	rouges,	1	»		119	»	violets,
1	»		21	»	bleus,	1	»		30	»	bleus.
1	»		53	»	verts.						

On placera derrière l'encolleuse, sur une barre fixe, un rouleau contenant les 40 fils blancs, puis à côté, sur la même barre, un autre de ces rouleaux contenant les 10 fils rouges, et ainsi de suite pour tout le dessin. Ces rouleaux peuvent, à volonté, varier de largeur, suivant le compte de fils que l'on veut y faire entrer.

Cette disposition a l'avantage de permettre au fabricant d'employer les mêmes rouleaux, quelle que soit la rayure à faire, avantage que l'on n'a pas quand on ourdit exprès pour chaque dessin des rouleaux spéciaux qui ne peuvent plus, ou seulement rarement, servir pour un dessin de composition différente en largeurs et en combinaisons de rayures.

DEUXIEME PARTIE

RÉGLAGE ET CONDUITE DES DIVERSES MACHINES DE TISSAGE

DU BOBINOIR

La première opération que subissent les fils de chaîne après leur réception et leur vérification est le *Bobinage*. Elle consiste à renvider les fils livrés sous forme d'écheveaux et de fuseaux, par la filature, sur des bobines cylindriques dont la grandeur varie selon l'usage auquel elles sont destinées; le bobinage a en outre pour but de débarrasser le fil des impuretés, débris de feuilles, de capsules, boutons, etc., qui ont pu y rester incorporés.

Le bobinoir est une machine très simple, dont la production se calcule très facilement; il suffit de déterminer le diamètre moyen d'enroulement de la bobine et de chercher le nombre de tours des broches par minute. C'est l'excentrique qui, en commandant la montée et la descente du guide-fils, détermine la forme de la bobine. On lui donne généralement aujourd'hui une courbe telle que les bobines aient une forme bombée au milieu, c'est celle sous laquelle elles peuvent renfermer le plus de fils; à cet effet, l'excentrique communique aux guide-fils un mouvement uniformément retardé d'abord (correspondant à l'enroulement du fil sur la moitié de la hauteur de la bobine), puis uniformément accéléré ensuite sur l'autre moitié. La détermination de la forme de l'excentrique est du domaine de la construction; néanmoins, nous indiquerons sommairement la manière très simple d'en obtenir la courbe. La hauteur dont se déplacent les guide-fils est donnée par la différence entre le plus petit rayon et le plus grand rayon de l'excentrique; cette différence constitue la *course* de l'excentrique, le guide-fils pour produire la forme bombée devant se déplacer moins vite sur

le milieu de la bobine qu'aux extrémités, c'est-à-dire parcourir des espaces inégaux dans des temps égaux; on partagera la circonférence décrite avec le grand rayon en un certain nombre de parties égales, et la course en un même nombre de parties qui iront en décroissant des deux extrémités de la course jusqu'au milieu; on mène des circonférences par les points de division et des rayons par les points de division de la circonférence; les points de rencontre des rayons et des circonférences de même rang donneront la forme cherchée.

Dans un grand nombre de machines, l'excentrique est muni d'une coulisse de réglage au moyen de laquelle on peut varier l'excentricité, c'est-à-dire la course, ce qui permet d'utiliser les bobines de dimensions différentes.

Déterminons à présent le diamètre moyen d'enroulement. La bobine pleine a, par exemple, 92 millimètres de diamètre aux deux extrémités et 115 millimètres au milieu; son diamètre moyen sera :

$$\frac{115+92}{2}=103^{mm},5.$$

Comme le fuseau de la bobine vide a 30 millimètres de diamètre, le diamètre moyen d'enroulement sera :

$$\frac{30\times 103,5}{3}=66^{mm},75.$$

Le tambour qui commande les broches et sur lequel est calée la poulie motrice a 200 millimètres de diamètre, il fait par exemple 160 tours à la minute; les noix des broches ayant 32 millimètres de diamètre, elles feront par minute :

$$\frac{160\times 200}{32}=1000 \text{ tours}$$

et la quantité de fil enroulé par minute sera :

$$66^{mm},75\times 3,14\times 1000 \text{ ou environ } 210 \text{ mètres.}$$

La production pratique dépend de l'habileté des ouvrières et de leur nombre. Une ouvrière soigne en moyenne, pour les bobinoirs en gros, de 30 à 40 broches; pour les bobinoirs en mi-gros, de 40

à 45 broches; pour les bobinoirs en mi-fin, de 36 à 44 broches; pour ceux en fin, qui travaillent généralement des filés de première qualité, 40 à 50 broches. La production pratique peut être évaluée de 55 à 75 °/o de celle théorique. Connaissant la production par broche et par jour en longueur de fil, on calculera le poids par la formule établie plus loin : $P = \frac{L.}{2\ N}$

Le calcul que nous avons établi ci-dessus n'est évidemment pas absolument juste au point de vue mathématique, attendu que la longueur de fil contenue sur une bobine est égale à la somme des termes d'une progression arithmétique, dont chaque terme est le diamètre successivement croissant de chaque couche; mais, en présence de l'écart qui existe entre la production pratique et le rendement théorique, le calcul n'a pas grande importance et le rendement moyen se constate plus facilement par les carnets des bobineuses.

Voici quelques productions moyennes courantes :

En n°	une ouvrière produit environ		
14		55	kilos
18	»	50	»
20	»	45	»
28/29	»	40	»
30/32	»	35	»
40	»	30	»
50	»	28	»
60	»	25	»
80	»	22	»
90/100	»	20	»
120	»	15	»

par journée de 11 heures de travail.

Ces productions ont plutôt augmenté par suite de perfectionnements apportés aux bobinoirs.

Réglage du bobinoir. — La bobine de chaîne ou fuseau doit occuper sur le râtelier une position telle que le déroulement du fil s'effectue sans qu'il subisse une trop forte tension : l'axe de la broche doit donc être exactement dans la direction de la première

latte sur laquelle passe le fil. Cette latte, de forme bombée, est généralement recouverte de panne laine (sorte de drap pelucheux destiné à arrêter les impuretés demeurées dans le fil); elle peut être déplacée dans le sens de sa longueur d'une quantité égale environ à la moitié de l'écartement entre les broches d'une même rangée, pour permettre de faire passer le fil sur une surface de panne neuve quand celui-ci s'y est tracé un chemin et l'a usée.

Les fuseaux doivent être bien embrochés; les broches sur lesquelles ils sont montés doivent, autant que possible, être semblables aux broches des métiers à filer qui ont servi à faire les bobines, car si la broche est trop mince à son extrémité, la pointe de la bobine n'est pas maintenue et il peut arriver que plusieurs couches de fil se dévident en même temps. Si c'est la partie inférieure qui est d'un diamètre trop faible, il arrive que, lorsque la bobine touche à sa fin, la partie qui reste n'est plus serrée contre la broche et se trouve entraînée. Toutes ces causes peuvent augmenter le déchet dans de fortes proportions. Pour éviter ce défaut, il suffit de mettre des petits ressorts sur la partie inférieure de la broche.

Le fil, en passant sur la latte bombée garnie de panne, subit une tension qui produit des bobines d'autant plus dures et serrées que la tension est plus forte. Cette tension doit pouvoir être réglée à volonté et diminuée pour les filés de qualité médiocre qui, sans cela, cassent continuellement. Si le fil présente des coupures ou des parties faibles et défectueuses, il y a nécessairement aussi casses produites par l'effet de cette tension, et il est préférable qu'elles se produisent au bobinoir qu'à l'ourdissoir, où elles occasionnent des arrêts plus longs.

En quittant la latte, le fil passe sur les brosses où il doit se débarrasser des cosses, boutons, etc. En arrière de ces brosses, se trouvent les petits guides en tôle munis de rainures ou fentes verticales pour le passage du fil. Ces rainures doivent être évidemment en rapport avec la grosseur du fil pour empêcher toutes les impuretés, de quelque nature qu'elles soient, de passer et de se renvider sur la bobine. Quand on a des restes que l'on ne peut achever de bobiner comme il vient d'être dit, en les bobine ordinairement on les disposant sur une broche horizontale spéciale,

placée en regard de la place de chaque ouvrière. La bobine correspondante à cette broche spéciale a une noix d'un diamètre un peu plus grand que les autres : elle tourne donc à une vitesse un peu moindre. La disposition des brosses sur le guide-fil même, qu'on rencontre encore dans quelques bobinoirs, n'est pas la plus avantageuse; il vaut mieux les mettre à proximité de la latte bombée, afin d'éviter que le duvet, les boutons, pailles, etc., dont le fil se débarrasse, ne tombent en avant de la rainure du guide-fil pour former, à un moment donné, des bouchons que le fil rencontre et qu'il cherche à entraîner, ce qui le fait casser. Dans ce cas, et pour avoir toujours la même tension, la brosse devra être disposée de manière qu'elle ne participe pas au mouvement du guide-fil, pour que le fil conserve toujours le même angle, dans quelque position que se trouve le chariot par rapport à la latte et aux brosses.

Au lieu de faire passer le fil sur une latte recouverte de panne, on le fait passer sur la même latte, mais garnie de brosses; le fil ne doit pas s'engager trop fort dans la brosse, qui doit être très garnie; une brosse peu garnie ne ferait pas d'effet. A la suite de ces brosses, le fil passe par des crochets à rainure où les boutons, grosseurs, etc., sont arrêtés. Ces crochets sont montés sur une latte fixée à des supports à coulisse qui permettent de donner aux fils la tension voulue.

Les mouvements de la machine doivent s'opérer sans choc et sans temps d'arrêt. Le chariot ou guide-fil doit marcher bien régulièrement et être réglé de manière qu'en même temps qu'il arrive d'un côté au haut de sa course, il arrive de l'autre côté à son point inférieur.

Le passage des cordes sur le tambour doit être tel qu'une même corde fasse tourner quatre broches, deux de chaque côté et sans qu'il y ait croisure, pour éviter une usure rapide de la corde. Il y a une proportion de broches 1 sur 30 qui marche plus lentement et qui sert à dévider les restes.

Les bobines en bois sont en plusieurs pièces. Les disques en pin, mélèze ou sapin, formant les deux rebords extrêmes, sont en deux pièces juxtaposées et collées ensemble, en disposant les fibres du bois à angle droit; cette précaution prévient la casse des bobines dans leur manipulation ou dans leur chute.

Le trou de la douille qui relie les disques au fût doit être légèrement supérieur au diamètre de la broche pour que l'ouvrière n'éprouve aucune difficulté à les rentrer. Deux boîtes ou douilles en bois dur forment les deux extrémités de la bobine, de manière à ne laisser que ces deux extrémités en contact avec la broche, pour diminuer le frottement lors du déroulage de la bobine à l'ourdissoir.

Bobinoir d'écheveaux. — Quand la chaîne est livrée sous forme d'écheveaux, on bobine généralement horizontalement en plaçant l'écheveau sur un *asple* ou guindre disposé à cet effet; le chariot guide-fil, au lieu d'avoir un mouvement vertical alternatif, a un mouvement de va-et-vient horizontal. Les bobines sont placées sur des petits tambours, qui les entraînent par friction; elles sont guidées dans leur mouvement de montée dans les coulisses d'un levier à contrepoids qui les maintient suffisamment appuyées sur le tambour pour assurer leur rotation.

Ce genre de bobinage est employé pour le lin; les écheveaux sont montés sur des dévidoirs à six bras. Pour les filés fins et surtout pour la soie, on se sert de guindres composés de deux petits tambours à lanternes formés de deux disques légers en bois, réunis par des tiges en fil de fer disposées en couronne très près de la circonférence extérieure. Chacun des tambours supérieurs est disposé sur un axe en porte-à-faux monté sur un levier articulé et qu'un contrepoids tend à faire relever. On peut ainsi facilement placer et enlever l'écheveau, l'un des côtés du tambour étant toujours libre, et l'écheveau est maintenu suffisamment tendu dès que le levier est abandonné à lui-même.

Une préparation préalable de l'échevette est nécessaire pour qu'elle se dévide bien.

Bobinoirs perfectionnés. — On emploie avec succès des bobinoirs munis d'un appareil d'épluchage, consistant :

1° En une plaque en acier poli de huit centimètres de hauteur, dans laquelle sont pratiquées des entailles où passe le fil. Devant chaque entaille se trouve une entrée conique et, à l'arrière, un guide-fil ayant la forme d'une demi-lune mobile et déplaçable.

2° D'un certain nombre de brosses composées de lames élastiques en acier fixées à une traverse en bois; ces brosses maintiennent la propreté de la plaque en acier du guide-fil et enlèvent la poussière et le duvet à chaque montée et descente du chariot.

La disposition des rangées de brosses est telle que, chaque fois que le chariot se trouve au plus bas de sa course, les brosses dépassent le guide-fils de quelques millimètres en hauteur, et chaque fois que le chariot se trouve au plus haut de sa course, les brosses se trouvent en-dessous du guide-fil. Comme la plaque d'acier guide-fil se trouve dentée par le bas et que les brosses nettoyeuses ont une certaine inclinaison, elles se nettoient d'elles-mêmes à chaque descente.

3° D'un rouleau garni d'une peluche fine tournant en sens inverse du fil et servant à l'éplucher et à le maintenir tendu. Ce rouleau tourne à raison de huit tours par minute et, afin d'éviter la coupure de la peluche, il est muni d'un mouvement de va-et-vient.

Pour le maintenir propre, on a installé à l'arrière une plaque de cardes qui frotte sur ce rouleau.

Les avantages résultant de cette nouvelle disposition consistent dans une meilleure marche au tissage, les fils faibles cassant tous au bobinoir; il y a meilleur nettoyage et épurage complet des grosseurs. Par suite, la production est meilleure aux ourdissoirs, encolleuses et métiers à tisser.

Le bobinoir à broches Rabbeth pour bobiner des fils faits sur métiers continus à tubes traversant, est aussi très pratique et marque un progrès de plus réalisé dans ces machines préparatoires.

Le bobinoir enroulant en pelotes cylindriques à spires croisées les fils venant de la filature, au lieu de les enrouler sur des bobines d'ourdissoirs, est très recommandé. Les pelotes ainsi obtenues ressemblent à celles produites sur les rota-frotteurs et se placent alors directement sur les ourdissoirs, sur des broches en buis ordinaires. Ces pelotes contiennent une longueur de fil à peu près double de celle des bobines habituelles, leur volume n'étant pas limité. L'ourdisseuse, ayant à changer ses bobines moins souvent, a moins de perte de temps; la production se trouve augmentée et le travail facilité.

Tarif des prix payés pour bobinage

NUMÉROS DE CHAINE	PRIX PAR KILOGRAMME
10	fr. 0.02
14	» 0.03
16	» 0.03 1/4
18	» 0.03 1/4
20	» 0.03 1/2
24	» 0.03 3/4
27/29	» 0.04
30/32	» 0.04 1/2
35	» 0.04 3/4
40	» 0.05
45	» 0.05 1/4
50	» 0.05 1/2
55	» 0.06
60	» 0.06 1/2
70	» 0.06 3/4
75	» 0.07
80	» 0.08
85	» 0.08 1/2
90	» 0.09
100	» 0.10
110	» 0.11
120	» 0.12
130	» 0.13
150	» 0.14
Filés couleurs	» 0.03 1/2
Laine 53	» 0.04 1/4
» 43	» 0.04
Retors	» 0.04

On économise totalement ainsi des bobines en bois ou en papier comprimé qu'on emploie d'habitude sur ourdissoirs.

Les chiffres ci-dessus représentent une moyenne des prix payés pour bobinage; tout dépend de la force du fil et beaucoup du traitement en teinture.

DE L'OURDISSOIR

Nous avons défini ci-dessus le but de l'ourdissage; les machines qui servent à cette opération s'appellent *ourdissoirs* et se composent de deux parties : 1° La *cantre*, appelée aussi *chassis*, *cadre* ou *rame*, qui porte les bobines venant du bobinoir, et 2° l'*ourdissoir* proprement dit, sur lequel s'enroule la chaîne. On emploie encore, pour la fabrication de certains articles, l'ourdissoir à bras, ou ourdissoir à lanterne, mais ceux qui sont le plus répandus sont les ourdissoirs mécaniques, soit avec mouvement de recul, soit avec application de casse-fils, c'est-à-dire de dispositif produisant automatiquement l'arrêt de la machine lorsqu'un fil vient à casser.

Pour former l'ensouple définitive, qui sera placée sur le métier à tisser, les fils peuvent être ourdis sur 4 ou 8 rouleaux séparés lorsqu'ils sont parés à la *machine à parer écossaise*, et sur 2 à 6 rouleaux lorsqu'ils passent à l'*encolleuse*. Dans le premier cas, on pare sur un côté de la machine seulement; dans le cas des 8 rouleaux, on pare sur les deux côtés de la machine. — Chaque rouleau d'ourdissage recevra donc soit la 1/8e, soit la 1/6e partie de la totalité des fils dont se compose la chaîne : Dans les comptes légers, on peut ne mettre que 4 rouleaux, mais ne pas dépasser 400 à 420 fils par rouleau, excepté pour la chaîne 120, où l'on met jusqu'à 8 à 900 fils. Nous avons déjà vu, à propos de l'ourdissage des chaînes-couleur, qu'il importait de répartir les fils sur chacun de ces 8 ou 6 rouleaux dans un ordre déterminé et qui dépend de l'ordre des fils dans le rapport du dessin; il importe également, pour les chaînes ordinaires, d'observer avec soin la répartition suivant le rentrage à la machine à parer, afin que les fils se présentent bien exactement à leur place sur l'ensouple finale.

Ourdissoir à bras. — Les chaînes ourdies à bras sont envergées au moyen du râteau dans lequel passent les fils avant de s'enrouler sur l'ourdissoir; il est disposé pour recevoir 40 ou 80 fils sur deux rangs. Ces fils passent dans les œillets dont sont munies les dents du râteau. Les deux rangées de dents sont indépendantes l'une de l'autre et mobiles, de sorte qu'en soulevant l'une on divise les fils de chaîne en deux nappes et on obtient ainsi un premier pas d'enverjure. En soulevant ensuite l'autre rangée de dents, on obtient le second pas d'enverjure. Ces deux pas sont ainsi maintenus par des chevilles fixées à une traverse de l'ourdissoir, et dès que la chaîne est entièrement ourdie on passe à chaque encroix une ficelle qui conserve ainsi l'enverjure.

On enverge par *portées* en divisant à la main la moitié des fils du râteau. On croise ainsi ces deux moitiés sur des chevilles et l'on répète cette enverjure à l'inverse pour le retour de la chaîne. L'enverjure est le commencement de la chaîne au tissage, c'est-à-dire qu'on en enroule d'abord sur l'ensouple l'extrémité divisée en portées de plus ou moins de fils; ces portées sont mises dans un râteau pour bien diviser la chaîne. L'enverjure du bout, fil à fil, se conserve pour les baguettes au tissage. La production de cet ourdissoir n'est plus en rapport avec les nécessités de la fabrication mécanique actuelle, aussi n'est-il plus employé que lorsqu'on y est forcé par les dispositions de la chaîne à ourdir; les ourdissoirs mécaniques produisent plus, à meilleur compte et en meilleure qualité, aussi leur usage est-il général.

OURDISSOIRS MÉCANIQUES. — Les organes essentiels en sont les mêmes dans les différents systèmes imaginés par les constructeurs : à recul mécanique, à différents casse-fils, etc. Notre but n'étant pas d'étudier ni de comparer chacune de ces diverses dispositions, nous ne nous y arrêterons pas et exposerons de suite le réglage de l'ourdissoir en général.

Rentrage des fils. — L'ourdissoir a deux peignes, soit un peigne fixe contenant autant de dents que l'on peut mettre de bobines dans le cadre, et un peigne mobile que l'on peut changer suivant les différentes largeurs des rouleaux à ourdir. Le rentrage

des fils dans le peigne d'arrière se fait, quelle que soit la cantre employée, en commençant par le milieu et en allant vers les côtés. Pour les cantres verticales, on rentre dans la dent du milieu le fil de la bobine supérieure de la rangée verticale du sommet de l'angle, et l'on continue à rentrer les fils de cette rangée dans les dents suivantes, en allant de haut en bas, jusqu'à ce que tous les fils soient rentrés; à partir du milieu, le rentrage se fait symétriquement.

Pour les cantres horizontales, on opère de même, en ayant soin de prendre, pour le premier fil à rentrer dans la dent du milieu, celui de la bobine se trouvant au milieu de la cantre et la plus éloignée de la machine, et l'on continue le rentrage en ligne droite en se rapprochant de l'ourdissoir. Une rangée terminée, on commence la suivante de la même manière, et l'on continue ainsi pour toutes les rangées, en allant toujours de l'extrémité de la cantre vers l'ourdissoir. L'autre moitié se rentre de la même manière, c'est-à dire du milieu vers l'autre extrémité de l'ourdissoir.

Le rentrage du peigne d'avant se fait également le plus souvent en allant du milieu vers les extrémités. Dans quelques tissages, on opère néanmoins le rentrage en commençant par le bas de la cantre; nous croyons la manière d'opérer que nous venons d'indiquer préférable.

Travail de l'ourdissoir. — Quand un fil casse, lors même que l'ouvrière s'en aperçoit immédiatement et qu'elle arrête la machine, il arrive, par suite de la vitesse acquise du rouleau, qu'une certaine longueur de fil se trouve encore renvidée; de là la nécessité de faire tourner le rouleau en sens inverse pour retrouver le fil cassé. Dès que l'ouvrière s'aperçoit de la rupture d'un fil, elle arrête la machine et prend une des baguettes en fer qui se trouvent à sa disposition sur le côté de la machine, qu'elle place sur les fils au-dessus de la première rainure, celle la plus rapprochée de la cantre; elle déroule une certaine longueur de chaîne en imprimant au rouleau un mouvement en sens inverse; les fils n'étant plus tendus, la baguette, par l'effet de son propre poids, descend dans la rainure et entraîne la chaîne; en descendant de $0^m,8$, par exemple, la longueur du fil déroulé est du double ou de $1^m,6$. Si l'extrémité

du fil n'est pas retrouvée après la descente de la première baguette, l'ourdisseuse en fait descendre une seconde, puis une troisième, etc. Sitôt que le fil cassé se présente, elle arrête le déroulement de la chaîne; elle prend le fil d'une des bobines placées à cet effet sur une tringle au-dessus de la machine et qu'elle rattache au bout retrouvé. Puis elle fait remonter les baguettes en remettant la machine en marche et en ayant soin d'enlever les baguettes au fur et à mesure qu'elles arrivent au haut de la rainure.

Quand la dernière baguette est remontée et enlevée, elle arrête la machine, recherche à la cantre le fil cassé qu'elle passe par le peigne d'arrière, et dès qu'il est arrivé au peigne d'avant, elle le rattache au fil de la bobine et remet la machine en marche.

Vitesse et production. — En donnant au tambour une vitesse de 42 tours par minute, celui-ci ayant $0^{m},420$ de diamètre, on obtient pour la vitesse d'enroulement :

$$42 \times 0{,}420 \times 3{,}14 = 55^{m},440.$$

Mais l'ourdissoir est la machine dont la production pratique s'écarte le plus de la production théorique, en raison des nombreux arrêts nécessités par la rupture des fils, le garnissage de la cantre, etc., on ne peut guère compter, en conséquence, que sur un rendement effectif de 40 °/₀.

Tarif des prix payés pour ourdissage

NUMÉROS DE CHAINE	PRIX PAR KILOGRAMME
10	fr. 0.01
14	» 0.01 1/4
16	» 0.01 1/2
18	» 0.01 3/4
20	» 0.02
24	» 0.02 1/4
27/29	» 0.02 1/2
30/32	» 0.02 3/4
35	» 0.03
40	» 0.03 1/4
45	» 0.03 1/2
50	» 0.03 3/4
55	» 0.04
60	» 0.04 1/4
70	» 0.04 1/2
75	» 0.05
80	» 0.06
85	» 0.06 1/2
90	» 0.07
100	» 0.08
110	» 0.09
120	» 0.12
130	» 0.12 1/2
150	» 0.13
180	» 0.14
200	» 0.15

Les chiffres ci-dessus représentent une moyenne des prix payés pour ourdissage; ce tarif est variable avec le nombre de fils et n'est vrai que pour des comptes moyens.

DU PARAGE

Le parage est une des opérations les plus importantes du tissage. C'est en grande partie de la manière plus ou moins parfaite dont elle a été exécutée et des soins qu'on y a apportés que dépend la bonne marche du métier à tisser et, par suite, la bonne qualité du produit et le chiffre de la production.

Le parage a pour but d'enduire et de pénétrer les fils de chaîne d'une substance agglutinante qui en couche les duvets et en rend la surface lisse et polie, et qui leur donne en même temps la consistance voulue pour supporter le frottement du peigne pendant le travail du tissage. Cette substance s'appelle *parement*.

Dans les machines à parer, les fils enduits de parement sont soumis à l'action de deux brosses qui couchent parfaitement le duvet et lissent les fils; le séchage de ceux-ci se fait à air chaud et par des ventilateurs. La machine à parer remplit donc parfaitement le but à atteindre, mais la production en est faible, tant à cause du séchage qu'à cause du brossage des fils, qui ne peut se faire par des mouvements rapides. Néanmoins, malgré les avantages incontestables d'économie, d'emplacement, d'entretien et de main-d'œuvre que présentent les encolleuses, ces dernières machines ont été longues à se répandre dans l'industrie, et ce n'est que depuis les perfectionnements apportés depuis quelques années à leur construction qu'elles sont employées couramment.

Composition et préparation du parement

Le parement primitivement employé par les tisseurs à la main, avant que l'industrie du tissage mécanique ait acquis l'importance qu'elle a aujourd'hui, était composé de farine, de suif, de savon, mélangés dans des proportions différentes. Il est peu de substances qui n'aient été essayées depuis et préconisées dans ce but, sans qu'on puisse réellement recommander l'une plutôt que l'autre des innombrables recettes offertes aux fabricants, car il y a à cet égard presque autant d'opinions diverses qu'il y a de manufacturiers.

Les parements sont à base de farine fermentée ou de fécule de pommes de terre ou d'amidon; ce n'est que par exception que l'on emploie des gommes ou d'autres produits donnant une matière gommeuse. A cette base, on ajoute soit de la glycérine, soit des savons ou des graisses pour donner de la souplesse, ainsi que les matières que l'on trouve dans l'industrie sous le nom de parement.

Le kaolin, la craie et la terre de pipe sont quelquefois employés pour donner du poids au fil.

On ajoute un peu de soude à la cuisson du parement lorsque les eaux sont calcaires ou que la fécule ou l'amidon ne sont pas bons, comme cela arrive dans certaines années où la pomme de terre mûrit mal.

Le sulfate de cuivre est ajouté pour empêcher le parement de se décomposer vite et prévenir les chancissures dans les tissus tissés à trame mouillée.

Le sulfate de zinc et certains sels sont employés pour rendre le fil collé un peu hygrométrique.

Le leïogomme ou les gommes et colles donnent plus d'adhérence au parement, mais employés en trop forte proportion ils donnent de la dureté.

Il faut varier un parement suivant le numéro du fil, la réduction et la nature du tissu à produire, ce qui explique la variété des parements employés.

La nature du coton influe aussi sur la colle à employer. Certains cotons fins et tordus prennent difficilement la colle.

Pour faire de la farine fermentée, on prend 3 kilogrammes de levain qu'on fait délayer dans 3 litres d'eau. On verse ce mélange dans un baril de 200 à 300 litres et on y ajoute autant de kilogrammes de farine que de litres d'eau, jusqu'à ce que le baril soit plein au tiers ou à la moitié. Le mélange, maintenu dans un lieu chaud, ne tarde pas à aigrir et peut être employé au bout de quelques jours.

Voici quelques recettes de parement d'un emploi courant :

Eau : 100 litres

Fécule	8k,500
Leïogomme	0k,300
Sulfate de cuivre	0k,100

Eau : 100 litres,

Leïogomme	0k,150
Cristaux de soude	0k,150
Fécule	10k,—

Eau : 100 litres,

Fécule	12k,—
Farine fermentée	1k,100
Eau de colle forte	0k,100
Sulfate de cuivre	0k,200

Eau : 100 litres,

Farine	5k,—
Colle de Cologne	0k,250
Sulfate de cuivre	0k,200

Eau : 100 litres,

Fécule	14k,—
Léïogomme	0k,375
Colle de Cologne	0k,375
Sulfate de cuivre	0k,200

Pour chaînes blanchies :

Eau : 100 litres,

Sulfate de zinc	0k,250
Suif	0k,150
Cire jaune	0k,100
Glycérine blonde	0k,250

(Ne mélanger la glycérine qu'après la cuisson et au moment de vider la colle dans l'auge.)

Primitivement, on a préparé le parement dans des marmites ouvertes, chauffées à feu nu; puis, plus tard, dans des chaudières à double fond, à circulation de vapeur; cette préparation était très longue et exigeait une grande surveillance, car il fallait remuer constamment le mélange. Actuellement, on n'emploie plus guère que l'appareil à haute pression, connu sous le nom d'appareil Simon, qui opère rapidement la cuisson du parement.

Pour préparer le parement dans cet appareil, on introduit par l'entonnoir l'eau dans laquelle on a préalablement fait dissoudre le sulfate de cuivre ou de zinc lorsqu'on en emploie. Puis, après avoir mélangé à sec, dans un baquet, la fécule et le leïogomme ou autres matières, on les empâte avec un peu d'eau tiède et on les ajoute à l'eau dans l'appareil. On ouvre ensuite le robinet de vapeur, en ayant soin de laisser le robinet purgeur un peu ouvert pour que l'air puisse s'échapper et de le fermer aussitôt que la cuisson commence. Par un des petits robinets placés sur le devant de l'appareil, on fait sortir de temps en temps un peu de parement pour

juger de son degré de cuisson; s'il est limpide, clair, filant et collant, il est bon à l'usage; on arrête la vapeur et on le laisse écouler par le robinet de sortie placé au bas de l'appareil.

La colle employée à froid vaut mieux que le parement fraîchement cuit.

Il est bon d'avoir deux baquets dans la salle, on y verse le parement et on travaille avec la colle de l'un pendant qu'on laisse refroidir celle de l'autre. Il vaut encore mieux pouvoir mettre dans un seul baquet toute la colle d'un jour et ne la travailler que le jour suivant. De cette manière, si une cuite laisse un peu à désirer, on la mélange aux précédentes et on obtient ainsi un parement régulier.

Le parement chaud est plus fluide, il en passe une certaine quantité par les cylindres; pendant la marche, la colle se refroidit et les cylindres en laissent passer une autre proportion, d'où inégalité d'encollage. Avec de la colle froide, ce défaut est évité complètement.

Il faut souvent changer la colle dans l'auge des machines et s'arranger de façon à ce que ces auges soient d'une contenance aussi réduite que possible; une simple planche garnie suffit souvent.

La figure 25 est une épure représentant les organes essentiels de la machine à parer, et les roues de commande qui vont nous servir à calculer les vitesses, productions et différents pignons de change. La figure ne représente que la moitié de droite de la machine, l'autre moitié étant symétriquement semblable.

On voit que les fils des 4 rouleaux ourdis a, a', a'', a''' étagés sur le bâti, passent d'abord dans le peigne ouvert ou râteau c, sur le cylindre en bois ou porte-fils b, puis entre les cylindres d et e (tous deux recouverts de drap et que l'on désigne par les noms de cylindres de pâte et de pression); à la sortie des cylindres la chaîne est envergée par une, deux ou trois baguettes, suivant la force des fils; les fils sont passés ensuite dans les huit rangées de trous de la planchette en cuivre ou en porcelaine h destinés à bien diviser les fils, qui se présentent ainsi comme deux nappes à l'action des brosses g, g'; celles-ci commencent à agir sur le fil près de la planchette et se meuvent alternativement en brossant les fils

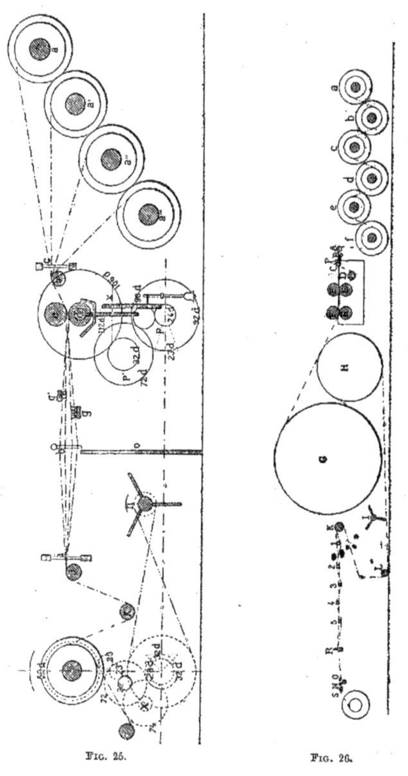

Fig. 25.

Fig. 26.

toujours dans le même sens, qui est celui contraire à leur marche.

La chaîne passe ensuite au-dessus du ventilateur *n*, et les fils qui la composent se divisent un à un dans les dents du peigne soudé ou peigne d'enverjure *i*, pour passer sur et sous les rouleaux ou porte-fils en bois *j*, *k*, et venir enfin s'enrouler sur l'ensouple destinée au métier à tisser. La planche ou cloison *o* dirige le courant d'air chaud du ventilateur entre la planchette *h* et le peigne d'enverjure *i*, et sert à garantir de la chaleur les fils encore sous l'action des brosses, car, les fils une fois secs, la brosse n'a plus d'action sur eux et ne peut plus en coucher le duvet.

Rentrage des fils à la machine à parer

Nous avons déjà, à propos de l'ourdissage, montré l'importance de disposer les fils sur les rouleaux et de les rentrer dans les divers peignes et la planchette de la machine à parer dans un ordre déterminé, afin qu'ils se trouvent dans la disposition voulue sur l'ensouple du métier à tisser; il importe également d'observer ce rentrage pour que les fils reçoivent tous au même degré l'action des brosses et pour faciliter la recherche des fils cassés.

A cet effet, on prend une ensouple sur laquelle se trouve un reste de chaîne et on la place dans ses supports, au milieu de la machine. On rentre d'abord un côté de la machine, en commençant par passer les fils dans le peigne d'enverjure, puis dans la planchette et ensuite dans le peigne ouvert ou râteau, et cela dans l'ordre suivant :

Le premier fil à gauche est passé dans la première dent, qui est une dent soudée du peigne d'enverjure, puis dans le premier trou de la première ligne du haut de la planchette et, enfin, dans la première dent du peigne ouvert; ce sera le premier fil à gauche du rouleau *a*; le second fil passe dans la seconde dent, qui sera une dent non soudée du peigne d'enverjure, puis dans le premier trou de la cinquième ligne de la planchette et ensuite dans la première dent du peigne ouvert, avec le fil précédent; ce sera le premier fil du rouleau a''.

La seconde paire de fils sera formée des premiers fils des rouleaux a' et a''', qui passent ensemble dans la deuxième dent du peigne ouvert; celui du rouleau a' est passé dans le premier trou

de la troisième ligne de la planchette et, de là, dans la troisième dent, qui est une dent soudée du peigne d'enverjure; celui du rouleau a''' passe dans le premier trou de la septième ligne de la planchette, puis dans la quatrième dent, qui est une dent ouverte du peigne d'enverjure. La troisième paire est composée des seconds fils des rouleaux a et a'', qui passent ensemble dans la troisième dent du peigne ouvert; celui du rouleau a entre dans le premier trou de la seconde ligne de la planchette et ensuite dans la cinquième dent, qui est une dent soudée du peigne d'enverjure; celui du rouleau a'' passe dans le premier trou de la sixième rangée de la planchette et dans la sixième dent, qui est une dent ouverte du peigne d'enverjure. La quatrième paire est composée des seconds fils des rouleaux a' et a''', qui sont passés ensemble dans la quatrième dent du peigne ouvert; celui du rouleau a' entre dans le premier trou de la quatrième ligne de la planchette et ensuite dans la septième dent, qui est une dent soudée du peigne d'enverjure; celui du rouleau a''' passe dans le premier trou de la huitième ligne de la planchette et ensuite dans la huitième dent, qui est une dent ouverte du peigne d'enverjure. La cinquième paire est composée des troisièmes fils des rouleaux a et a'', qui passent ensemble dans la cinquième dent du peigne ouvert. Celui du rouleau a entre dans le second trou de la première ligne de la planchette et ensuite dans la neuvième dent, qui est une dent soudée du peigne d'enverjure; celui du rouleau a'' passe dans le second trou de la cinquième ligne de la planchette, et ensuite dans la dixième dent, qui est une dent ouverte du peigne d'enverjure. En continuant à opérer ainsi jusqu'à la fin, on aura rentré :

1° Tous les fils des rouleaux a et a'' dans les dents impaires, et tous les fils des rouleaux a' et a''' dans les dents paires du peigne ouvert.

2° Tous les fils impairs du rouleau a dans la 1re ligne de la planch.

»	pairs	»	a	»	2e	»
»	impairs	»	a'	»	3e	»
»	pairs	»	a'	»	4e	»
»	impairs	»	a''	»	5e	»
»	pairs	»	a''	»	6e	»
»	impairs	»	a'''	»	7e	»
»	pairs	»	a'''	»	8e	»

3° Tous les fils des rouleaux a et a'' dans des dents soudées du peigne d'enverjure, et tous les fils des rouleaux a' et a''' dans des dents non soudées du peigne d'enverjure.

Les fils des lisières, lorsqu'ils sont ourdis doubles, se rentrent aux extrémités deux pour un, tout comme un fil simple.

Dès que le rentrage est achevé, on commence par appondre aux fils rentrés ceux des rouleaux ourdis. A cet effet, on commence par le rouleau a qu'on appond aux fils rentrés dans la première et dans la seconde ligne de la planchette, puis ceux du rouleau a' aux fils rentrés dans la troisième et dans la quatrième lignes de la planchette; puis ceux du rouleau a'' à ceux des cinquième et sixième lignes de la planchette, et enfin ceux du rouleau a''' aux fils rentrés dans les septième et huitième lignes de la planchette.

Au fur et à mesure qu'un rouleau est appondu, on le place sur des traverses en bois qui reposent d'un côté sur les cylindres, et de l'autre sur une brosse ou une pièce en bois placée en travers sur les supports du peigne d'enverjure. Quand les fils de toute la garniture sont appondus, on place les rouleaux dans leurs supports et on fait un peu marcher la machine, en opérant avec précaution, jusqu'à ce que tous les tors des fils aient passé au travers du peigne ouvert, de la planchette et du peigne d'enverjure; puis on réunit les deux nappes sur l'ensouple; on désigne par le nom de *premiers* les fils de la nappe qui s'enroule la première sur l'ensouple, et par *seconds* ou *derniers*, ceux de l'autre nappe qui s'enroule sur la première. L'enverjure doit être faite sur chacune de ces nappes. A cet effet, on sort le peigne d'enverjure de ses supports et on l'abaisse; la moitié des fils appuie sur la partie soudée de la dent, tandis que l'autre moitié monte jusqu'au haut du peigne; dans l'espace vide formé par ces deux parties, on passe une baguette ou tringle percée d'un trou auquel est attachée la ficelle d'enverjure. On obtient l'enverjure inverse en élevant le peigne; alors, une partie des fils se trouve posée sur la soudure des dents, et l'autre partie descend à fond; par cette seconde ouverture on passe de même une ficelle d'enverjure.

Le rentrage des fils, au lieu de s'effectuer sur la machine même, se fait également et souvent sur un métier et dans un local à part et dans le même ordre que nous venons d'indiquer; on apporte alors la garniture toute rentrée sur la machine.

Réglage et conduite de machine à parer

Pour bien conduire une machine à parer, il faut un ouvrier habile, expérimenté, et d'une exactitude scrupuleuse; car, outre qu'il doit rattacher rapidement les fils cassés, il doit aussi enlever des fils, autant que possible, toutes les impuretés, grosseurs, boutons, qui ont pu échapper au bobinage et à l'ourdissage.

Il faut avoir soin d'entretenir, en les changeant souvent, les brosses à l'état de propreté. Une brosse à laquelle s'est attaché du duvet qui colle les soies ensemble, brosse mal et sépare mal les fils. Parmi les soins qui incombent au pareur, il faut citer surtout le réglage de la quantité de colle sur le fil.

On règle toujours la brosse du bas plus profondément dans les fils que celle du haut, soit six rangs au lieu de quatre pour celle du haut.

On donne de onze à douze coups de brosses au même endroit de la chaîne.

Pour des comptes légers et des numéros fins, il faut employer des brosses tendres à soies longues et moins fournies que pour de gros numéros et des comptes forts. On prend pour le fin des brosses neuves et pour le gros les brosses coupées.

Tous les fils de la chaîne devront être bien également tendus sur toute la longueur de la machine, et il est bon de leur faire subir autant de tension qu'ils peuvent en supporter en serrant convenablement l'écrou de la roue de friction. Pour obtenir une bonne friction, il est essentiel que le cuir soit un peu élastique; lorsqu'il est trop dur, il faudra le graisser avec du saindoux, et, lorsqu'il est trop mou, le frotter avec de la craie. Il est donc nécessaire de le vérifier de temps en temps et de le tenir en parfait état, car un dérangement ou un mauvais fonctionnement peut causer l'arrêt de l'ensouple et, par suite, l'enroulement des fils autour du cylindre de pâte quand on ne peut pas arrêter la machine à temps, ce qui occasionne de graves désordres.

Pour régler la position des brosses, on amène la brosse inférieure bien au milieu de sa course et on fixe la brosse supérieure sur la lanière, de manière que les milieux des brosses soient sur une ligne verticale; dans cette position les balanciers, sur lesquels sont

montés les supports des brosses, doivent être dans une position horizontale. Les arbres à vilebrequin doivent être diamétralement opposés l'un à l'autre, et la forme de l'excentrique telle que le galet reste immobile pendant que la brosse fournit sa course. Le repos de l'excentrique correspond à un angle de 114°. La lanière en cuir qui commande le mouvement des brosses doit être convenablement tendue, pour qu'elles n'agissent pas par saccades ni qu'elles couchent mal le duvet du fil. Elles doivent commencer leur course aussi près que possible de la planchette pour qu'elles séparent bien tous les fils. La hauteur des galets sur les excentriques se réglera de manière que la brosse inférieure prenne les six rangées inférieures de la planchette, et l'autre, les quatre rangées supérieures. Chaque machine à parer a une série de brosses de rechange, et l'ouvrier doit remplacer celles en fonction dès qu'elles sont sales, c'est-à-dire, suivant la grosseur des cotons travaillés, toutes les 1/2 ou 3/4 d'heure, et seulement toutes les heures pour des cotons fins et propres. Les brosses sales sont lavées à l'eau chaude. La longueur des soies des brosses est, quand elles sont neuves, de 60 millimètres environ; quand les bouts commencent à se fendre, il faut les couper de quelques millimètres.

Lorsque l'ouvrier arrête sa machine pour un certain temps, il ôte les brosses, en ayant soin de bien diviser les fils en faisant glisser la planchette depuis ses supports jusqu'aux baguettes placées devant les cylindres, pour éviter que les fils ne se collent entre eux. A la reprise du travail il doit humecter, avec une brosse à main, tous les fils, depuis la planchette jusqu'aux cylindres; ensuite, passer la même brosse imbibée de parement sur les mêmes fils, et, mettant la machine en marche, donner quelques coups de brosses du peigne d'enverjure à la planchette. Lorsqu'il y a rupture de fils, le pareur doit immédiatement attacher un fil au bout flottant, puis chercher l'autre extrémité, en se guidant d'après le fil qui forme paire avec lui. A cet effet, il enfonce la main dans la chaîne à l'endroit où le fil s'est rompu et, après l'avoir divisée légèrement pour former une route libre, il cherche la partie correspondante du fil, qu'il y fait passer dès qu'il l'a trouvé et rattaché.

Lorsque le fil se rompt aux rouleaux d'ourdissage, le pareur, au moyen du levier disposé à cet effet, soulève un peu le cylindre

de pression, afin de pouvoir séparer les fils jusqu'au peigne ouvert.

Les cylindres de pâte et de pression sont en fonte et recouverts d'une enveloppe en cuivre autour de laquelle est un sac en drap : on coud ce sac d'avance et on l'enfile ensuite sur le cylindre.

On entoure généralement le cylindre de pression d'une bande de calicot avant de mettre le drap. On augmente ou on diminue la pression du cylindre au moyen du levier à contrepoids, qui appuie sur les extrémités du cylindre de pression. Quel que soit le numéro du fil, on règle la pression de façon que la quantité de colle voulue imprègne le fil; on cuit la colle de manière à ce qu'il en passe toujours assez, tout en laissant au cylindre un certain poids pour pouvoir le varier si cela est nécessaire.

Les sacs qui recouvrent les cylindres doivent être remplacés dès qu'ils ne sont plus en bon état. La couture qui joint les deux bords de l'enveloppe doit être faite avec beaucoup de soins et de manière qu'on ne remarque pas la moindre grosseur à cet endroit, car cela produirait sur les fils un excès de parement. — On trouve maintenant dans l'industrie des manchons en drap fabriqués spécialement d'une seule pièce, sans couture, sur toutes mesures indiquées; ces manchons sont assurément préférables aux sacs cousus à la main.

Lorsqu'on a remplacé un sac, il faut avoir soin d'augmenter la pression sur les cylindres, car les fils s'imprègnent de parement beaucoup plus qu'auparavant. Les cylindres doivent toujours être tenus très proprement; le pareur doit fréquemment enlever, au moyen du râcloir destiné à cet effet et d'une brosse en chiendent, les impuretés provenant soit du parement, soit des fils qui y restent attachés. Les défectuosités des cylindres sont de ne plus être ronds; le cuivre se boursouffle et il s'attaque à la longue.

La bâche ou auge dans laquelle on met le parement est en bois, et ordinairement d'une forme trapézoïdale, les deux parois parallèles aux cylindres étant inclinées de manière que le haut de l'auge soit plus large que le fond. La grande ouverture de l'auge doit se trouver en avant du cylindre de pâte. Le fond de la bâche est percé aux deux extrémités d'un trou par où s'écoule le parement lorsqu'il s'agit de la vider et de la nettoyer. Pour les articles fins et même ordinaires, on se contente parfois d'une auge qui se

compose d'un bout de planche fermée aux extrémités et ayant pour fond un morceau de drap épais bien cloué au bas de la planche et dont l'autre extrémité appuie en se recourbant un peu contre le cylindre de pâte.

On changera trois ou quatre fois par jour, suivant l'état de propreté de la chaîne, les baguettes qui la divisent et que l'on place devant les brosses pour faciliter la séparation des fils. Pour des filés gros et un compte fort, on peut mettre trois baguettes, jamais deux; mais une seule suffit, dans la plupart des cas, pour un compte fort et fortement imprégné de colle. On place la baguette entre les quatre rangs du haut et les quatre du bas. Dans quelques établissements, les baguettes sont supprimées tout à fait.

Les disques des ensouples doivent tourner parfaitement rond; l'écartement entre les deux doit être égal à la largeur des fils empeignés dans le peigne d'enverjure. Si l'écartement est plus grand, les fils des lisières ayant trop de place s'enroulent sur uue circonférence qui n'augmente pas proportionnellement au diamètre d'enroulement des autres fils ; il en résulte une plus faible tension et les fils des lisières deviennent lâches et sont mal brossés On peut alors, pour remédier à cet inconvénient, enrouler avec les fils de petites bandes de papier, mais il ne faut employer ce moyen que quand le défaut est réel et qu'on n'y peut remédier autrement. Si, au contraire, l'écartement des disques est inférieur à l'empeignage du peigne d'enverjure, les fils des lisières s'amoncellent et s'euroulent sur un cercle dont le diamètre augmente plus vite que le reste des fils; ils sont alors trop tendus et se cassent facilement.

Il faut de même, pour que la chaîne se développe bien régulièrement, que les cylindres aient partout le même diamètre. La pression exercée sur les cylindres presseurs doit être égale de chaque côté et aussi forte que les fils en peuvent supporter. Lorsque le parement est faible, il faut diminuer la pression des rouleaux et augmenter la température des salles, afin d'enlever le surcroît d'humidité dont le fil est imprégné. Il faut avoir soin de ne jamais laisser le parement s'épuiser dans les bâches, car il en résulte des places faiblement parées; il faut veiller surtout à ce

que le parement ne manque pas du côté des lisières. Dès que le parement est gâté, il faut l'enlever complètement et ne pas en remettre du frais par dessus, qui ne tarderait pas à se gâter également par son mélange avec l'autre. Avant de mettre la machine en marche, il est bon, si même le parement dans la bâche n'est pas altéré, d'en mettre du frais aux deux extrémités pour les lisières. Les lisières étant un des points les plus importants du tissage, il faut y donner beaucoup de soins et, par conséquent, bien les parer.

Chauffage des salles. — La température des salles de parage varie, suivant l'état hygrométrique de l'air, de 20 à 30° centigrades. Elle dépend aussi des articles plus ou moins forts que l'on fait. Le système le plus habituellement employé est le chauffage à air chaud; il est moins coûteux, expose moins aux incendies, ne dessèche pas autant le fil et lui conserve plus d'élasticité.

Les tuyaux de vapeur sont placés horizontalement et à nu sous les machines; ils sont disposés en *serpentins*. L'eau de condensation est recueillie par un extracteur, d'où elle s'écoule au dehors.

Calculs des productions et vitesses

Dans la machine à parer, c'est par le changement des pignons des cylindres de pâte et de la friction qu'on augmente ou qu'on diminue la production. Il est clair qu'une chaîne duveteuse et malpropre devra recevoir plus de coups de brosses pour une même longueur qu'une chaîne dont le fil est propre et sans duvet. Pour obtenir ce résultat, il faudra diminuer la vitesse des cylindres, en conservant la vitesse des brosses; mais, par suite, la production sera diminuée.

Il faudra aussi changer ces pignons suivant les différents comptes et numéros de chaîne; ce sont ces différents calculs que nous allons établir.

Les pignons de change sont placés :

Aux roues de la friction;

Aux roues des cylindres de pâte ou à l'extrémité de l'arbre à excentriques.

Pignon de change du cylindre de pâte

Avec les pignons indiqués sur l'épure, l'arbre moteur faisant 136 tours par minute, la vitesse de l'arbre à excentriques sera :

$$136 \times \frac{32}{32} \times \frac{23}{93} = 34 \text{ tours.}$$

Le nombre de tours du cylindre de pâte sera :

$$34 \ \frac{24}{72} \times \frac{32}{106} = 3 \text{ tours } 422$$

La vitesse ou longueur de chaîne développée V s'obtiendra en multipliant ce nombre de tours T par la circonférence du cylindre π D, ou : $V = T \pi D = 3{,}422 \times 0{,}110 \times 3{,}1416 = 1^{m},1825$.

En général, on aurait :

$V = 34 \times \frac{pp' \pi D}{RR'}$ formule dans laquelle toutes les quantités sont constantes, sauf p, qui est le pignon de change. En appelant K la quantité constante, on aura :

$$V = pK$$

$$K = \frac{34 \times 32 \times 3{,}14 \times 0{,}110}{72 \times 106} = 0{,}0492.$$

D'où il sera facile de calculer p, connaissant la vitesse que doit avoir la chaîne, ou, en d'autres termes, le nombre de coups de brosses à donner par unité de longueur.

$$p = \frac{V}{K} = \frac{V}{0{,}0492}$$

Pignon de la friction

Théoriquement, la vitesse de l'ensouple devra être la même que celle du cylindre de pâte. En lui supposant un diamètre de 100 millimètres, on aura l'égalité suivante :

$$V = 3{,}14 \times 0{,}100 \times 136 \times \frac{28}{74} \times \frac{X}{72} \times \frac{22}{80}$$

La vitesse de la chaîne est égale au développement de l'ensouple multipliée par son nombre de tours par minute.

Dans cette égalité toutes les quantités sont constantes, sauf V et X, qui est le pignon de change, on aura donc :

En posant :

$$\frac{3{,}14 \times 0{,}100 \times 136 \times 28 \times 22}{74 \times 72 \times 80} = \mathrm{K}$$

$$\mathrm{V} = \mathrm{K}\,\mathrm{X} \text{ d'où } \mathrm{X} = \frac{\mathrm{V}}{\mathrm{K}} = \frac{\mathrm{V}}{0{,}0609}$$

Le résultat obtenu sera juste théoriquement et en admettant que la roue de 80 dents soit fixe sur l'arbre; mais, comme elle n'est entraînée que par friction, il faudra, pour ne pas être obligé de serrer trop fort l'écrou de la friction, prendre un pignon d'un nombre de dents un peu plus élevé que celui trouvé par le calcul, afin que l'ensouple ait une tendance à marcher plus vite qu'il n'est nécessaire et que les fils soient tendus.

Pignon du compteur

Le compteur a pour but d'indiquer à l'ouvrier que la longueur de chaîne fixée pour une coupe a passé; à cet effet, une roue munie d'un butoir agit sur une sonnerie qui se met en mouvement au moment voulu. L'ouvrier applique alors à la main, sur les fils de chaîne, à quelques centimètres de la lisière, une marque de couleur qui servira de repère au tisserand pour couper sa pièce. Cette marque représente d'habitude les initiales de la raison sociale du fabricant.

Supposons que nous voulions donner aux pièces une longueur de 100 mètres; il faudra, pour que la sonnerie fonctionne tous les 100 mètres, que la roue de 90 dents ait fait un tour. Déterminons le nombre de dents x du pignon de change.

Le cylindre de pâte qui commande le compteur a un développement de $0^{m},110 \times 3{,}14$, il devra donc faire un nombre de tours exprimé par :

$$\frac{100}{0{,}110 \times 3{,}14} = 289{,}5,$$

et, pendant ce temps, la roue de 90 dents devra faire un tour, d'où l'égalité :

$$\frac{289,5}{112} \times \frac{x}{90} = 1$$

et

$$x = \frac{112 \times 90}{289,5}\ 34 \text{ dents.}$$

En généralisant, et en désignant par L la longueur des coupes que l'on désire avoir, on aura :

$$\frac{L}{0,110 \times 3,14 \times 112} \times \frac{x}{90} = 1$$

d'où :

$$x = \frac{90 \times 110 \times 3,14 \times 112}{L} = \frac{\text{constante K}}{L} = \frac{3481,63}{L}$$

Production. — La production en mètres d'une machine à parer s'obtiendra en multipliant la vitesse par minute par le nombre de minutes contenues dans une journée de travail, et par un coefficient de rendement pratique qu'on peut estimer à 75 °/₀ de celui théorique. Ainsi, pour une journée de 12 heures, la production sera :

$$P = V \times 60 \times 12 \times 0,75.$$

Nous allons appliquer les formules déterminées ci-dessus à quelques exemples.

1) 60 portées 3/4 chaîne 20, 18 à 22 duites au 1/4 de pouce.
Longueur : 104 mètres.

Cylindres : Vitesse $1^m,153$ (pour 34 coups de brosse).

$$p = \frac{V}{0,0492} = \frac{1^m,153}{0,0492} = 23 \text{ dents.}$$

Friction : $$X = \frac{V}{0,0609} = 19 \text{ dents.}$$

On prendra un pignon de 25 à 26 dents.

Compteur : $x = \frac{3481,63}{104} = 33$ dents.

Production par jour de 12 heures.

P = $1^{m},153 \times 60 \times 12 \times 0,75 = 622^{m},60$, soit près de 6 pièces.

2) 70 portées 3/4 chaîne 28, 28-32 duites. Longueur 63 mètres.

Cylindres : Vitesse : $0^{m},863$.

$$p = \frac{0,863}{0,0492} = 17 \text{ dents.}$$

Friction : $X = \frac{0,863}{0,0609} = 14$ dents.

On prendra 20 à 22 dents.

Compteur : $x = \frac{3481,63}{63} = 55$ dents.

Production : $P = 0,863 \times 60 \times 12 \times 0,75 = 466$ mètres.

3) 75 P 3/4 chaîne 32 — 30/36 duites. Longueur 63 mètres.

Même vitesse et mêmes pignons que pour l'article précédent.

4) 80 P 3/4 chaîne 40 — 34/38 duites. Longueur 67 mètres.

Cylindres : Vitesse $0^{m},800$.

$$p = \frac{0,800}{0,0492} = 16 \text{ dents.}$$

Friction : $X = \frac{0,800}{0,0609} = 14$ dents.

On prendra 18 à 20 dents.

Compteur : $x = \frac{3481,63}{67} = 52$ dents.

Production : $0^{m},80 \times 12 \times 60 \times 0,75 = 432$ mètres.

5) 90 P 3/4 chaîne 50. 38-42 duites. Longueur 67 mètres.

Mêmes vitesse et pignons que pour l'article précédent.

6) 100 P 3/4 chaîne 40. 36-40 duites. Longueur 63 mètres.

Cylindres : Vitesse : 0,7875.

$$p = \frac{0,7875}{0,0492} = 15 \text{ dents.}$$

Friction : $X = \frac{0,7875}{0,0609} = 12$ dents.

On prendra 16 à 19 dents.

Compteur : $x = \frac{3481,63}{63} = 55$ dents.

Production :

$P = 0,7875 \times 60 \times 12 \times 0,75 = 425$ mètres.

On aura donc en résumé :

PORTÉES	CHAINE	DUITES	LONGUEUR DE LA PIÈCE	PIGNON DU CYLINDRE	PIGNON DE LA FRICTION	PIGNON DU COMPTEUR	PRODUCTION PAR JOUR
60	20	18/22	104m	23	26	33	622m,60
70	28	28/32	63	17	22	55	466m,—
75	32	30/36	63	17	22	55	466m,—
80	40	34/38	67	16	20	52	432m,—
90	50	38/42	67	16	20	52	432m,—
100	40	36/40	63	15	19	55	425m,—

On remplit ordinairement les ensouples des métiers à tisser. Celles généralement employées en Alsace contiennent de 600 à 700 mètres de chaîne.

Le pareur doit, pour chaque ensouple, reculer un peu le compteur afin d'allouer une marge de quelques mètres pour couper après la marque, et quelques mètres pour commencer avant la première pièce. On fait et on doit faire toutes les pièces égales, en ne parant au commencement et à la fin de la chaîne que juste ce qu'il faut pour pouvoir tisser les marques. Les marques se font entre la planchette et contre le peigne d'enverjure.

Une machine à parer exige une force de 1,40 à 1,50 cheval-vapeur.

De l'emploi du parement

Ch. 27-29	»	15 grammes	par portée	et par	100 mètres.
30	»	14	»	»	»
32	»	13.12	»	»	»
36	»	11.66	»	»	»
38	»	11.05	»	»	»
40	»	10.50	»	»	»
42	»	10	»	»	»
44	»	9.55	»	»	»
46	»	9.12	»	»	»
48	»	8.75	»	»	»
50	»	8.40	»	»	»
60	»	7	»	»	»
70	»	6	»	»	»
80	»	5.25	»	»	»
90	»	4.66	»	»	»
100	»	4.20	»	»	»
110	»	3.82	»	»	»
120	»	3.50	»	»	»
130	»	3.22	»	»	»
140	»	3	»	»	»
150	»	2.80	»	»	»

Ces chiffres supposent que tout le parement est absorbé par le fil, mais il a été reconnu qu'il y a toujours un tant pour cent de perdu. En général, l'emploi du parement varie suivant le compte travaillé, et c'est la pratique seule qui indique au fabricant quelle est la proportion exacte de parement à employer pour tel ou tel numéro de chaîne ou pour tel ou tel compte travaillé.

Tarif du parage

Le tarif dépend de la production et la production dépend du séchage; le pareur bien au courant de son métier peut arriver à gagner de 55 à 58 francs par quinzaine pour sortes faciles, ou de 60 à 62 francs pour sortes plus réduites; les tarifs variant suivant les maisons, nous nous abstenons d'en donner un exemple.

DE L'ENCOLLAGE

Dans le principe, les échevettes de chaîne étaient cuites dans un bain de colle ou d'apprêt, puis dévidées sur des bobines avec lesquelles on ourdissait les chaînes. — Pour les chaînes fines et les tissus forts, le tisserand à bras parait sa chaîne avec de l'apprêt qu'il appliquait au moyen de brosses à main.

Il était beaucoup entravé dans son travail, car cette opération se faisait sur le métier. On a imaginé après cela d'encoller les chaînes en boudins et de les sécher sur des machines à un très grand nombre de tambours, puis les chaînes encollées étaient montées sur des rouleaux. — Ce système d'encollage a été remplacé par une encolleuse construite en Angleterre, sur laquelle la chaîne était encollée au large et les fils mieux séparés; ce fut l'origine des encolleuses actuelles.

Trouvant dans le travail de l'encolleuse une grande économie de façon sur la machine à parer, on a cherché à la perfectionner pour l'adapter à toutes les chaînes et, dans ce moment, elle tend de plus en plus à remplacer la machine à parer dite écossaise.

Nous ne nous étendrons pas sur les divers tâtonnements par lesquels eurent à passer les constructeurs pour créer « la *Sizing* » ou encolleuse; nous nous bornerons à décrire cette machine universellement employée aujourd'hui et qui, grâce aux perfectionnements journaliers qui y sont apportés, ne tardera pas à faire disparaître les anciennes machines à parer.

Dans la machine à parer, la colle ou pâte épaisse forme un enduit sur le fil et couche le duvet; dans l'encolleuse, la colle est plus liquide et pénètre le fil en laissant à sa surface une forte proportion de duvet, c'est ce qui empêche encore de l'employer pour tous les genres de tissus.

L'encolleuse ordinaire, du modèle le plus couramment employé, se compose :

1° De la bâche à colle ;

2° Des tambours ;

3° Du système d'enroulement et compteur.

En général, toutes les encolleuses, quel que soit leur système, ont une bâche à colle, un système de tambours ou de tuyaux

sécheurs et un système d'enroulage de la chaîne sur l'ensouple destinée au métier à tisser.

Une cheminée ou hotte, dont la fonction est d'aspirer la vapeur produite par la cuisson de la colle et le séchage de la chaîne, se trouve placée au-dessus de la bâche à colle et des organes sécheurs.

La bâche, construite en bois, est garnie intérieurement de feuilles de cuivre et munie dans le fond d'un serpentin en cuivre ou en fonte, percé de trous, dans lequel on fait arriver la vapeur destinée à cuire la colle.

Les tambours, au nombre de deux, sont en cuivre, montés sur des axes qui tournent librement sur des galets renfermés dans les supports, pour diminuer le frottement et faciliter leur rotation et leur entraînement par les fils. — Ils sont creux et, comme tous les récipients destinés à contenir de la vapeur, sont construits de manière à supporter une pression pouvant s'élever à deux ou trois atmosphères. Ils sont pourvus à l'intérieur de gouttières disposées en forme de spirale et qui servent à l'évacuation de l'eau de condensation. L'eau condensée contre les parois intérieures des tambours est déversée par ces gouttières dans un tuyau communiquant par l'axe creux des tambours à un purgeur ou extracteur placé au pied de chacun d'eux,

Les encolleuses ordinaires sont munies de deux tambours de diamètres différents : celui qui est le plus près de la bâche à colle est le petit tambour et a un diamètre de $1^{m},50$; le grand tambour, placé immédiatement derrière lui, a un diamètre de 2 mètres à $2^{m},50$, suivant les machines.

Deux bâtis en fonte, indépendants de la machine et placés à environ 1 mètre de distance de la bâche, sont disposés de manière à recevoir les rouleaux ourdis; le déroulage de ces rouleaux est réglé, comme dans les machines à parer, au moyen de courroies munies de poids que l'on augmente suivant les besoins.

Les fils de chaîne, réunis en une seule nappe, sont amenés dans la bâche après avoir passé sur un rouleau de tension et un rouleau-guide et sont plongés dans la colle en ébullition par un rouleau mobile en cuivre qui les fait pénétrer plus ou moins dans la colle.

Deux paires de rouleaux, l'un en cuivre qui baigne en partie dans la colle, l'autre garni de flanelle, expriment l'excédent de colle entraîné par les fils.

La nappe, imprégnée de colle, est passée sur le grand tambour, en fait le tour et revient sur le petit tambour pour repasser en dessous du grand tambour et d'un ventilateur placé derrière celui-ci. On la ramène ensuite sur la table d'enverjure, et enfin, après avoir passé dans le peigne extensible, elle entoure un rouleau qui se trouve devant la machine et qui reçoit son mouvement de la transmission.

Une ensouple commandée par une friction enroule les fils au sortir de ce rouleau d'appel et les fait avancer sur la machine. Ce sont eux qui communiquent aux tambours leur mouvement de rotation et il n'y a que les cylindres de colle inférieurs, le ventilateur, le rouleau d'appel et le compteur qui reçoivent leur mouvement de la transmission. La friction a un rôle secondaire à jouer au point de vue de la bonne marche de la chaîne; l'ouvrier qui a l'habitude de l'encolleuse sait exactement quel est le degré de tension maximum qu'il peut donner au fil qu'il travaille. Il n'y a pas de règle fixe à cet égard; il faut se baser sur le numéro de fil travaillé, sur le plus ou moins de force du parement et sur la vitesse d'enroulage de la chaîne.

La tension sur l'ensouple peut, outre par la friction, être augmentée en dégrenant l'arbre qui conduit les cylindres de colle et en laissant ainsi à la nappe le soin de leur imprimer leur mouvement de rotation.

Une forte tension du fil est nécessaire pour obtenir une chaîne bien serrée sur l'ensouple. Il est évident qu'il ne faut pas forcer cette tension qui, sans cela, occasionnerait de nombreuses ruptures de fils, fatiguerait la chaîne et donnerait de fort mauvais produits; mais il faut opérer d'une manière intelligente et rationnelle, et ce n'est guère que par une grande pratique de la machine qu'on arrivera à la perfection.

Un appareil presseur est d'habitude placé au-dessous de l'ensouple et sert à maintenir la chaîne bien égale et serrée pendant la marche.

Pour les gros numéros de chaîne coton n°s 5 à n°s 20, la tension

sera donnée dans son maximum, c'est-à-dire que l'on dégrènera les cylindres de colle et qu'on serrera autant que possible la vis de la friction.

Pour les numéros 20 à 30-32, on pourra également laisser dégrenés les cylindres de colle, mais la friction devra être moins serrée.

Pour les numéros 30 à 40, il faudra engrener les cylindres de colle et ouvrir la friction de moitié.

Pour les chaînes 44, 50, 60 et 70, la friction sera presque ouverte, le seul poids des tambours sécheurs étant suffisant pour bien tendre ces chaînes.

L'appareil presseur sera maintenu de même pour tous les numéros, c'est-à-dire aussi serré que possible sur l'ensouple. Cet appareil, composé d'un levier monté à son centre sur pivot, porte à son extrémité supérieure un petit rouleau de fonte qui est maintenu pressé contre la chaîne en dessous de l'ensouple entre les deux disques, et cela au moyen de contre-poids suspendus à l'extrémité inférieure.

Plus le poids suspendu à cette extrémité sera lourd, plus sera forte la pression du rouleau de fonte contre la chaîne enroulée sur l'ensouple. Il faut que le rouleau presseur ait exactement la largeur de l'ensouple entre les deux plateaux; il est donc urgent d'avoir plusieurs de ces rouleaux coupés aux laizes exactes des articles que l'on travaille.

Il est de la plus haute importance que les lisières soient toujours bien pressées, car si elles faisaient saillie sur la chaîne, elles se travailleraient mal au tissage.

Les ensouples doivent être bien rondes et vérifiées sur le tour avant d'être envoyées à l'encolleuse pour y être garnies.

Toute encolleuse est munie d'un mouvement spécial de marche lente, mouvement qui se compose d'un manchon que l'on engrène à volonté pendant un arrêt de la machine et qui communique alors au moyen de la transmission, à tous les organes de la machine, un mouvement de marche peu sensible, mais assez accentué cependant pour que la colle n'ait pas le temps de se solidifier sur un même point des fils. On engrène ce mouvement chaque fois que l'on change d'ensouple, que l'on recherche un fil cassé dans la bâche à

colle, sous les cylindres, ou que l'on fait des enverjures; en un mot, chaque fois qu'il faut arrêter momentanément, pour une raison quelconque, la machine pendant que la colle est en ébullition. On évite ainsi les places dures et trop encollées. Lorsque la machine fonctionne bien, la limite de production est le séchage, car ce n'est qu'à la condition que le séchage du fil n'en souffre pas qu'on peut augmenter la vitesse de la machine.

Un encolleur est payé de 5 à 6 francs par jour; il conduit seul la machine et n'a qu'un manœuvre pour l'aider à enverger, pour porter les rouleaux et remplir la bâche à colle quand celle-ci n'est pas réunie à la cuve à mélanges par un conduit spécial. Ce manœuvre est payé à raison de 1,50 à 2 francs par jour. Il existe, dans certains établissements, un tarif de primes qui servent à encourager l'encolleur. Quand il est reconnu qu'une partie marche très bien au tissage et que l'encolleur, tout en atteignant la production voulue, a livré de bonnes chaînes, il est d'usage de lui remettre une prime variant de 0,03 centimes à 0,05 centimes par coupe encollée; soit pour une partie de 7000 mètres à raison de 85 mètres par pièce, une prime de 2 fr. 50 à 4 francs.

Ces primes ne s'accordent que lorsqu'il s'agit d'un article qui offre des difficultés d'exécution sur l'encolleuse ou qui est tout nouvellement monté. L'ouvrier est ainsi stimulé et est porté à faire de son mieux. Cette manière d'opérer a l'avantage de pousser la production, quel que soit le numéro travaillé, à son maximum sans nuire à la qualité des chaînes.

Comme nous l'avons dit à propos de la machine à parer, la colle sera d'autant meilleure qu'il entrera moins de substances dans sa composition; un mélange simple et logiquement composé donnera toujours de bonnes chaînes. La meilleure manière de procéder est d'adopter une colle à base de corps gras : savon ou suif, glycérine, etc., de la mélanger en quantités reconnues suffisantes à la quantité d'eau voulue et d'y ajouter de la fécule suivant la force à donner aux articles travaillés.

Quand il s'agit de tissus très couverts ou d'articles fins, on ajoutera au mélange des matières augmentant l'élasticité ou faisant adhérer la fécule. On emploie souvent des sulfates de cuivre ou de zinc pour faire adhérer la fécule et prévenir la moisissure dans les pièces.

La cire blanche donne du glaçage aux fils; la glycérine leur donne du moelleux et de l'élasticité.

Il existe des quantités de recettes de toutes sortes, chaque établissement a la sienne : aussi nous bornerons-nous à citer trois recettes pour divers numéros, qui ont toujours donné d'excellents résultats.

On mélange souvent à la colle :

De la glycérocolle,

Du leïogomme,

Des farines ou fécules de sagou, de pommes de terre, de riz, etc.,

Du savon blanc,

Des gélatines,

Des savons verts ou noirs,

Du suif,

Du saindoux, etc., etc.

Ces ingrédients se ressemblent tous quant à leur effet et varient suivant les idées du fabricant.

Recettes de colles

Pour articles forts. — Chaînes nos 5 à 20

Pour 300 litres d'eau :

Kil. 4, parement à base de lichen ou parement à base de savon,

Kil 55, fécule de pommes de terre blanche et non grillée,

Kil. 0.50, sulfate de cuivre,

Kil. 0.04, colophane.

Pour articles mi-fins. — Chaînes nos 25 à 31

Pour 300 litres d'eau :

Kil. 3, parement comme ci-dessus,

Kil. 50, fécule de pommes de terre,

Kil. 0.50, sulfate de cuivre,

1/2 litre glycérine blonde.

Pour articles fins. — *Chaînes nos* 40, 50, 60, 70, 75

Pour 300 litres d'eau :
Kil. 2.50, parement comme ci-dessus,
Kil. 45 ou Kil. 40, fécule de pommes de terre,
Kil. 0.50, sulfate de cuivre,
1 litre de glycérine blonde,
Kil. 0.04, colophane ou cire blanche.

Ces mélanges se font dans une grande cuve en bois de sapin, munie d'un agitateur mû par la transmission; une prise d'eau placée au-dessus de cette cuve permet de verser de 3 à 400 litres d'eau (la mesure habituelle est de 300 litres). Les divers ingrédients qui doivent composer la colle, étant exactement pesés, sont jetés dans cette eau et s'y mélangent rapidement. A la mise en train l'aide encolleur remplit aux trois quarts la bâche à colle de ce mélange, qu'il puise dans la cuve au moyen d'un arrosoir de la contenance de 10 litres. Il est préférable d'établir un robinet au bas de la cuve, les divers ingrédients étant toujours mieux mélangés dans le fond de la cuve qu'à la surface.

On introduit la vapeur dans le serpentin et la cuisson commence; il faut laisser cuire à gros bouillons pendant une *demi-heure* à trois quarts d'heure avant de mettre en train, et, pendant la marche, l'aide a soin de renouveler la colle en y versant, de demi-heure en demi-heure, un ou deux arrosoirs pleins de mélange frais puisé dans la cuve.

Il existe, depuis plusieurs années, des appareils à cuire placés près de la bâche et qui y introduisent automatiquement le mélange et par quantités égales. La colle est déjà cuite en arrivant et n'a plus qu'à être maintenue chaude dans la bâche à colle; ces appareils sont d'un emploi presque général aujourd'hui.

Afin d'enlever l'excès de colle et de lisser le duvet du fil, on adapte souvent après la bâche à colle et au-dessus du petit tambour, trois tringles plates en bois, recouvertes de panne ou de grosse flanelle. Le fil frotte sur la première de ces tringles, sous la deuxième et sur la troisième, puis de là arrive sur le grand tambour.

On applique aussi entre ces tringles deux baguettes rondes en

fer qui envergent les fils et les séparent pour les empêcher de coller entre eux. A la dernière des tringles en bois sont fixés, sur les côtés, deux peignes destinés à séparer l'un de l'autre les fils de lisières.

Dans certains systèmes d'encolleuses, on a remplacé le séchage sur tambours par celui à air chaud; un grand nombre de dispositions ont été essayées et ce système paraît avoir sur le premier l'avantage de fournir des chaînes moins rudes et plus uniformes dans l'encollage. Les chaînes faites sur ces machines usent moins de harnais; en effet, un fil séché au tambour sera aplati et formera des angles dont les faces seront garnies de colle séchée faisant en plan l'effet d'une lame de scie. Le séchage à air chaud se faisant moins rapidement, la colle reste mieux adhérente au fil.

Les encolleuses à air chaud sont toutefois abandonnées presque partout : le grand inconvénient du passage de la nappe de fils, enfermés à l'intérieur d'une chambre de chaleur fermée, a découragé les tisseurs de l'emploi de ces machines.

Il arrive fréquemment, en effet, qu'à l'intérieur de cette enveloppe fermée des fils de chaîne cassent et s'enroulent autour des cylindres. L'accident ne peut se constater de suite et quand, à la sortie des fils, on aperçoit de grandes solutions de continuité dans la nappe, il est trop tard pour y remédier. Une encolleuse où la nappe de fils passe à l'air libre, permettant ainsi à l'ouvrier de vérifier instantanément et à chaque place le bon état de la chaîne, constitue ce qu'il y a de mieux, de plus pratique et de plus sûr. Les tambours peuvent être réglés à volonté au degré de température voulue, tandis qu'une encolleuse fermée emploie beaucoup plus de vapeur, une grande quantité de calorique est dépensée en pure perte, malgré les affirmations contraires des constructeurs prônant ces systèmes. Par exemple, l'encollage d'une chaîne n° 10, 14 ou 20 nécessitera dans une encolleuse ouverte une pression de 8 à 10 kilos au grand tambour, une chaîne n° 100 à 120 de 1 à 2 kilos; tandis que dans une encolleuse fermée la vapeur devra toujours être admise à son maximum de tension.

Dans les encolleuses fermées, l'encollage des fins est absolument impossible et pour les sortes fortes, que ce soient des numéros 10,

14, 20 ou 40, il sera nécessaire d'avoir la vapeur à une pression de 8 à 10 kilos pour obtenir le degré de chaleur invariable nécessaire pour un bon séchage.

L'aperçu suivant des frais de main-d'œuvre occasionnés par les machines à parer rendra clairement sensible l'importance de cette question. Un tissage de 600 métiers, faisant des articles forts, mi-forts et fins, ayant une production moyenne de 20 mètres par jour par métier, soit 12.000 mètres en tout, emploie de 17 à 18 machines à parer, produisant chacune 7 pièces ou 700 mètres. La main-d'œuvre serait donc :

18 pareurs à 60 francs	= 1080	francs par	quinzaine.
2 laveurs de brosses à 24 francs	= 48	»	»
1 contremaître à	= 65	»	»
Ensemble :	= 1198	»	»

Dans le même tissage :

2 encolleuses produisant 6000 mètres coûteraient comme main-d'œuvre :

2 encolleurs à 65 francs	= 130	francs par	quinzaine.	
1 aide à 32 »	= 32	»	»	
Fr.	162	»	»	
plus........................	18	»		représentant le

quart du temps que le contremaître du bobinage et de l'ourdissage consacrerait à la surveillance des encolleuses, soit un total de 180 francs de frais par quinzaine ou une économie de 1018 francs de main-d'œuvre sur le compte des machines à parer détaillées ci-dessus.

Nous avons parlé ci-dessus du compteur, du peigne extensible et des cônes; nous allons reprendre l'un après l'autre ces divers organes, afin de définir le rôle de chacun d'eux.

Du compteur. — Le compteur, dans l'encolleuse, a pour but de marquer mécaniquement la chaîne à la fin de chaque pièce. Le système est des plus simples; la nappe des fils, avant d'arriver à la table d'enverjure, passe sur un rouleau creux en tôle dont le diamètre est calculé de manière que quand un mètre a passé, le pignon commandant le tampon marqueur avance d'une dent. Ainsi,

si l'on veut marquer la nappe des fils quand 80 mètres auront passé et se seront enroulés sur l'ensouple, il suffira de placer sur l'axe de ce rouleau un pignon de 80 dents et ainsi de suite, soit une dent pour un mètre.

Les pignons diffèrent de disposition et souvent de dentures; nous ne donnons pas de croquis de compteur; il suffit de savoir qu'avec tous les compteurs bien compris, pour avoir des pièces de :

80 mètres,	il faut sur le rouleau	1	pignon de	80	dents.
85 »	»	1	»	85	»
90 »	»	1	»	90	»

etc., etc.

Le tampon s'imbibe de couleur dans un petit bassin dans lequel il plonge; la couleur peut se changer pendant la marche, si on le désire. Au lieu d'un tampon, on peut employer une petite brosse; les fils sont alors mieux teints et la marque est plus apparente.

Cônes. — Les cônes sont remplacés dans les nouvelles machines par le cylindre d'appel, nous n'en parlerons donc pas.

Peigne extensible. — Le peigne extensible doit être de construction soignée et de denture aussi fine que possible, afin d'éviter les vides et d'avoir une nappe bien unie, dont chaque fil soit à sa place sur l'ensouple.

Le meilleur système de peignes extensibles est celui à charnières, dit à extension mathématique; on en fait aussi avec dents fixées dans un ruban élastique ou entre les spires de petits ressorts à boudins; ces derniers peignes ne sont pas exacts et se détériorent rapidement. L'encolleur, à la mise en train, a soin de resserrer le peigne et ce n'est que quand un ou deux mètres de fils sont enroulés sur l'ensouple qu'il donne à la nappe sa longueur exacte, en ayant soin de faire arriver les lisières aussi près que possible des disques de l'ensouple.

A la fin d'une chaîne, il resserre de nouveau le peigne pour les deux ou trois derniers mètres, le laisse ainsi jusqu'à ce que la nouvelle chaîne soit bien en train, après quoi il l'allonge de nouveau à la laize voulue.

Les encolleuses les plus courantes sont faites pour encoller des laizes de deux mètres maximum.

Des défauts. — Parmi les défauts qui se présentent le plus fréquemment pendant la marche de l'encolleuse, nous signalerons en première ligne le *mauvais séchage des fils*, qui se produit quand les tambours ne sont pas chauffés suffisamment ou que la vitesse de la machine est trop grande et que les fils n'ont pas le temps de sécher; la chaîne devient alors laineuse, ce qui est un défaut capital. N'étant pas suffisamment secs, les fils collent entre eux et se déroulent mal sur le métier à tisser.

Ils cassent entre les baguettes d'enverjure ou en arrivant aux harnais et il devient impossible de tisser de pareilles chaînes.

Les chaînes molles, provenant d'une mauvaise tension et d'une pression mal réglée, peuvent être évitées en tendant les rouleaux d'ourdissoirs placés devant la machine; il faut, pour cela, serrer davantage les courroies qui forment frein autour de ces rouleaux.

Quand *la colle est mal cuite*, que tous les ingrédients composant le parement ne sont pas suffisamment mélangés, il se produit dans la chaîne des places faiblement encollées qui, naturellement, marcheront mal sur le métier.

La colle mal cuite n'adhère pas aux fils. La vapeur doit maintenir constamment la colle en ébullition pendant la marche; le parement doit être bien mélangé par l'agitateur avant d'être introduit dans la bâche à colle. Il faut amener régulièrement et à intervalles égaux du parement frais dans la colle en ébullition; on arrivera ainsi à éviter ce défaut.

Quand il arrive que *des fils cassent* pendant la marche, qu'ils s'enroulent autour des cylindres de colle, autour des baguettes, ou qu'ils s'accrochent au peigne, il faut que l'encolleur ou son aide les enlèvent de suite et les rattachent, sans quoi ces fils en feraient casser d'autres autour d'eux et occasionneraient ainsi des places défectueuses dans la chaîne et manqueraient au tisserand.

La marque doit être mise exactement à la fin de chaque coupe; l'encolleur doit veiller à ce que la couleur soit toujours suffisante dans le petit bassin et que le compteur fonctionne bien; cela pour éviter les fausses coupes, très préjudiciables au tissage.

A l'arrêt on arrosera, avec de l'eau fraîche, les cylindres de pression, qui auront été auparavant soulevés hors de la bâche à colle et mis dans leurs supports *ad hoc*. Le drap qui les recouvre sera remplacé dès qu'il deviendra trop dur ou qu'il sera brûlé. On évitera de laisser la colle dans la bâche, en cas d'arrêt prolongé, pour éviter la moisissure ou les croûtes qui rendent cette colle impropre au travail.

La machine doit être proprement tenue dans toutes ses parties; on évitera les taches d'huile, les éclaboussures de colle; en un mot il faut, pour conduire l'encolleuse, un homme intelligent, adroit et soigneux, qui connaisse à fond toutes les parties de sa machine et qui soit bien au courant des qualités requises pour faire une bonne chaîne.

Manœuvre de la machine. — On place les rouleaux ourdis dans leurs supports, dans le sens du déroulement. Il est bon qu'ils soient travaillés sur le même ourdissoir, afin d'avoir la même longueur de fil et de finir en même temps. On règle les supports au moyen de vis de réglage, de manière à ce que les disques des rouleaux soient bien alignés et qu'ils se déroulent tous de la même façon; leur frein est également réglé de même, la tension devant être égale pour chacun. L'ouvrier attache l'extrémité de la chaîne se trouvant sur le rouleau *a* (fig. 26), qu'il divise en plusieurs mèches, à celles du rouleau *b*, puis les mèches du rouleau *c* à celle du rouleau *d*, et celles du rouleau *e* à celle du rouleau *f*. Au moyen d'une règle ou latte qu'il passe ensuite sous les mèches des rouleaux *a* et *b*, il amène la nappe formée par la réunion de ces deux rouleaux au-dessus du rouleau *c*, puis sous le rouleau *d*, où elle vient se rejoindre à celle formée par la réunion des rouleaux *c* et *d*. Cette nouvelle nappe, composée des quatre rouleaux *a*, *b*, *c*, *d*, est passée au-dessus du rouleau *e*, puis au-dessous du rouleau *f* et formée alors des mèches réunies de six rouleaux, est conduite jusque sur le cylindre A.

La nappe passe ensuite sous le cylindre de tension B qui, mobile dans une glissière, monte ou descend suivant que la chaîne se tend ou se détend, en suit toutes les ondulations et la maintient ainsi à une tension égale et constante entre les cylindres A et C.

Entre B et C, se trouve un râteau ou peigne P, mobile dans un tube en fer muni d'une rainure longitudinale qui livre passage aux dents. On le maintient relevé en le tenant à la main jusqu'à l'arrivée *des ficelles* d'enverjure, puis on le rabat en le tournant dans ses supports pour diviser la chaîne en parties qu'on retrouve alors devant et qu'on met dans le même ordre dans un peigne extensible d'un même nombre de dents; cela dans le but d'étaler uniformément la nappe et l'enrouler ainsi sur l'ensouple.

La chaîne, après avoir passé sur le cylindre creux C, passe sous le cylindre cannelé D, que l'on relève ou abaisse à volonté à la main au moyen d'une crémaillère. Ce cylindre, appelé rouleau plongeur, a pour but de faire entrer la nappe dans la colle. A la mise en train, ce cannelé est complètement relevé; on fait donc directement passer la nappe entre la paire de cylindres E F, puis entre E' et F'. E et E' sont de forts cylindres recouverts d'une feuille de cuivre pour en éviter la détérioration par la colle bouillante. F, F' sont leurs cylindres presseurs, très lourds et recouverts de drap ou molleton pour ne pas abîmer le fil. La bâche étant remplie de colle et la machine en train, on descend le rouleau D dans la colle, au moyen de la crémaillère, jusqu'à moitié de son diamètre, en faisant ainsi plonger la nappe de fils au fond de la bâche. Les fils s'imbibent entièrement de colle; les cylindres E, E', au moyen de leurs presseurs F, F', en expriment le trop plein; la chaine rencontre alors les lattes recouvertes de panne, où le duvet du fil se lisse et se nettoie avant d'arriver au grand tambour.

Du grand tambour G la nappe, après en avoir fait le tour, passe sur le petit tambour H, en fait aussi le tour, et, repassant sous le grand tambour sans le toucher, arrive sous un ventilateur I. Ce ventilateur achève le séchage des fils qui, passant sur un cylindre de renvoi L et sur une tringle fixe M destinée à les éloigner du ventilateur, arrivent sur le rouleau de compteur K. C'est sur l'axe de ce rouleau que se trouve le pignon de change, que l'on varie suivant la longueur à donner aux pièces.

Du rouleau K, la nappe arrive sur la table d'enverjure et passe, divisée en plusieurs parties envergées, entre les baguettes en fer 1, 2, 3, 4, 5, puis sur le peigne extensible R pour se rendre sur l'ensouple en passant entre les deux rouleaux d'appel N et O et sur le porte-fils S.

Nous avons dit que le cannelé D est complètement relevé à la mise en train : chaque fois qu'on arrête la machine, ne serait-ce que pour quelques instants, ce cannelé doit être relevé, ainsi que les cylindres de pression F et F', que l'on place dans des supports spéciaux; de cette manière, la chaîne ne trempe plus dans la colle et les fils ne risquent pas de se coller les uns aux autres, ce qui occasionnerait des places très défectueuses.

Lorsque les mèches ont dépassé d'environ 50 à 60 centimètres la bâche à colle, on abaisse alors le cannelé D, qui fait plonger la chaîne dans le parement, on replace les cylindres de pression F, *F'* sur ceux de colle *E*, *E'* et on fait les enverjures, opération qui a lieu comme suit :

Une ficelle double, un peu plus longue que la laize des rouleaux, est passée entre la nappe formée par les rouleaux *a* et *b*, puis une seconde ficelle entre cette nappe et celle formée par le rouleau *c*. On passe ensuite une troisième ficelle entre la nappe obtenue par la réunion de ces trois rouleaux et celle du rouleau *d*. Une quatrième ficelle sépare les fils du rouleau *e* de la nappe formée par les rouleaux *a*, *b*, *c*, *d*, enfin, une autre ficelle sépare les fils du rouleau *f* de la nappe composée des cinq premiers rouleaux. Les fils des six rouleaux ainsi envergés, on met la machine en marche, on relève le peigne P qui divise la chaîne en petites parties à peu près égales, ce qui facilite l'empeignage sur le devant de la machine, et on laisse marcher la machine jusqu'à ce que les ficelles d'enverjure aient dépassé le rouleau du compteur K; on arrête alors l'admission de la vapeur et on soulève les cylindres de pression F et F', qu'on a eu soin de bien laver, et on les met dans leurs supports spéciaux. La cuisson de la colle a été arrêtée également; on détend la chaîne au moyen du débrayage spécial qui permet de dérouler un peu l'ensouple et l'on procède à la mise en peigne.

Pour cela, on place entre les dents du peigne extensible R les petites mèches séparées par le peigne de derrière P. Ceci fait, on remplace les ficelles d'enverjure par des baguettes ou tringles en fer creux dont nous avons déjà parlé. Ces baguettes d'enverjure sont habituellement au nombre de cinq, celle qui se trouve le plus près du grand tambour est souvent plus grosse que les autres, pour mieux séparer les fils.

Malgré le nombre de rouleaux employés, qui peut varier, suivant les articles, de 5 à 8, l'enverjure se fait toujours de la même manière, ainsi que la mise en peigne.

Ces opérations terminées, on fait de nouveau cuire la colle, on replace les cylindres de pression sur ceux de colle, on tend la chaîne et on marque le commencement de la coupe au moyen du tampon imbibé de couleur. Le peigne extensible étant réglé de manière que les fils s'enroulent sur l'ensouple, à la laize voulue, on fixe solidement, au moyen de la friction, l'ensouple, sur laquelle on a préalablement attaché la nappe des fils. On met en train, et il n'y a plus d'autres soins à donner que de rafraîchir la colle par des additions régulières et de quantités égales de parement frais ; renouveler de temps en temps les enverjures, rattacher les fils cassés et changer les ensouples quand elles sont remplies.

On enverge les fils, à l'achèvement de ces dernières, au moyen d'un peigne de métier à tisser, coupé dans le sens de la hauteur et dont les dents ont été arrondies aux extrémités. La chaîne étant encore tendue sur l'encolleuse, on passe le fourreau du peigne sous la nappe et on fait entrer, à travers la chaîne, les dents du peigne dans ce fourreau, qu'on assujettit ensuite au peigne par deux ou trois ligatures. On remplace depuis quelque temps ces peignes par des pinces de construction spéciale.

Pendant les heures d'arrêt, la chaîne devra être détendue, les cylindres de pression et le tendeur relevés, l'admission de la vapeur arrêtée dans la bâche à colle et dans les tambours. On aura soin d'arroser chaque fois les cylindres de pression F et F'' pour en enlever le parement.

La manœuvre d'une encolleuse à air chaud est la même, sauf que la nappe des fils a un parcours à accomplir au-dessus et en-dessous de tuyaux ou quelquefois de plaques remplies de vapeur; ces organes remplacent les tambours. Les enverjures, la mise en peigne, la tension, cuisson de colle, etc., restent les mêmes pour tous les systèmes.

Nous ne donnons pas l'exemple de tarif de paies pour l'encollage; les ouvriers encolleurs et les aides sont payés à la journée.

Nous terminerons ce chapitre par quelques notes sur deux autres types d'encolleuses offertes à l'industrie dans le cours des dernières

années, dans lesquelles la solution de la question de l'encollage pratique de tous les numéros sur une machine unique a été tentée avec certaines chances de succès.

Encolleuse à un tambour, entourée d'une enveloppe métallique ou en bois enfermant complètement le tambour, les organes principaux et une partie de la bâche à colle.

Dans ces encolleuses, spécialement construites pour coton, le petit tambour est supprimé; le grand tambour, qui a habituellement 2 mètres et quelquefois 3 mètres de diamètre, est actionné par le bas, par un pignon engrenant avec une couronne dentée fixée sur le tambour, ou souvent simplement au moyen de poulies et plateaux de friction. — Les constructeurs, en enfermant le tambour, ont cherché à utiliser toute la chaleur développée par cet appareil pour obtenir un séchage rapide du fil qui permette d'augmenter la vitesse générale de la machine et d'atteindre aussi des productions allant de 15 à 18000 mètres en numéros ordinaires. C'est pour faciliter encore la production et diminuer les chances de rupture des fils que le tambour est commandé par organe mécanique actionné par la machine elle-même — engrenage ou friction; le fil n'exerce donc plus aucune traction sur le tambour, mais ne fait que circuler autour de lui pour se sécher. — La friction de la poitrinière seule agit sur le fil, qu'elle attire pour l'enrouler sur l'ensouple. — En théorie, cette machine paraît réunir toutes les conditions désirées pour obtenir un travail et un rendement parfaits de l'encolleuse; en pratique, elle présente encore des inconvénients graves qui militent en faveur de l'ancien système à tambours libres, découverts et actionnés par la nappe de fils elle-même. Les numéros fins, tout d'abord, sont impossibles à traiter sur une encolleuse fermée; la chaleur trop sèche, trop continue en quelque sorte, qui se dégage à l'intérieur de ces chambres fermées, fait sauter les fils, quand il s'agit de numéros plus fins que le numéro 60 m/m. La vitesse admise et possible pour numéros gros et ordinaires devient impraticable pour numéros fins; dès lors, les avantages de production disparaissent et les inconvénients résultant du séchage trop brusque du fil, de l'enroulement des fils entre eux à l'intérieur de la cage, de la consommation excessive de la colle,

subsistent largement et annihilent en partie les avantages que l'emploi de ce genre de machines permettrait d'espérer. Les essais faits jusqu'à présent n'ont pas été absolument heureux, sauf peut-être pour numéros gros; mais, dans les conditions actuelles de l'industrie, il est indispensable qu'un tissage soit pourvu de machines propres à traiter tous les numéros, avec une bonne production pratique et de bonne qualité.

Encolleuse système Victor Schlumberger pour encoller tous les numéros, depuis la chaîne 8 jusqu'aux chaînes numéros 200 m/m et au-dessus.

En terminant la partie concernant l'encollage dans la première édition de notre « AIDE-MÉMOIRE, » nous disions :

« Le jour où une machine capable d'encoller des chaînes nos 10 « à 120 et au-dessus sera créée, la machine à parer disparaîtra de « tous les tissages et n'existera plus qu'à l'état de souvenir. »

Nous annoncions également nos études et nos recherches dans cette voie, en nous engageant à en publier les résultats : ce n'est pas à nous qu'il appartient de déclarer si la question a été résolue.

Convaincu, toutefois, de la possibilité de réussir l'encollage des numéros fins, l'inventeur de cette nouvelle disposition a modifié ses machines de façon que le fil, en quittant le grand tambour, a encore un parcours libre de plus de trois mètres sur la table d'enverjure pour compléter le séchage, pour être envergé, séparé et pour arriver ensuite au peigne de devant et aux rouleaux d'appel.

Cette longueur de trois mètres de table d'enverjure, déterminée à la suite de nombreux essais, a donné d'excellents résultats.

Les fils fins provenant de cotons très soyeux, il arrive très facilement, dans les machines où les baguettes d'enverjure sont trop rapprochées entre elles, que les fils s'enchevêtrent les uns dans les autres, la soie du coton formant boule, et ils cassent par paquets, rendant ainsi la marche impossible.

Les organes de la machine exigeaient un fonctionnement plus délicat; nous avons apporté à la friction, à la pression, aux rouleaux d'appel, des modifications importantes et les peignes d'enver-

jure ont été faits à dentures très fines, pour bien diviser les fils. La planchette à trous des machines à parer a été remplacée par un peigne excessivement fin, placé à la partie arrière de l'encolleuse, près de la bâche à colle. Pour le devant de la machine, nous avons établi un peigne ayant le même rapport de dents; ce peigne extensible, à sections triangulaires, monté sur cadre mobile, est muni de dents pouvant être démontées et variées de finesse suivant les articles à produire. Cette disposition permet d'obtenir, avec n'importe quel numéro de fil, une régularité d'enroulement sur ensouple absolument rigoureuse.

Il est, en effet, indispensable pour les articles fins d'employer des peignes très fins, afin de diviser les fils. La nappe étant mince, les fils ne seraient pas, sans cela, soutenus et maintenus à leur place par les voisins et, avec un peigne divisant les fils seulement par mèches, ils se rassembleraient par parties et se sépareraient mal aux enverjures.

Les fils doivent marcher absolument *droit* sur la machine, chacun à sa place, sans enchevêtrement ni collage. C'est dans la marche parfaitement rectiligne du fil que réside la principale condition de bonne marche de la chaîne sur métiers. La table d'enverjure étant établie à une longueur de 3 mètres entre le cylindre du compteur et les rouleaux d'appel, comme nous l'avons dit, la friction et la pression perfectionnées, on peut, avec ces machines, encoller sans autres modifications que les changements de peignes, de colle et de pignons, les numéros les plus forts en chaîne n°s 8, 10 ou 14 et passer immédiatement après aux numéros 120 à 140 m/m et au-dessus. En un mot, on peut parcourir facilement dans la même semaine, sans aucun inconvénient, toute la gamme des comptes de numéros de fils, avec des productions de :

17,000 mètres	pour numéros	gros,
15,000 »	»	moyens,
14,000 »	»	fins,

par journée de travail, en excellente qualité; les chaînes ainsi produites permettent d'obtenir aux métiers à tisser de 28 à 30 mètres pour numéros 120 à 150 m/m par journée de 10 1/2 heures de travail, et les autres numéros en proportion.

Nous avons maintenu sur cette encolleuse les deux tambours, l'un de 2 mètres de diamètre, l'autre de $1^{m},65$.

Pour numéros surfins, ils sont chauffés à 1 kilo.

Pour numéros fins à 2 et 4 kilos.

Pour numéros ordinaires à 6 et 8 kilos.

Pour numéros gros à 8 et 10 kilos de pression.

La bâche à colle est munie d'un avant-cuiseur.

Ces machines permettent d'encoller également bien la laine et la soie.

M. Jules-Victor Schlumberger a obtenu pour son encolleuse, en 1893, le prix XXII de la Société industrielle de Mulhouse, consistant en une médaille d'honneur.

Encolleuses à tubulures et à cheminée à air chaud. — Ce système, que nous ne citons que pour mémoire, n'est guère employé que pour l'encollage de la laine, et encore a-t-il été avantageusement remplacé par les encolleuses à tambours pour ces mêmes produits.

La bâche à colle, munie d'un double fond, chauffe la colle au bain-marie; les fils, imprégnés de colle, passent dans une grande cheminée carrée et verticale, de 8 à 10 mètres de hauteur, munie de fenêtres à guillotine, et à l'intérieur de laquelle une série de tuyaux de vapeur entretiennent une chaleur régulière et suffisante pour sécher le fil. La nappe des fils fait de nombreux circuits de haut en bas de cette cheminée et s'y trouve conduite, au moyen de rouleaux tendeurs, jusqu'à la sortie, qui s'effectue dans le bas, près du rouleau du compteur.

Le séchage est complété à l'aide de ventilateurs et par le passage sur la table d'enverjure. Cette machine a l'inconvénient de faire perdre une certaine longueur de nappe pour chaque partie, car la fin et le commencement servent soit à amener la nappe dans la cheminée, par dessus chaque rouleau d'appel, soit à rattacher la partie suivante.

De plus, les inconvénients de toutes les encolleuses fermées subsistent; aussi, ce système a, par suite, été abandonné peu à peu.

Encolleuse-pareuse à grande production système Jules Caquelin, ingénieur-tisseur à Quieux (Vosges). — Nous donnons ci-après la description d'une encolleuse-pareuse, très ingénieuse et pratique, inventée et brevetée tout récemment par M. Jules Caquelin, qui s'occupe depuis de nombreuses années de la question Encollage, et qui paraît avoir trouvé le vrai système pratique, pour conserver ce qu'il y a de bon à la machine à parer, combiné avec les derniers perfectionnements apportés aux encolleuses.

Dans tous les systèmes d'encolleuses actuellement employés, on retrouve toujours une disposition unique qui consiste à placer, d'un même côté de la machine, les rouleaux d'ourdissoirs et les bacs à colle.

Par suite de cette disposition, l'encollage des fils, au point de vue du produit, n'a pu réaliser les progrès voulus pour arriver à la suppression du parage, qui est toujours très employé, malgré sa production réduite. L'encolleuse Caquelin, par sa nouvelle disposition, permet un brossage rationnel des fils, offre les avantages de la machine à parer, au point de vue du produit, et ceux de l'encollage, au point de vue de la main-d'œuvre et surtout de la production.

Cette encolleuse sera employée plus particulièrement au traitement des fils de lin, car elle permet le brossage des fils, comme la machine à parer, et donne un séchage rationnel de grand débit.

On voit que, comme dans la pareuse, les rouleaux d'ourdissage sont placés par parties en avant de leur bac à colle respectifs, pour former deux nappes de fils convergeants; mais, au lieu de s'enrouler sur une ensouple centrale, en l'espèce remplacée par une chambre sécheuse spéciale, ces deux nappes, après encollage, brossage et séchage, sont dirigées vers le côté de la machine où se trouve l'enroulage des fils, sur l'ensouple destinée au métier à tisser.

Les râteliers, prévus pour six rouleaux d'ourdissage chacun, sont disposés devant leur bac respectif. Ils sont verticaux, pour avoir plus facilement accès aux rouleaux et avoir le plus petit encombrement possible à la machine.

Les bacs sont précédés d'un autre bac vertical, ou avant-bac, servant à la cuisson de la colle et à sa circulation, et consistant en une pompe rotative à pignons, qui prend la colle dans cet avant-bac et la refoule dans les autres bacs.

Des déversoirs, adaptés à la séparation des deux compartiments, maintiennent la colle à un niveau constant dans les bacs des cylindres. Cette colle est donc complètement renouvelée, le trop-plein retournant dans l'avant-bac. Par ce fait, elle reste homogène et toujours de même densité et, si la colle est de couleur, la teinte reste bien uniforme.

Cet avant-bac est recouvert d'un couvercle à déplacement horizontal, pour empêcher une trop grande déperdition de vapeur si on y cuit la colle, et celle de la chaleur si on y réchauffe simplement une colle cuite à l'avance.

Il a un double-fond qui reçoit l'eau de condensation des tuyaux à ailettes de la chambre correspondante.

La colle cuite à l'avance est donc maintenue chaude par bain-marie, sans être mise directement en contact avec la vapeur.

Lorsqu'on cuit la colle dans l'avant-bac, des tuyaux barboteurs, placés au fond, servent à régler son degré d'ébullition, et la chaleur donnée par le bain-marie facilite la cuisson et diminue l'emploi de vapeur.

Les rouleaux presseurs sont munis de roues à friction commandées par des roues à longues dentures calées sur l'axe des rouleaux encolleurs. On évite ainsi le glissement des presseurs sur la nappe de fils, à l'emploi de colle épaisse, et l'usure précipitée de la flanelle. — Des poignées permettent d'écarter les presseurs sans effort aux arrêts de la machine.

La commande des cylindres de colle peut se faire soit par roues dentées, soit par cônes, soit par l'un et l'autre à la fois, ce qui permet l'encollage de textiles de divers allongements; on peut régler alors le débit de chaque nappe séparément et avoir un travail parfait.

La chambre est verticale, la disposition horizontale partant d'un principe vicieux, la cheminée d'appel se trouvant à l'une des extrémités de la chambre, tandis que les buées se produisent sur tout le parcours des fils dans la chambre.

Il y a donc antagonisme entre la direction horizontale que doit prendre l'air humide pour s'échapper et celle dont il participe naturellement, c'est-à-dire la verticale ou force ascensionnelle. Les ventilateurs n'arrivent pas à contrarier cette tendance.

En outre, les parcours de la chaîne étant superposés, il s'ensuit que la buée se dégageant des nappes inférieures se rejette sur les nappes supérieures et humidifie à nouveau leurs fils; puis, dans le parcours horizontal, la chaîne étant toute imprégnée de colle, tend à fléchir, et, pour la relever, il faut faire subir au fil encore humide une tension qui le fatigue et lui enlève l'élasticité indispensable au tissage; c'est une disposition à abandonner.

La chambre verticale est la seule en harmonie avec la force ascensionnelle de l'air chaud et facilitant l'évacuation directe des buées, par les cheminées d'appel, sans rencontrer d'obstacle.

Elle dépense moins de vapeur que l'horizontale, car elle produit jusqu'à trois et quatre fois plus, avec une quantité d'eau condensée à peine supérieure.

L'encollage peut se faire à nappes flottantes, celles qui montent étant entraînées par celles qui descendent, laissant ainsi aux fils non fatigués par une forte tension, toute leur élasticité pour le tissage.

Cette chambre est divisée dans une grande partie de sa hauteur par une cloison, formant ainsi deux séchoirs ne communiquant entre eux que par le bas, chacun de ces séchoirs ayant son chauffage spécial, dont les joints se trouvent à l'extérieur et consistant en tuyaux de vapeur.

Des ventilateurs, placés de façon appropriée dans chaque séchoir, chassent l'air chaud au milieu des nappes, leur imprimant un mouvement vibratoire qui accélère le séchage et précipite la sortie des buées par les cheminées.

L'air des chambres, rencontrant successivement de nouveaux chauffages, monte graduellement en température, il s'ensuit qu'il se trouve capable d'absorber plus d'humidité sans condensation et que sa force ascensionnelle n'est pas diminuée. Son évacuation par les cheminées se fait donc rapidement.

L'entrée des fils dans la chambre se trouvant sous la cheminée d'appel, les buées s'évacuent au fur et à mesure qu'elles se produi-

sent; de plus, chaque chambre n'ayant à sécher qu'une moitié des fils composant la chaîne, ces fils n'étant plus collés entre eux se laissent bien traverser par l'air chaud, d'où un séchage progressif et rationnel et une grande production.

Les rouleaux d'ourdissage de chaque râtelier sont réunis pour former chacun une nappe qui va s'imprégner de colle dans son bac correspondant, puis passe entre les cylindres exprimeurs. L'encollage de ces nappes, composées seulement d'une moitié des fils de la chaîne, est donc facilité, ainsi que leur séchage.

En quittant les cylindres, les nappes sont partagées en deux parties par une baguette d'enverjure, et chacune de ces parties se trouve brossée par un système de brosses circulaires adapté de chaque côté de la chambre. Ces brosses ont chacune leurs nettoyeuses, qui se nettoient elles-mêmes dans de petits bacs remplis d'eau chaude. Les brosses et les nettoyeuses sont réglables à volonté pour le brossage et leur nettoyage.

En quittant les brosses, les deux parties de chaque nappe sont lissées intérieurement par une petite latte garnie de feutre, servant également à maintenir la séparation des nappes dans le parcours nécessaire au brossage, puis se dirigent sur les rouleaux de premiers contacts, où elles se rejoignent. Ces rouleaux servant d'appel à ce premier parcours des nappes, sont à friction, pour éviter leur flottage sous les brosses.

Ce premier parcours des nappes, à l'air d'abord, puis à l'air progressivement chaud, avant leur entrée dans leur séchoir respectif, donne le temps à la colle de bien pénétrer le fil avant séchage. Cette colle ne tombera pas au tissage.

Puis les fils ayant été brossés, donc bien lissés et sans excès de colle, ne collent plus entre eux après leur division et leur brossage, étant du reste réduits de moitié, ne collent pas à ces premiers rouleaux de premier contact.

En quittant ces rouleaux, les deux nappes entrent alors seulement dans leur séchoir respectif, contournant les éléments de chauffage et, arrivées aux rouleaux de fin de parcours dans le fond de la chambre, se dirigent du côté de la machine où se fait l'enroulage sur l'ensouple du métier à tisser.

C'est ce dernier parcours qui produit le rafraîchissement des fils

et laisse ce qu'on appelle *le fil revenir de colle*, c'est-à-dire reprendre de la souplesse et de l'élasticité en perdant toute chaleur avant son enroulement.

Des rouleaux disposés le long de ce parcours supportent les nappes et un plancher empêche toute tache et permet tout passage et travail autour des rouleaux d'ourdissage.

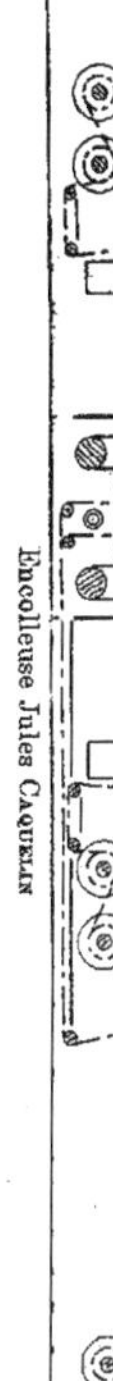

Encolleuse Jules CAQUELIN

Chaque nappe ayant son bac spécial pour l'encollage, ainsi que son séchoir spécial, on peut donc :

I) Encoller les deux nappes de même façon et les sécher de même.

II) Les encoller différemment et les sécher différemment, c'est-à-dire logiquement.

III) Employer des colles teintées sans craindre les taches, les nappes ne prenant contact qu'après séchage complet.

On peut aussi ne se servir que d'un côté de la machine.

Encolleuse à air chaud, des établissements Tattersall et Holdsworth, à Enschede (Hollande).

Cette encolleuse fut créée dans le but de remplacer avantageusement les anciens systèmes d'encolleuses à air chaud et de supprimer les machines à parer, si coûteuses et de faible production.

Elle produit, sans les tendre, des fils de chaîne plus lisses et réguliers, avec un rendement bien supérieur à celui des machines similaires d'anciens modèles.

Une cheminée ou canal, surmonté d'un ventilateur de construction spéciale, se trouve sur le côté extérieur de la chambre. Le ventilateur est destiné à aspirer l'air du local dans lequel se trouve la machine, pour le refouler, à travers le dit canal latéral, dans un réservoir à air se trouvant devant une chambre tubulaire éprouvée à 17 atmosphères. L'air est comprimé dans le réservoir, réparti ensuite, et enfin chassé dans les tubes de la chaudière.

L'air, étant ainsi chauffé au degré voulu, passe, à la sortie de la chaudière, par un col d'une forme et d'une disposition spéciale qui oblige le courant d'air chaud à se répartir régulièrement sur toute la largeur en lui donnant la direction horizontale nécessaire qui, de concert avec les dimensions des compartiments, provoque un courant uniforme d'une vitesse extrême.

En entrant en contact avec le premier rouleau-guide, la nappe des fils est assez sèche pour ne produire aucune formation de croûte, quel que soit le genre de fils à traiter; après avoir été séché presque complètement dans le deuxième compartiment, il est refroidi graduellement en marchant avec l'air humide qui suit la direction du fil.

Le fil conserve encore, à la sortie de la chambre, un certain degré d'humidité, mais il est refroidi de nouveau par un ventilateur, de sorte qu'il se trouve suffisamment refroidi, sans toutefois être desséché, quand il est enroulé sur l'ensouple. Le fil est rond et lisse et, par suite de la régularité de la couche d'air chaud, il ne subsiste aucunes taches humides, comme cela se produisait avec la plupart des anciennes machines à air chaud.

La tension du fil est évitée par les rouleaux-guides qui, marchant sur billes, donnent une marche douce et légère.

Les séparations des compartiments sont en bois, retenues dans des coulisses; une disposition spéciale leur conserve une étanchéité parfaite.

La température de la chambre est plus élevée à l'endroit où pénètre l'air; une pression de 6 atmosphères, dans la chambre tubulaire de la machine, produit approximativement la température suivante :

Rouleaux =	1	2	3	4	5	6
Température =	100°	77°	71°	72°	69°	51°

On voit que la température diminue graduellement du premier au dernier compartiment, ce qui produit un refroidissement progressif très favorable aux fils.

La rupture des fils dans la chambre ne provoque aucun emmêlement de ces fils par suite de la rapidité du courant d'air qui suit la même direction que la nappe des fils, soutenant ainsi ceux qui peuvent se casser en les faisant sortir avec la nappe.

Cette encolleuse est munie d'un récupérateur de vapeur très simple, qui permet de réduire l'emploi de la vapeur de 50 % environ, de sorte qu'il n'y a que 110 à 120 litres d'eau de condensation par heure pour les plus fortes productions, soit pour 2000 à 2400 mètres à l'heure.

La surface de chauffe vient d'être considérablement augmentée et le premier rouleau cannelé a été disposé de façon à éviter toute trace de croûtes, même en marchant à grande vitesse, avec, par exemple, des chaînes laine fortement encollées et très poilues, ou avec des chaînes en mérinos fins. Pour coton, la production est supérieure aux machines similaires et les chaînes bien encollées, souples et résistantes.

Voici donc, détaillées en peu de mots, les machines à encoller les plus récentes et les mieux comprises; toutes ces machines donnent une bonne et forte production et les tisseurs n'ont que l'embarras du choix. — L'encollage est l'âme du tissage, les chaînes bien préparées peuvent faire doubler la production sur métier, tout en perfectionnant la qualité du produit fabriqué; nous ne pouvons

donc assez recommander aux industriels tisseurs de bien choisir leurs appareils à encoller, car de la perfection des chaînes dépend le succès de leur tissage.

En encollant bien, même de mauvais filés, on doit arriver à faire bonnes pièces de tissus!

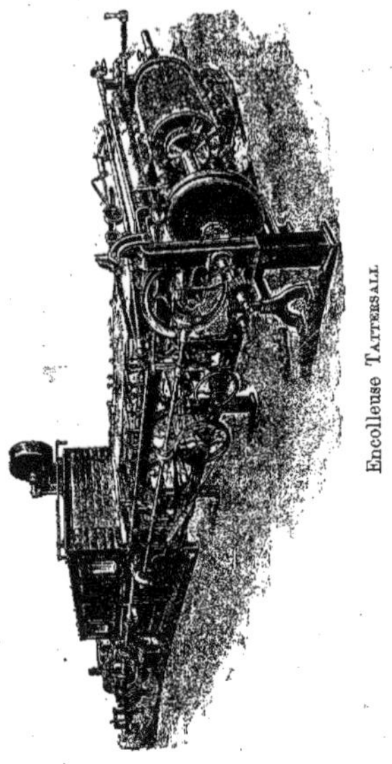

Encolleuse Tattersall

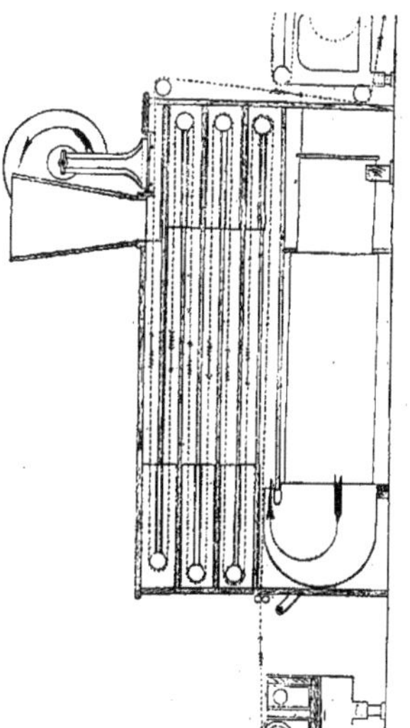

Encolleuse Tattersall.

DU RENTRAGE

La chaîne parée ou encollée est portée au rentrage, où des ouvrières spéciales, appelées rentreuses, sont chargées de la passer fil par fil, dans les harnais et dans les peignes, suivant les dispositions qu'on leur aura préalablement remises et comme il sera expliqué dans le chapitre traitant du remettage et du tissage; nous ne reviendrons donc pas sur cette question.

L'ouvrière rentreuse se place en face d'un chevalet de bois sur lequel sont placés la chaîne à rentrer et le harnais dans lequel elle doit être rentrée.

Elle passe un crochet de forme aplatie, appelé *passette*, au travers de chaque œillet ou maille et le retire après qu'une aide, placée derrière le harnais, a mis sur cette passette le fil à rentrer. Cette opération se fait excessivement vite et les ouvrières, au bout d'un certain temps, acquièrent une telle habitude qu'elles peuvent facilement rentrer de 11 à 14 lames par journée de 11 heures de travail en articles ordinaires 70 portées.

Voici quelques données concernant la production au rentrage et les prix de façon payés pour les articles les plus courants :

Pour 11 heures de travail.

En 50^{p}, 55^{p} et 60^{p} — 4 harnais de 4 lames, soit 16 lames.
En 70^{p} — 3 1/2 harnais de 4 lames, soit 14 lames.
En 72^{p}, 73^{p}, 74^{p} — 3 1/4 ou 3 harnais de 4 lames, soit 12 lames à 13 lames.

En satin 82^{p} — 2 1/2 harnais de 5 lames, soit 12 lames.
En satin 84^{p}, 85^{p}, 87^{p} — 2 1/2 harnais de 5 lames, soit 12 lames.
En articles 80^{p}, 82^{p}, 84^{p}, 88^{p}, 90^{p} — 3 harnais de 4 lames, soit 12 lames.

En articles larges, façonnés, laizes :
De 9/8, 5/7, 4/4, 7/8, 6/4 — 1 harnais de 8 à 10 lames.

En général on compte, pour une bonne ouvrière, une production de 250 portées par jour, soit 10.000 fils rentrés.

Le prix de façon payé à l'ouvrière rentreuse est de :

Fr. 1.50 par 100 portées pour uni.
» 2.— » » façonnés de 5 à 7 lames.
» 3.— » » façonnés de 8 à 15 lames.

La rentreuse partage sa paye avec son aide suivant convention entre elles.

Ces prix s'entendent pour rentrage des fils au travers des lames et du peigne.

A l'ouvrière appondeuse on paye :

1 fr. par 100 portées appondues.

Il existe des machines à rentrer et à appondre mécaniquement, mais elles ne sont pas employées dans nos régions, vu leur peu de commodité et leur faible production.

Quand tous les fils sont rentrés dans le harnais, on les rentre dans les dents du peigne 2 par 2 ou souvent 3 par 3 et même 4 par 4, suivant l'article. On ne met que deux fils en dent pour les articles courants et ordinaires.

Cette opération a lieu, comme la précédente, au moyen d'une passette sur laquelle l'aide place le fil, que retire ensuite l'ouvrière placée de l'autre côté du peigne.

Toutes les opérations préliminaires se trouvent ainsi terminées et la chaîne, munie de son harnais et de son peigne, est portée au tissage pour y être montée sur le métier désigné.

Le rappondage ou appondage est l'opération qui consiste à nouer les fils d'une nouvelle chaîne à ceux d'une chaîne terminée sur le métier à tisser et que l'on apporte dans ce but à l'atelier des rappondeuses.

On laisse d'habitude un reste de fil qui dépasse le harnais et quand les fils de la nouvelle chaîne ont été appondus à ce restant de l'ancienne chaîne, on tire la nappe au travers du harnais et du peigne et la nouvelle chaîne se trouve ainsi rentrée plus rapidement.

DU MÉTIER A TISSER

Nous venons de passer en revue les opérations préparatoires nécessaires pour faire une bonne chaîne; il nous reste à suivre cette chaîne sur le métier à tisser, en indiquant quels sont les points à observer pour la convertir en tissus de bonne qualité. Nous supposons le lecteur placé en face du métier et au courant des divers organes qui le composent; nous n'entrons donc pas dans la description détaillée du métier en lui-même et nous nous bornons à donner les indications indispensables pour le réglage de celui-ci dans ses parties essentielles.

Montage de la chaîne. — Le monteur de chaînes va prendre au rentrage la chaîne qui lui est destinée et qui se trouve rentrée dans le peigne et dans le harnais voulus.

Il place l'ensouple, munie de son équipage, dans les supports disposés à cet effet à l'arrière du métier. Il déroule un peu l'ensouple et place le peigne dans la rainure du battant, dont il fixe ensuite le chapeau. Il suspend provisoirement le harnais au milieu du métier, au moyen de deux lattes en bois passées de chaque côté sous les baguettes supérieures des lames et qui reposent à un bout sur le chapeau du battant et à l'autre bout sur le porte-fil du métier.

Ceci fait, il tire la chaîne d'environ 25 centimètres vers la poitrinière et la maintient dans cette position en mettant une corde du frein sur l'ensouple, puis noue la chaîne bien également sur une baguette reliée par les ficelles au rouleau régulateur. Les lames s'attachent ensuite aux ficelles des lanières de la tringle porte-galets fixée sur le cintre du métier. Les lames de devant sont reliées par leurs baguettes supérieures au petit galet, celles de derrière le sont de la même manière au grand galet.

On enlève ensuite les deux lattes sur lesquelles elles reposaient et on procède à leur attache par le bas en les reliant par leurs baguettes inférieures aux marchettes en bois fixées sur les marches que les excentriques font mouvoir. On fait ensuite tourner le rou-

leau régulateur jusqu'à ce que les baguettes d'attache aient dépassé la poitrinière; on charge les freins et, la chaîne étant ainsi montée, on passe au réglage du métier.

Avant de parler du réglage, il est utile de rappeler que les métiers à tisser se distinguent en métiers droits et en métiers gauches. — Quand on se place devant la poitrinière, le métier droit est celui dont les poulies sont à droite, éloignées du bâti, et dont le col du vilebrequin est long. — Le métier gauche est celui dont les poulies sont à gauche, rapprochées du bâti, et dont le col du vilebrequin est court. — L'ouvrier, auquel d'habitude on confie deux métiers, se place entre un métier droit et un métier gauche, tournés de manière que leurs poitrinières se trouvent l'une en face de l'autre et distantes entre elles de soixante à soixante-dix centimètres.

On emploie toujours une seule poulie sur la transmission pour commander deux métiers; les courroies sont donc disposées de manière à ne pas se superposer pendant la marche, aussi la poulie de la transmission est-elle un peu plus large que le double d'une paire de poulies de métier (poulie fixe et poulie folle). Cette disposition exige que l'un des arbres à vilebrequin soit plus long que l'autre (métier droit) d'un peu plus que la largeur d'une paire de poulies, afin d'avoir ses poulies extérieurement à celles de l'autre métier (métier gauche).

Les colonnes avec les supports de transmission se trouvent entre les ensouples, afin qu'elles ne gênent pas l'ouvrier et que les courroies qui viennent des poulies motrices soient également hors de sa portée. Les courroies, pour une paire de métiers, sont à brins parallèles pour l'un des métiers et croisés pour l'autre; on ne fait jamais marcher la courroie de toute sa largeur sur la poulie fixe pendant que le métier marche; on laisse d'habitude le quart de sa largeur sur la poulie folle.

Les vitesses les plus courantes, lorsqu'on a affaire à des métiers solides et en bon état, sont de :

200 à 250 coups de battant par minute pour articles 3/4 unis, tels que cretonnes, calicots, madapolams, etc.

170 à 200 coups à la minute, pour façonnés 3/4, de 5 à 9 lames en filés ordinaires, tissés avec ratières.

120 à 160 coups à la minute, pour façonnés faits avec mécanique Jacquard.

On arrive même, dans certains tissages, à une vitesse de 200 coups avec des mécaniques Jacquard perfectionnées.

150 à 170 tours à la minute, pour métiers larges unis 4/4, 9/8, 7/8, 5/4.

140 à 150 coups à la minute pour métiers larges façonnés.

130 à 140 » » » unis, 6/4.

120 à 130 » » » » 8/4.

140 à 150 » articles fins, tels que jaconas, organdis, mousselines, etc.

130 à 140 coups à la minute pour articles très fins façonnés.

130 à 140 » » » » » et à plusieurs chaînes.

On ralentira ces vitesses pour les articles chaîne et trame laine ou soie, ou mi-laine et mi-soie.

Les articles surfins, tels que organdis ou mousselines chaîne n° 200, trame n° 300, sont tissés mécaniquement à des vitesses de 100 à 120 coups à la minute.

Réglage des Lames ou Harnais. — Le jeu des lames doit être réglé de telle sorte que celles de devant descendent quand la navette part du côté des poulies.

Les foules doivent être régulières, l'une aussi haute que l'autre, les lames de niveau et les fils bien nets, afin que la navette puisse passer franchement et qu'elle ne *ballotte* pas en entrant dans les boîtes. Quand un pas est plus grand que l'autre, on a une toile pairée en trame, défaut très apparent dans les tissus légers, tels que mousselines, organdis, etc.

Pour tisser à *pas ouvert*, il faut que la foule ne soit pas encore fermée quand le peigne arrive, afin que la duite se loge librement. On obtient de cette façon des toiles pairées en chaîne, et jamais le

tissu n'est aussi couvert et d'aussi belle apparence que lorsqu'on tisse à pas fermé.

Dans le *pas fermé*, la foule est en avance sur le coup de battant; il arrive alors que, quand la navette est passée et que le peigne vient frapper la duite, les lames commencent déjà leur mouvement pour l'autre foule et, dès lors, il y a une légère croisure des fils qui enferme la duite. Le peigne, en venant frapper contre le tissu pour mettre la duite à sa place, est obligé de la faire passer entre cette croisure, ce qui égalise et répartit convenablement les fils de chaîne en produisant un tissu à grain en relief et bien couvert, chose très avantageuse, surtout pour les tissus légers.

Trame dans un pas ouvert et fermé

Nous croyons intéressant d'entrer dans quelques détails sur les différents effets produits par cette avance ou ce retard de la foule; il sera facile alors de régler le métier suivant le résultat à obtenir.

Si l'on considère le fil de trame dans une étoffe tissée à *pas ouvert*, et que l'on fasse une section transversale dans la toile suivant ce fil, les fils de chaîne, au moment où la trame est chassée, seront en *a*, *a'*, *a''*, etc. (fig. 27), et en *b*, *b'*, *b''*, etc., et la trame restera parfaitement tendue en *c*.

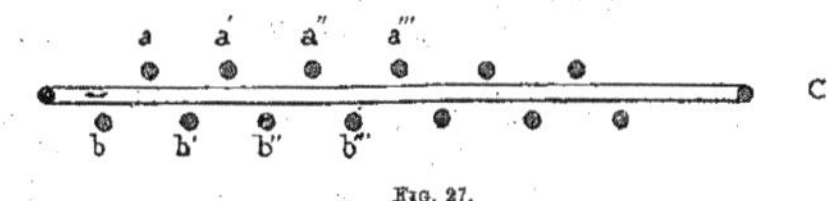

Fig. 27.

Dans le *pas fermé*, au contraire, les fils de chaîne *a*, *a'*, *a''* (fig. 28) sont en bas, et ceux *b*, *b'*, *b''* en haut, les lames étant croisées au moment où la trame est chassée.

La trame est, dans ce cas, contournée autour des fils de chaîne et est apparente.

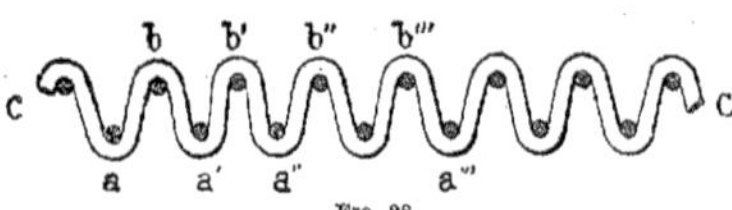

Fig. 28.

Effet des Pas.

Dans le premier cas, la chaîne contourne la trame; dans le second, la trame contourne la chaîne. Dans une étoffe tissée à pas ouvert, la chaîne est apparente, elle est *pairée;* la même étoffe tissée à pas fermé présente l'effet contraire, c'est-à-dire que la trame prend le dessus, sépare les fils de chaîne et les dépaire.

Une pièce en chaîne coton et trame laine, tissée à pas fermé, fera ressortir la laine et ressemblera à un tissu pure laine; à pas ouvert, au contraire, le coton sera très apparent. Un tissu de laine, à pas ouvert, sera rude, à grain carré, tandis qu'à pas fermé il sera plus feutré; la trame, passant difficilement entre les fils de chaîne, se feutre, la pièce est plus moelleuse et le toucher rude de la chaîne est remplacé par celui plus doux de la trame.

Les chaînes laine manquent d'une force suffisante pour supporter l'effort du frottement de la trame quand les lisses sont fermées; les fils de chaîne n'étant pas parfaitement ronds, l'effort de la trame sur les grosseurs est assez grand pour occasionner de fréquentes ruptures; aussi la laine, qui demanderait à être tissée à pas très fermé, ne peut pas l'être aussi facilement que le lin ou le coton.

Pour certains tissus de coton, on demande qu'ils soient propres, bien garnis et non pairés; il faudrait donc les travailler à pas fermé, mais on n'arriverait pas, malgré toute la tension qu'on donnerait à la chaîne, à mettre le nombre de fils voulus au 1/4 de pouce. De plus, les chaînes tissées à pas fermé souffriraient trop, il y aurait beaucoup de casses par suite des boutons et des grosseurs qu'elles renferment. Les toiles de lin devant avoir un grain serré, la trame paraissant autant que la chaîne, doivent être tissées à pas fermé; mais, comme dans le cas précédent, la chaîne présente des grosseurs et des boutons.

Il ne faut donc pas indistinctement appliquer le pas fermé à toutes

les étoffes, mais il faut en modifier l'ouverture non seulement suivant la nature du tissu, mais encore suivant la nature des chaînes.

Position de l'Ensouple

La position du rouleau d'ensouple a une grande influence sur la

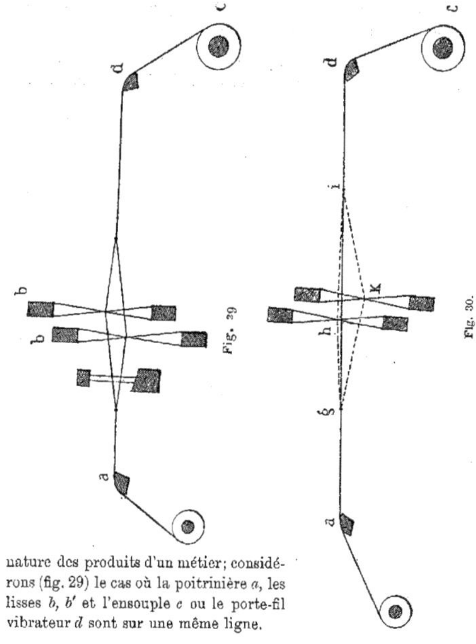

nature des produits d'un métier; considérons (fig. 29) le cas où la poitrinière *a*, les lisses *b*, *b'* et l'ensouple *c* ou le porte-fil vibrateur *d* sont sur une même ligne.

Dans le croisement des fils, les deux parties de la chaîne, celle du bas ou celle du haut, auront une tension égale. Dans ce cas, en tissant à pas ouvert ou à pas fermé, les effets précédents se produiront.

Si, au contraire (fig. 30), on élève le porte-fil vibrateur *d*, les lames étant croisées, les fils de chaîne auront les directions *g h i* et *g k i*.

La ligne *g h i* étant plus courte que celle *g k i*, les fils de chaîne en *h* seront moins tendus que ceux en *k*.

Pas ouvert. — Dans ce cas, si nous faisons une section suivant le fil de trame (fig. 31), les fils de chaîne *a*, *a'*, *a''* sont moins tendus que les fils *bb'* *b''*; ces derniers fils *b*, *b'*, *b''*, par leur tension, pousseront les fils de trame de la ligne *b* vers *a* et les contourneront d'une manière analogue au pas fermé.

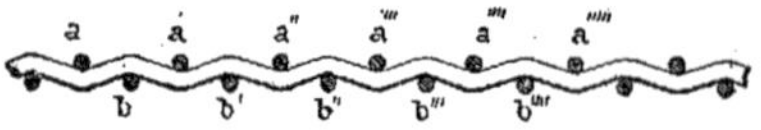

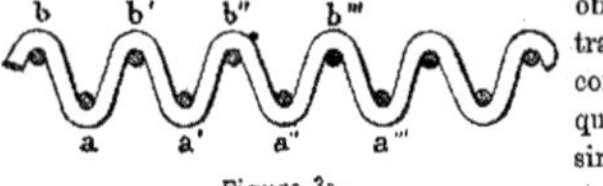

Figure 31.

Pas fermé. — Le pas fermé est exagéré par la position plongeante des lames; car les fils *a* (fig. 32), étant fortement tendus, obligeront les fils de trame à contourner encore plus ceux de chaîne que dans le pas fermé simple.

Figure 32.

L'effet des lames plongeantes est donc le même que celui du pas fermé, mais plus sensible, car la chaîne *b*, peu tendue, se contourne autour des fils de trame. Si l'on fait une section suivant la longueur de la pièce, on aura :

Pas ouvert, lames droites — Fig. 33.

Pas ouvert, lames plongeantes — Fig. 34.

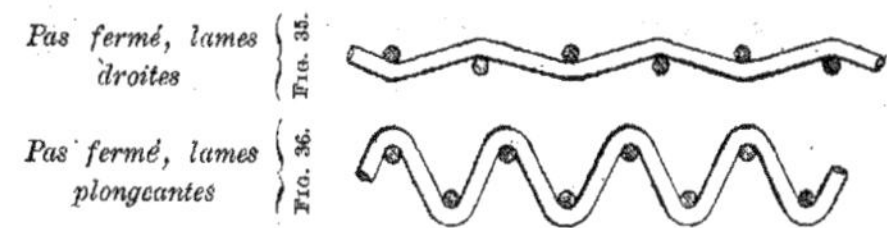

Dans les deux premiers cas, la trame oblige la chaîne à se contourner, dans les deux derniers, la chaîne oblige la trame à se contourner; dans le deuxième et le quatrième cas, les effets sont un peu changés par l'excès de contournement de la trame et de la chaîne.

Chasse-Navette. — Le mouvement du chasse-navette diffère suivant les métiers : ceux dits à fouets verticaux ou dans le battant et ceux à fouets horizontaux. Le réglage du coup de taquet ou chasse-navette est du reste le même pour tous les genres de métiers. Le moindre obstacle peut en empêcher le fonctionnement régulier; il faut que la navette ne parte pas trop tôt, car elle pénétrerait dans la foule alors que celle-ci n'est pas ouverte et briserait les fils sur une grande largeur. Quand, au contraire, la navette part trop tard, elle pénètre dans une foule se fermant rapidement et il en résulte un frottement qui en retarde le passage. Ce frottement ne fait que s'accentuer par suite de la fermeture de la foule et, finalement, la navette s'y trouve prise et frappée par le peigne qui vient serrer la duite; les fils supérieurs formant la foule sont alors cassés sur toute la largeur de la pièce, ce qui produit un grave défaut dans le tissu, l'ouvrier, quelqu'habile qu'il puisse être, n'arrivant pas à renouer les fils sans qu'il en reste des traces dans la pièce.

La navette doit être chassée avec la force strictement nécessaire pour accomplir sa course; si le coup du taquet est trop faible, la navette sera retardée ou arrêtée en route par le moindre obstacle et, si le coup du taquet est trop fort, la navette agrandit trop rapidement le trou du taquet, se détériore, finit par adhérer au taquet et est alors également retardée dans sa marche, prise par la foule et fait casser des fils; quand il se produit trop de choc à l'arrêt de la navette, la trame se brise également. Il y a, de plus, une usure rapide de la navette et du taquet. Pour éviter ces deux

défauts, il faudrait que le lancé de la navette eût lieu au moment où les vilebrequins sont à l'extrémité de leur course horizontale.

Cette règle est d'une application presque impossible en pratique, car, quelque rapide que soit la succession des deux mouvements, les vilebrequins ne restent pas stationnaires pour attendre le passage de la navette. Il faut donc que celle-ci soit en avance ou en retard, suivant les cas, sur l'ouverture complète de la foule. Il y a avantage, en général, à lui donner du retard; c'est pourquoi on règle la position de l'excentrique de manière à ce qu'il n'agisse sur le chasse-navette qu'au moment où le vilebrequin a dépassé un peu le point le plus bas de sa course.

Pour les métiers marchant à grande vitesse, par suite du peu de différence qui existe entre les vitesses de la navette et du battant, il faut donner de l'avance à la navette, ce que l'on obtiendra en faisant agir le mentonnet un peu plus tôt sur le galet ou en tournant vers l'intérieur du métier la partie supérieure du manchon d'embrayage de l'excentrique.

Si, au contraire, on veut faire retarder la navette, on y arrive, dans les métiers à fouets horizontaux, par exemple, en faisant frapper le galet par le mentonnet un peu plus tard, ou bien en tournant vers l'extérieur du métier la partie supérieure du manchon du fouet.

Le mentonnet doit agir de toute sa longueur sur le galet et en son milieu. Pour augmenter la force du coup, on rapproche l'excentrique de l'axe de l'arbre du fouet et, pour en diminuer la violence, on l'en éloigne. Quand le mentonnet est usé ou que le boulon de ce mentonnet est desserré, on obtient un mauvais lancé.

La navette, en arrivant dans la boîte de chasse, doit y entrer facilement; c'est pourquoi les joues de chasse sont un peu plus écartées à l'entrée de la boîte qu'à l'autre extrémité.

Il ne faut pas donner trop de jeu, car la navette, en repartant, peut fouetter et sauter hors de la foule. Le saut de la navette provient aussi du mauvais état du taquet, qui alors la fait dévier de sa course; il en est de même lorsque le peigne est étroit et qu'il laisse des vides vers les boîtes à navettes. Ces vides doivent, dans ce cas, être remplis avec des parties coupées d'un peigne usé que l'on place bien à fleur avec le peigne.

Les autres causes du saut de la navette sont les suivantes :

Une foule qui n'est pas franche.

Des mailles trop longues qui permettent aux fils de se mettre en travers de la foule.

Trop d'avance ou de retard pour le mouvement de la navette.

Des templets placés trop haut.

Des fils de chaîne cassés et entrelacés, soit dans les harnais, soit entre les harnais et le peigne, soit derrière les baguettes.

Une navette trop usée à côtés arrondis.

Un peigne mal fixé.

Un battant mal réglé, qui n'est pas droit ou pas à fleur avec la plaque de la boîte de chasse.

Un autre point important à observer, c'est que la navette ait assez de force pour repousser, lors de son entrée dans la boîte de chasse, la languette contre laquelle elle vient appuyer.

Nous compléterons cette partie en donnant quelques indications sur la disposition et le tracé des excentriques destinés à produire le mouvement des lames pour le tissage des différentes armures fondamentales.

Mouvement des lames. — Tracé des excentriques

On sait qu'à chaque coup de battant, c'est-à-dire à chaque tour de l'arbre à vilebrequin, la navette doit être lancée d'une extrémité de la chasse à l'autre, et une ou plusieurs lames doivent monter; la navette se trouvant au premier tour à droite, par exemple, se trouvera au second tour à gauche; les excentriques, qui font mouvoir les fouets qui chassent la navette, ne devront donc agir que tous les deux tours de l'arbre à vilebrequin, ou, en d'autres termes, l'arbre sur lequel ils sont montés devra avoir une vitesse moitié moindre de celle de l'arbre à vilebrequin.

Dans un métier produisant le tissu le plus élémentaire, c'est-à-dire l'uni, et dont nous pouvons supposer les fils de chaîne rentrés dans deux lames seulement, pour simplifier le raisonnement, on a également deux excentriques faisant mouvoir chacun une lame;

or, à chaque coup de battant, une seule des deux lames doit lever, ou encore chaque lame doit lever tous les deux coups de battant; les excentriques qui provoquent le mouvement des lames pourront donc être montés, pour le mouvement de l'uni, sur le même arbre que les excentriques de fouet, qui fait un demi-tour pour un tour de l'arbre à vilebrequin.

On voit de suite, par ce qui précède, que pour tout autre tissu qui comporte au rapport en trame plus de deux duites, c'est-à-dire qui nécessite plus de deux lames, chaque lame étant commandée par un excentrique, l'excentrique ne devra faire qu'un seul tour pendant l'insertion de la totalité des duites composant le rapport; s'il y a trois lames et trois duites, chaque lame devant lever toutes les trois duites, l'arbre des excentriques des lames ne fera qu'un tiers de tour pour un de l'arbre à vilebrequin; s'il y a cinq lames et cinq duites, il ne fera qu'un cinquième de tour, etc., etc.; les excentriques des lames ne peuvent donc plus être montés sur le même arbre que les excentriques de fouet, qui doivent toujours faire un demi-tour pour un de l'arbre à vilebrequin.

L'emploi des excentriques pour la levée des lames n'est guère appliqué que pour les armures fondamentales régulières qui ne dépassent pas un nombre de cinq lames; au delà, on emploie les mouvements désignés sous le nom de *mécaniques d'armures*, ou plus généralement de *ratières* et dont les combinaisons différentes sont très nombreuses et des plus variées.

Avec les ratières on peut tisser des articles comportant jusqu'à trente lames; passé ce nombre, l'emploi de la *mécanique Jacquart* devient indispensable.

Nous allons examiner succinctement la forme et la disposition des excentriques pour le tissage des diverses armures fondamentales.

Mouvement d'uni (fig. 37). — Quatre lames, dont deux lames A (1 et 2), contenant tous les fils pairs, et deux lames B (3 et 4), contenant tous les fils impairs (remettage amalgamé).

En pratique, il faut 1/2 tour de l'arbre à vilebrequin pour le

passage de la navette et, comme pendant le tour entier du même arbre il doit ne se produire que la montée des lames ou l'ouverture

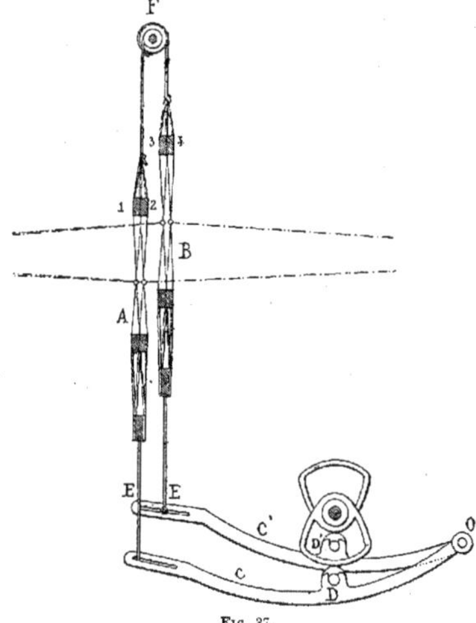

Fig. 37.

de la foule et le passage de la navette, il reste donc l'autre 1/2 tour pour le mouvement des lames.

1/2 tour de l'arbre à vilebrequin correspond à 1/4 de tour de l'arbre à excentrique. On aura donc :

1er tour
- 1/2 tour de l'arbre à vilebrequin = 1/4 tour de l'arbre à excentrique. Passage de la navette.
- 1/2 tour de l'arbre à vilebrequin = 1/4 tour de l'arbre à excentrique. Montée des lames A.

2e tour { 1/2 tour de l'arbre à vilebrequin = 1/4 tour de l'arbre à excentrique. Passage de la navette.
1/2 tour de l'arbre à vilebrequin = 1/4 tour de l'arbre à excentrique. Montée des lames B.

Théoriquement, nous ne parlons que de la montée des lames; la disposition de la figure 37 montre clairement que le même mouvement qui produit la montée d'une paire de lames, produit en même temps l'abaissement des deux autres; chacune se meut d'une quantité égale à la demi-foule.

Pendant le passage de la navette, les lames doivent rester immobiles; cette période comprend donc un temps d'arrêt ou une partie concentrique de l'excentrique.

Actuellement, nous avons tous les éléments voulus pour le tracé de cet organe :

On trace deux circonférences avec deux rayons dont la différence est égale à la course de l'excentrique. La course dépend évidemment de la foule ou de l'ouverture à donner aux lames et variera suivant les positions respectives du centre d'oscillation des contremarches C et C', des galets D et D' et des points d'attache des tringles E et E'; on la déterminera facilement par une épure. Divisant ces deux circonférences en quatre parties égales par deux diamètres perpendiculaires, deux quarts diamétralement opposés des deux circonférences représenteront les deux temps d'arrêt de l'excentrique pour le passage de la navette; il suffit maintenant de relier ces deux arcs de cercle par une courbe convenable; cette courbe dépend du mouvement que l'on voudra imprimer aux lames; si l'on veut les faire mouvoir d'un mouvement uniforme, on divisera le quart de la circonférence en un certain nombre de parties égales, huit, par exemple, et la différence entre les deux rayons ou la course en un même nombre de parties égales; on mènera des rayons par les premiers points de divisions; l'intersection des rayons et de circonférences de même rang détermine des points dont la réunion forme la courbe cherchée.

Il est préférable cependant d'avoir, pour ces deux périodes, un mouvement des lames uniformément accéléré, d'abord jusqu'au

milieu de la course, puis uniformément retardé jusqu'à la fin.

Excentrique de l'uni. — Course : 55 mill^{es}
Temps d'arrêt : 1/4. — Grand rayon : 110 mill^{es}

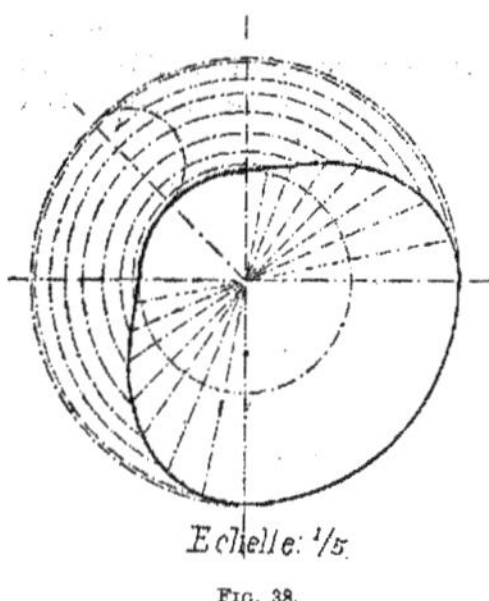

Fig. 38.

Ce changement n'entraîne d'autre modification, dans le tracé de l'excentrique, que la suivante : au lieu de diviser la course en parties égales, on la divise en parties croissantes jusqu'au milieu, et décroissantes ensuite (fig. 38). Un des moyens les plus simples pour faire cette division consiste à décrire un demi-cercle sur la course prise comme diamètre ; on divise ce demi-cercle en autant de parties égales qu'on a divisé le quart de la circonférence correspondant au mouvement des lames; par les points de division de la circonférence, on abaisse des perpendiculaires sur le diamètre (mené dans le rayon prolongé), qui se trouve ainsi partagé dans les conditions voulues. C'est par ces points de division qu'on tracera les circonférences dont la rencontre avec les rayons déterminera les points de la courbe.

Le métier étant au repos, il faut que les lames soient bien de niveau; que les attaches des lanières soient bien partagées de chaque côté de l'axe F de la tringle porte-galets et qu'il y ait un léger jeu entre les excentriques et les galets des marches; les ficelles d'attaches ne doivent, par conséquent, pas être trop tendues.

Comme les lames de derrière sont plus éloignées que celles de devant, elles doivent lever davantage, afin de produire la même ouverture de foule que celles de devant; c'est pour cette raison que les petites poulies sur lesquelles sont fixées les attaches des lames de derrière sont d'un diamètre un peu plus grand que celles des lames de devant.

Mouvement de croisé, 4 marches. — L'armure du croisé ordinaire, 4 lames (fig. 7), montre que chaque lame doit être levée pendant le passage de deux duites consécutives et rester immobile pendant le passage de deux autres. Les quatre lames levant à la suite les unes des autres et indépendamment, il faut un excentrique pour chacune; ces excentriques seront semblables, puisqu'ils doivent chacun faire lever la lame deux fois et la laisser immobile deux fois.

A la 1re duite	ils feront lever la	1re et la 2e lame.
2^e	»	2e et la 3e »
3^e	»	3e et la 4e »
4^e	»	4e et la 1re »

Comme il y a quatre duites au rapport, l'arbre à excentriques ne fait que 1/4 de tour pour un tour de l'arbre à vilebrequin, comme nous l'avons dit ci-dessus.

Déterminons maintenant les divisions de l'excentrique.

D'après ce que nous avons dit ci-dessus il faut, pour le passage de la navette, 1/2 tour de l'arbre à vilebrequin, soit 1/8 de tour de l'excentrique; les périodes de mouvement se partageront ainsi que le montre le tableau ci-dessous, qui en fait mieux saisir l'ensemble qu'une longue explication.

1re duite. — Lame levée	Passage de la navette : 1/8 tour	
	Passage de la navette : 1/8 tour	Temps d'arrêt : 3,8
2e duite. — Lame levée	Mouvement des lames : 1/8 tour	
	Passage de la navette : 1/8 tour	
1re duite. — Lame en fond	Mouvement des lames : 1/8 tour	
	Passage de la navette : 1/8 tour	Temps d'arrêt : 3 8
2e duite. — Lame en fond	Mouvement des lames : 1/8 tour	
	Mouvement des lames : 1/8 tour	
	Total : 1 tour	

L'ensemble du rapport exigeant 4/8 de tour pour le passage de la navette (4 fois), il reste 4/8 pour le mouvement des lames; comme il doit y avoir quatre mouvements, chacun aura également 1/8 de tour.

Enfin, chaque lame devra rester immobile pendant 3/8 de tour pour le passage de deux duites, c'est-à-dire que l'excentrique aura deux temps d'arrêt de 3/8 diamétralement opposés. Après la construction détaillée que nous avons donnée de l'excentrique de

l'uni, celle-ci ne présentera pas de difficultés, elle se fera de la même manière.

Excentrique du croisé. — Course : 40 mill^{m}
Arrêt : 3/8. — Grand rayon : 125 »

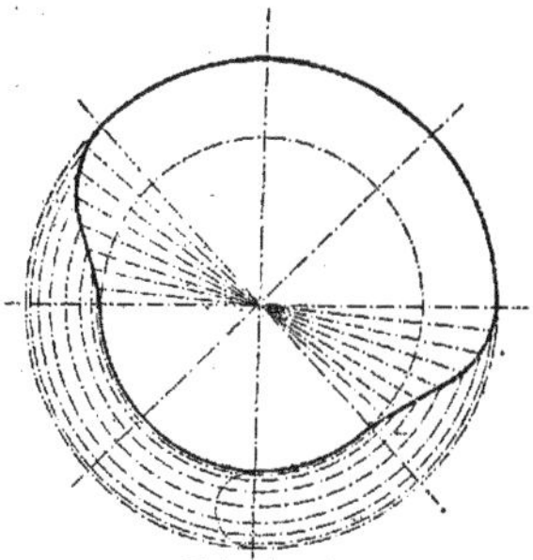

FIG. 39.

Les excentriques étant répartis régulièrement autour de l'arbre, les temps d'arrêt se croiseront de 1/8 ; en effet, on a 4 parties de 3/8 sur la même circonférence, soit 12/8 ou 4/8 de plus que la circonférence entière, si on les plaçait l'une à la suite de l'autre ; chacune d'elles sera donc reculée de 1/8 ; il est nécessaire d'ailleurs qu'il en soit ainsi, puisque deux lames sont en fond simultanément pour le passage d'une duite, et que ce passage correspond à 1/8 de tour.

La disposition des marches est à peu près la même que pour l'uni ; mais les lames sont reliées d'une façon différente : la 1re l'est avec la 3e, la 2e avec la 4e, les fils étant rentrés d'après le remettage suivi. L'examen de l'armure montre en effet que quand la première lame est levée, la troisième est baissée, et réciproquement ; de même quand la deuxième est levée, la quatrième est baissée. Aussi est-il nécessaire que la tige de suspension de chaque paire de lames soit indépendante de l'autre ; on a donc deux balanciers D (fig. 40) sur lesquels sont montés les petits galets auxquels sont fixés les cuirs d'attache des lames. La position des excentriques ne permettant pas que les quatre lames puissent être de niveau, quand le métier est au repos, les balanciers sont maintenus relevés pendant le travail soit par un excentrique, soit par un petit arbre coudé E ; les lames sont ainsi tendues et les excentriques en contact

avec les galets des marches. Quand, pour rentrer un fil de chaîne cassé, on veut mettre les lames de niveau, on abaisse les balanciers

Mouvement de croisé 4 marches

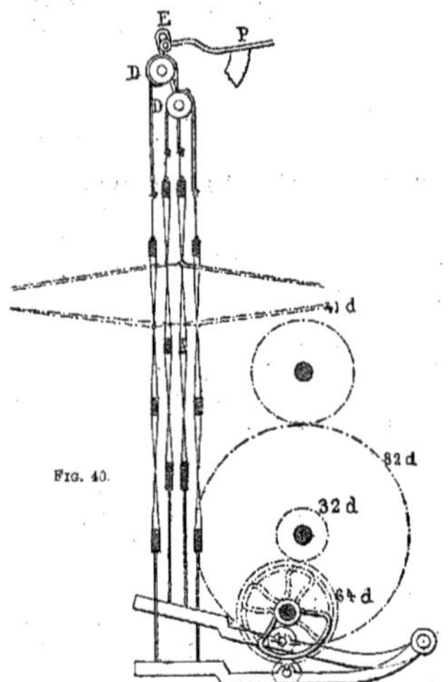

Fig. 40.

au moyen d'une poignée P qui rabat le vilebrequin ou fait tourner l'excentrique ; les lames se trouvent ainsi dégagées.

Dans un grand nombre de métiers on trouve un autre mouvement de croisé, qui diffère surtout du précédent en ce que les excentriques sont disposés en dehors du bâti, ce qui en rend le démontage et le remplacement plus facile quand on veut changer

l'armure produite ; chaque marche est reliée par une tringle à un levier monté sur un petit arbre mobile dans un support fixé sur le cintre du métier. Chaque levier est terminé par un secteur auquel est fixé le cuir d'attache de lames. Les excentriques sont les mêmes que dans la disposition précédente ; il y a évidemment autant de petits arbres munis de leviers que de lames ou d'excentriques. Comme l'action des excentriques se fait sentir sur les lames par le haut, à l'inverse de la disposition précédente, celles-ci sont reliées par le bas, la 1re avec la 3e, et la 2e avec la 4e ; elles sont libérées par une pédale pour leur mise de niveau.

Mouvement pour sergé de 3 par la trame. — L'armure de ce sergé (fig. 9) montre que chaque lame doit rester levée pendant un passage de navette, et en fond pendant deux passages.

L'arbre à excentriques devra faire un tour pour trois de l'arbre à vilebrequin, soit 1/3 de tour par tour de l'arbre à vilebrequin.

D'après ce qui précède :

La lame doit être levée pendant 1/2 de tour de l'arbre à vilebrequin, soit 1/6 de tour de l'excentrique.

Mouvement pour sergé de 3 par la trame

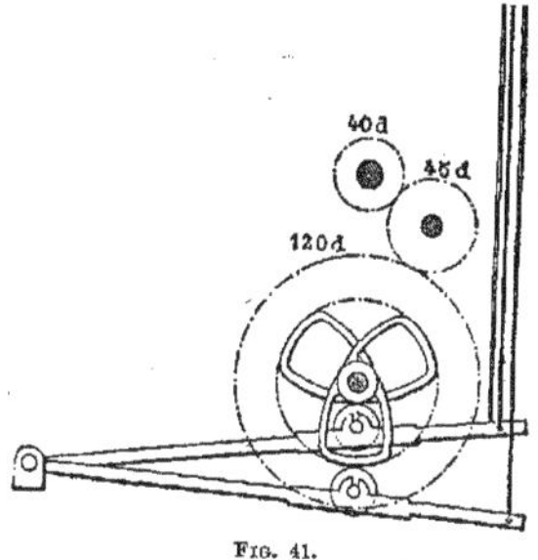

Fig. 41.

La lame doit être en fond pendant 1/2 de tour de l'arbre à vilebrequin, soit 3/6 de tour de l'excentrique; il reste donc un 1/6 pour la descente et 1/6 pour la montée.

Ce mouvement est monté de la même manière que celui de quatre marches ; seulement le pignon de commande de l'arbre à excentrique est différent, puisque celui-ci doit faire 3 tours au lieu de 4 ; en outre le mode de sus-

pension des lames n'est plus le même, puisque les lames sont indépendantes l'une de l'autre et doivent agir chacune isolément. On fixe à chaque lame un ressort à boudins (appelé tire-lames) ou en caoutchouc, attaché d'une part, soit à une traverse en bois, soit au plancher, et qui ramène la lame à sa position après que l'excentrique a agi (fig. 41).

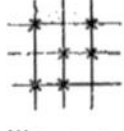

Figure 42

Mouvement pour sergé de 3 par la chaîne. — L'armure de ce sergé (fig. 42) diffère de la précédente en ce que chaque lame doit rester levée pendant deux passages de navette, et en fond pendant un passage. Le rapport des vitesses de l'arbre à vilebrequin sera de 1 à 3, comme pour le mouvement précédent; les divisions de l'excentrique seront aussi de 6, dont 3/6 pour le temps d'arrêt (grand rayon de l'excentrique, lame levée), 1/6 pour la descente de la lame, 1/6 pour le temps d'arrêt (petit rayon de l'excentrique, lame en fond) et 1/6 pour la montée de lame (fig. 43).

Mouvement pour sergé de 3 par la chaîne

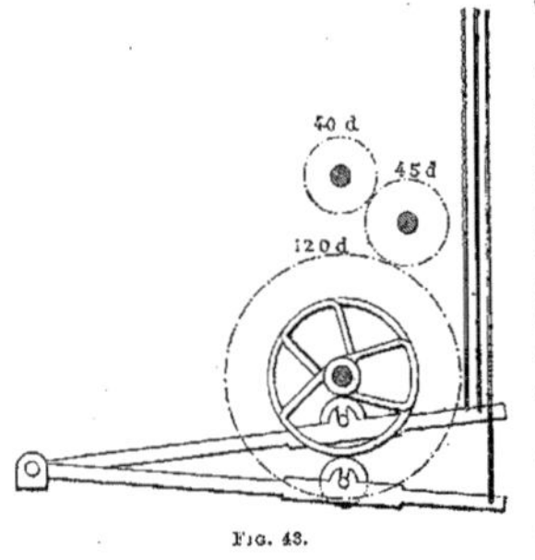

Fig. 43.

Cette armure peut aussi être comparée à celle du croisé, en observant que le rapport des duites n'est que de 3 au lieu de 4; on arrive au même résultat que ci-dessus.

Comme deux lames sont levées simultanément pour le passage d'une duite, les temps d'arrêt se croisent de 1/6.

Mouvement pour sergé de 5. — L'armure de ce sergé indique (fig. 8) que chaque lame doit rester en fond pendant 4 passages de navette, et levée pendant un passage. Le rapport en trame étant

de 5 duites, l'arbre à excentrique fera 1 tour pour 5 de l'arbre à vilebrequin, ou 1/5 pour 1.

Mouvement pour sergé de 5

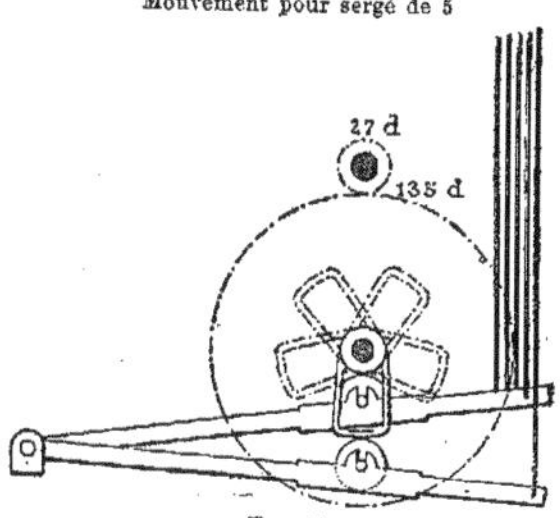

Fig. 44.

Comme précédemment, le temps, pendant lequel une lame doit rester levée, est égal à 1/2 tour de vilebrequin, ou 1/10 de tour d'excentrique ; le temps, pendant lequel elle devra rester en fond, c'est-à-dire pendant quatre passages de navette, sera 3 1/2 tours de vilebrequin, soit 7/10 de tour de l'arbre à excentrique (quatre mouvements de fouets et trois mouvements de lames) ; il reste alors 1/10 pour la montée et 1/10 pour la descente (fig. 44).

La construction de cet excentrique ne diffère pas de celle des autres, seulement pour le mouvement des lames, on relie généralement les deux points extrêmes des temps d'arrêt par une ligne droite en arrondissant les angles. Chaque lame est attachée séparément comme pour le mouvement précédent et rappelée par un ressort fixé au plancher.

Mouvement d'uni sur arbre du mouvement de croisé. — D'après ce que nous venons d'exposer, les différents mouvements pour armures autres que celle de l'uni, ne peuvent pas être montés sur le même arbre que les excentriques de fouet, ce qui nécessite toujours un temps assez long pour le montage de l'un ou de l'autre mouvement.

Pour éviter cette perte de temps, on monte généralement sur l'arbre du mouvement de croisé un second système d'excentriques dont on se sert à volonté, et qui permet de tisser l'armure unie. Quand on veut employer l'un ou l'autre système d'excentriques, on

n'a qu'à faire glisser sur l'arbre de manière à le mettre en contact avec les galets des marches, le système dont on a besoin.

Mouvement d'uni sur l'arbre du mouvement de croisé

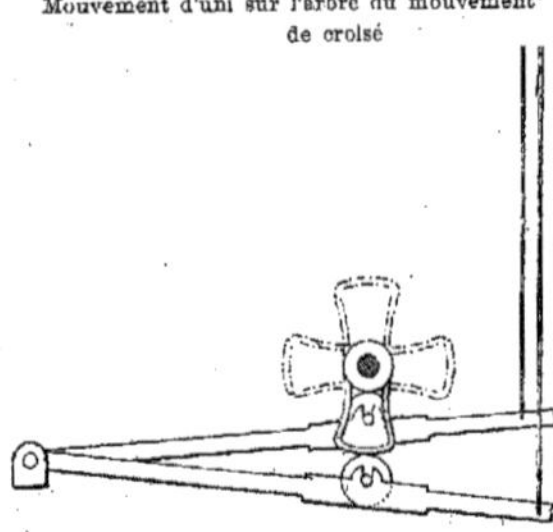

Figure 45.

L'arbre des excentriques ordinaires d'uni fait 1/2 tour pour 1 de l'arbre à vilebrequin, tandis que celui du croisé ne fait que 1/4 de tour ; le temps d'arrêt d'un excentrique d'uni étant de 1/4 tour, comme nous l'avons vu, si on veut le monter sur l'arbre du mouvement du croisé, il devra être deux fois moindre, c'est-à-dire 1/8, pour correspondre encore à 1/2 tour de vilebrequin ; les mouvements de montée et de descente seront aussi respectivement de 1/8 : soit ensemble 4/8, de sorte qu'il faudra deux excentriques sur une même circonférence; on aura donc un système composé de deux excentriques doubles pour quatre tours du vilebrequin ou pour 4 duites. La construction est du reste semblable à celle de l'excentrique que nous avons déjà étudiée, et la suspension des lames est la même que pour le métier d'uni (fig. 45).

Arrêt. — C'est sur l'extrémité de la languette qu'appuie le levier fixé à la tringle d'arrêt ; cette languette étant repoussée par la navette, relève la patte de la tringle d'arrêt qui peut alors passer librement au-dessous de l'encoche du support d'arrêt appelé aussi *boîte à caoutchouc*.

Dès que la navette cesse d'agir sur la languette, la tringle est sollicitée vers le bas par un ressort à boudin fixé aux épées.

Lorsque la navette n'arrive pas dans une des boîtes ou qu'elle reste prise dans la foule, les leviers n'étant plus repoussés par

la pression de la navette, ne relèvent pas les pattes qui viennent s'encocher dans les supports d'arrêts et empêchent ainsi le battant d'avancer. Il faut que l'encochement se fasse bien, sans quoi il arriverait souvent que, lors d'une *enfermure* par la grande tension des fils en cet endroit, il y eût rupture d'une partie de la chaîne, chose difficile et très longue à réparer. En même temps que l'encochement se fait, le débrayage a lieu et cela de la manière suivante : Les supports d'arrêt sont fixés à coulisse au bâti ; l'un d'eux, celui du côté des poulies, porte un nez qui appuie contre le ressort de détente. Au moment de l'encochement, le support d'arrêt reçoit un choc et est ramené un peu en arrière, et par ce recul dégage le ressort de détente de son encoche ; le ressort agit alors et la courroie passe avec la fourche de débrayage, de la poulie fixe sur la poulie folle.

Casse-Trame. — Cet organe, le plus délicat du métier à tisser, est difficile à bien régler ; il doit fonctionner non seulement quand la trame est cassée ou que la navette est vide, mais il ne doit pas agir dans d'autres moments, pour éviter des arrêts fréquents et inutiles du métier. Ce défaut se rencontre assez fréquemment, surtout quand le jeu de la fourchette n'est pas tout à fait libre et qu'elle rencontre autre chose que la trame, soit les barreaux de la grille, soit le fond de la rainure qui doit lui livrer passage.

Pour que la trame agisse sur la fourchette, il faut qu'elle soit prise entre les barreaux de la grille et les dents de la fourchette qui doivent dépasser la grille d'environ $0^{mm},06$; si elles pénétraient trop, on courrait risque de couper la trame. La queue de la fourchette doit tomber le plus près possible de son encoche, afin qu'elle n'ait pas le temps de sauter par dessus. Trop près ne vaut rien non plus, car elle pourrait alors s'encocher trop facilement ; $0^{mm},02$ à $0^{mm},03$ sont suffisants.

Le rappel de la fourchette doit être fait quand le vilebrequin arrive au 1/4 de sa course en avant, c'est-à-dire quand le peigne vient frapper la duite. Malgré ce réglage il peut cependant arriver qu'il ne fonctionne pas ; dans ce cas, le défaut se trouve ailleurs ; les principales causes qui peuvent contrarier le bon fonctionnement de cet organe sont :

Quand la navette est trop en retard ou mollement lancée, la trame n'agit pas alors sur la fourchette et le débrayage a lieu. Il a aussi lieu quand le ressort de la boîte à navette est trop faible et laisse du jeu à la languette ou lui permet de ne pas fonctionner. Il s'opère encore quand la trame ondule et qu'elle n'est pas tendue. Enfin, quand la lanière du taquet vient toucher le casse-trame ou que la chasse a du jeu latéralement dans ses supports.

Le défaut contraire a lieu, c'est-à-dire que le casse-trame ne débraye pas, quand le ressort de détente est trop faible, qu'il n'a pas assez de flexion ou qu'il ne repose pas franchement contre le levier.

Frein. — Le frein d'arrêt aux métiers de construction récente agit sur le volant du vilebrequin, chaque fois que le casse-trame ou la languette de la boîte à navettes produisent l'arrêt du métier. Cet arrêt à lieu alors d'une manière instantanée, le frein, par la pression qu'il opère sur le volant arrêtant net le vilebrequin, permet d'éviter les feintes ou clairs qui se produisent presque toujours quand la trame casse et que le volant, avant de s'arrêter, fait encore deux ou trois tours.

Mise en train du métier

La mise en train d'un métier à tisser est la même pour tous les comptes en chaîne ou en trame, c'est-à-dire que le monteur des chaînes commence par produire la première foule et y fait passer la navette à plusieurs reprises. Il fait ensuite lever la deuxième foule, y fait également passer à plusieurs reprises la navette et cette opération, répétée plusieurs fois, forme une sorte de canevas qui permet de voir approximativement si les foules sont bien formées et si les organes du métier fonctionnent bien. On néglige de rentrer les fils cassés pendant cette opération préliminaire qui n'a absolument pour but que de former un fond de tissu. On avance un peu la chaîne en agissant sur le rouleau régulateur et on tisse quelques duites à la main, puis on s'assure de nouveau que les lames lèvent à la hauteur voulue, que la navette est bien réglée, après quoi on tisse mécaniquement quelques centimètres de tissu.

On procède alors au rentrage de tous les fils cassés ou sortis des lames pendant le montage; on vérifie de nouveau les diverses parties du métier; on fixe et règle les templets et l'on met définitivement en train.

Le commencement de la pièce se marque, comme nous l'avons dit, par plusieurs fils de couleur disposés de façon convenue et appelés *chefs*. Quand l'ouvrier a tissé quelques mètres de tissu, on fixe la toile sur le rouleau enrouleur; on vérifie à nouveau le duitage et, quand on s'est assuré que tout est bien en ordre, on abandonne le métier aux soins de l'ouvrier qui, à partir de ce moment, est responsable des défauts qui pourraient se produire dans le tissu.

Des défauts. — Ce n'est que par la bonne qualité de ses produits que le fabricant arrive à se faire connaître avantageusement, à accroître ainsi sa clientèle et, par suite, à faciliter l'écoulement de sa marchandise. — Il faut donc que, dans un tissage, tout concoure à améliorer autant que possible la qualité du tissu, et il est naturel que, dans ce but, le fabricant établisse un contrôle sévère sur toutes les opérations que nous venons de passer en revue et principalement sur la fabrication de la pièce en elle-même. Le métier monté et réglé, la qualité de la pièce ne dépend plus guère que de l'ouvrier tisseur et ce n'est que dans des cas exceptionnels, tels que : la rupture d'une lame, casse d'une pièce quelconque du métier pendant la marche, ou encore par une mauvaise chaîne, laineuse, c'est-à-dire mal parée ou encollée, que sa responsabilité peut être dégagée.

Sauf ces cas, c'est lui que l'on rend responsable des défauts qui se produisent dans le tissu et qui tous peuvent s'éviter par une attention et des soins soutenus. Tels sont les :

Fils courus : Fils cassés soit derrière le harnais, soit entre le harnais et le peigne et que l'ouvrier, par négligence, ne rattache pas de suite. Il se produit alors dans le tissu une solution de continuité ou sillon dans le sens de la chaîne et de longueur variable, suivant que l'ouvrier y remédie plus ou moins vite. Ces sillons produisent un très vilain effet et s'aperçoivent même après la teinture ou le blanchiment.

Nids ou pas de chats : Faisant l'effet de plusieurs fils courus l'un à côté de l'autre. Ce défaut a pour cause la rupture de plusieurs fils de chaîne derrière les harnais ou entre le harnais et le peigne. En s'accrochant et s'emmêlant les uns aux autres, ces fils forment dans le tissu une place vide souvent assez large, offrant l'aspect d'une solution de continuité dans le sens de la chaîne. Il n'y a que la trame d'apparente et la chaîne, à l'endroit du nid, manque complètement par suite de la rupture de ces fils. Dès que l'ouvrier s'aperçoit du défaut, il doit détisser la pièce jusqu'à ce que le nid ait disparu, c'est-à-dire enlever la trame duite à duite et à la main jusqu'à ce qu'il arrive à l'endroit où le défaut a commencé; il réglera alors son peigne de manière à ce qu'il touche exactement le tissu et recommencera à tisser.

Feintes ou clairs : Chaque fil de trame, ou duite, qui ne se maintient pas à la place qui lui est assignée dans le tissu par le pignon régulateur, produit une feinte ou vide dans le sens de la trame. Ce défaut a lieu quand le régulateur ne fonctionne pas bien ou que l'ouvrier, dans le but d'augmenter sa production, avance à la main le rochet du régulateur; la trame ne conserve alors pas la place qu'elle doit occuper et il se trouve un trop grand espace vide entre deux duites. Quand une canette est achevée et que l'ouvrier la remplace par une fraîche, il devra avoir soin, surtout dans les tissus fins, de bien régler le peigne contre le tissu avant de mettre en train, car, sans cela, il peut aussi se produire des feintes.

L'ouvrier doit détisser quand il s'aperçoit de ce défaut et avertir le contremaître quand c'est par suite du mauvais fonctionnement du rochet du régulateur qu'il se produit.

Trames éboulées : Ce défaut est l'inverse des feintes; c'est-à-dire qu'au lieu d'un vide en trame, l'ouvrier se trouve en présence soit de grosseurs provenant d'un défaut de filature, soit de plusieurs couches de fils qui se déroulent à la fois de la canette. Il doit, dans les deux cas, détisser pour faire disparaître ce défaut et régler à nouveau le peigne contre le tissu.

Places légères : N'ayant pas le duitage voulu, sans que pour cela il y ait feintes; provenant soit d'un faux pignon au régulateur,

soit de l'ouvrier, qui a fait avancer à la main le rochet, pour produire davantage.

Ce défaut est très grave et on ne saurait être assez sévère à ce sujet, car un faux duitage déprécie complètement la marchandise et occasionne le plus souvent un refus de la part de l'acheteur.

Bande en trame : Effet opposé du précédent, réunion de plusieurs duites serrées l'une contre l'autre.

Ce défaut provient d'un rouleau enrouleur qui ne fonctionne pas, d'une ensouple dont le frein est lâche ou d'un faux pignon, et qui ne fait pas suffisamment avancer la toile.

Lisières frangées ou bouclées : Proviennent du mauvais réglage des lames de lisières, d'un templet mal réglé ou d'une chaîne laineuse.

Pour y remédier il faut, avant toute chose, relever autant que possible les lames de lisières, en les réglant de manière à ce que, la foule étant ouverte, les fils de lisières dépassent un peu la partie supérieure de la foule. On a soin de régler à la même hauteur les deux côtés de ces lames.

Si la foule est bien réglée, il faut voir si le défaut ne provient pas d'une ensouple mal ronde, qui motiverait les lisières défectueuses par suite de l'inégalité de tension résultant de diamètres différents.

Un templet mal réglé est aussi souvent cause de la mauvaise marche des lisières, soit que les dents du templet les tiennent trop lâches ou trop tendues, soit que les fils soient accrochés par des dents recourbées ou détériorées; un bon réglage du templet est nécessaire pour avoir des lisières nettes et irréprochables.

La trame, trop peu tendue à son passage dans la foule, produit souvent des boucles aux lisières; on y remédie en clouant du feutre ou même un petit morceau de bois devant le trou de sortie du fil, dans l'intérieur de la navette; le fil de trame se déroule alors moins facilement et reste toujours tendu.

Les passages pairés en trame proviennent soit d'un mauvais réglage du régulateur, soit d'un coussinet usé à la bielle du vilebrequin; d'un métier mal nivelé ou encore d'une tension inégale de la chaîne. Ce défaut produit l'effet de deux ou trois duites

rapprochées les unes des autres et suivies d'une feinte et se continuant ainsi dans tout ou partie de la pièce. On y remédie en vérifiant le frein de l'ensouple, les bielles, l'enroulage et, le plus souvent, en remettant le métier d'aplomb.

Frein pour ensouple : On évite beaucoup ces défauts d'enroulage, feintes, plis légers, places pairées en trame, etc., par l'adoption de freins au lieu de cordes ou de chaînes pour ensouple. Ces freins se composent d'un levier fixé au bâti du métier et terminé par une mâchoire s'emboîtant sur le disque de l'ensouple, disque qui d'habitude reçoit la corde à poids presseurs ou la chaîne à poids. Cette mâchoire, grâce à un système de ressorts à boudins attachés au bâti du métier, ne serre pas suffisamment l'ensouple pour l'empêcher de suivre le mouvement de déroulage qui lui est imprimé par le peigne frappant le tissu, mais la tient assez fixe pour que la régularité du déroulage soit des plus exactes.

Tissus pairés en chaîne : Même effet que précédemment, mais se produisant dans le sens de la chaîne. On y remédie en remontant le porte-fil derrière le métier, et cela jusqu'à ce que l'effet pairé ait disparu. Il y a des tissus spéciaux que l'on tisse à dessein pairés en chaîne.

Petites feintes aux lisières produites soit par le templet, soit par une attache défectueuse des lames de lisières. Ce défaut ne se remarque bien souvent que quand la pièce est enlevée du métier et que l'on examine le tissu au jour.

Ces petites feintes, qui se produisent à intervalles égaux, sont faciles à éviter, et, quand elles proviennent du templet, il ne faut pas hésiter à adopter un meilleur système que celui employé. Ce défaut est également produit par une mauvaise tension des cordes. qui glissent inégalement sur l'ensouple.

Il existe encore quelques défauts qui, tous, proviennent de l'inattention de l'ouvrier et que nous ne signalerons qu'en passant, ce sont :

Les taches d'huile, de graisse ou de savon.

Les bouts de tubes ou autres corps étrangers tissés dans la pièce.

Des déchirures provenant d'accrocs ou de coupures faites par les ciseaux, par la pince à éplucher ou par toute autre cause quelconque.

Les éraillures, dans les articles fins, provenant du rouleau sablé, défaut qui ne se produit que quand l'ouvrier, ayant fini sa pièce, la déroule trop vite et sans soins.

Les grosseurs, boutons, inégalités de toute sorte que l'ouvrier doit enlever, soit avec sa pince à éplucher, soit en détissant.

Fils pendants que l'on doit couper aux ciseaux.

Enfin, les places défectueuses sur toute la largeur de la pièce et provenant de nombreux fils cassés par suite du saut de la navette.

Il arrive aussi que, dans les tissus façonnés, un crochet de ratière casse ou que, par suite de la rupture ou du manque d'une cheville aux cartons, un crochet ne travaille pas à son tour. Il se produit alors des défauts en chaîne ou en trame qui obligeront l'ouvrier à détisser; il préviendra aussi le contremaître, qui remettra la ratière en bon état de fonctionnement. Les fils accrochés derrière les baguettes produisent des faux-nids ou fils de chaînes bouclés ou tirés.

Un peigne défectueux, auquel il manque une dent ou dont les dents n'ont pas toutes le même écartement, doit être de suite réparé, une dent plus écartée que les autres produisant dans le tissu une solution dans le sens de la chaîne que l'on peut comparer à un fil couru.

Lisières. — Il faut savoir combiner les lisières suivant la composition du tissu, c'est-à-dire que pour un tissu fait en chaîne numéro A, il faudra faire des lisières en chaîne numéro A double ou à trois brins. Il n'y a aucune règle fixe à cet égard, ce n'est que par une longue pratique qu'on arrive à établir exactement les combinaisons voulues. La règle théorique est que tout tissu doit avoir ses lisières faites en même numéro que le fond, mais par deux fils tordus ensemble et passés dans la même maille et dans la même dent du peigne. Sauf pour des comptes légers et filés fins, pour lesquels on met trois fils doubles en dent pour la lisière.

Exemple : Pour un tissu en chaîne 28, il faudrait des lisières faites en fils de chaîne 28 double, tordus ensemble et passés ensemble.

Cette règle n'est pas suivie exactement en pratique, si ce n'est pour quelques sortes courantes; pour les autres sortes, on combine les lisières de la façon reconnue la meilleure. Dans les tissus fins,

chaîne numéro 80, les lisières peuvent se faire en chaîne numéro 100, triple.

Dans ceux en chaîne 100 les lisières en numéros 120 triple.

» 120 » 120 double,

et ainsi de suite.

Dans les sortes de chaînes 40, 50, 60, on emploie souvent des lisières de numéros 70 à 100 doubles et même triples.

Rentrage des lisières. — Le rentrage des lisières diffère aussi suivant les tissus fabriqués. Nous avons déjà vu, en parlant des tissus à côtes, que les lisières nécessitaient, pour être tissées, un corps différent de celui du fond. Dans les unis, la lisière se tisse en uni ordinaire, suivant l'armure ci-dessous (fig. 46), avec la seule différence que les fils de lisières sont doubles dans la même maille et que chaque dent du peigne en renferme quatre ou même souvent plus, au lieu de deux pour le fond.

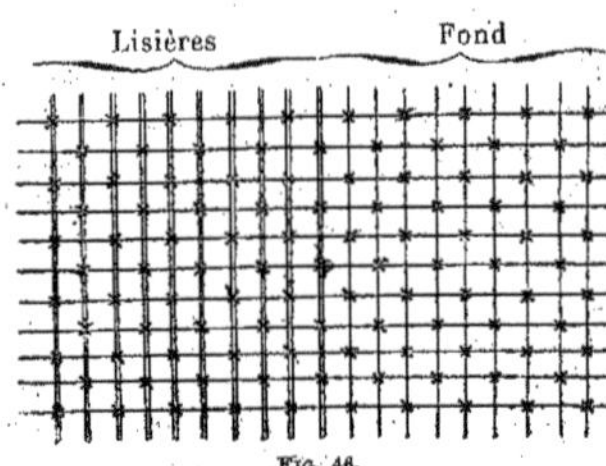

Fig. 46.

Dans les tissus façonnés ordinaires, la lisière se tisse dans l'armure du fond; tels sont les croisés, sergés, bazins, moleskines, etc. : elle est alors rentrée dans les dernières mailles des lames du fond, mais toujours faite en fils doubles ou triples, suivant les cas.

Pour les tissus façonnés, soignés et destinés à l'impression ou à la teinture, il faut des lisières en uni. On les fait soit dans l'armure unie ordinaire (fig. 46), soit en l'armure dite *gros de Tours*, indiquée (fig. 47) et tissant par deux fils de lisières doubles ou triples dans le même pas.

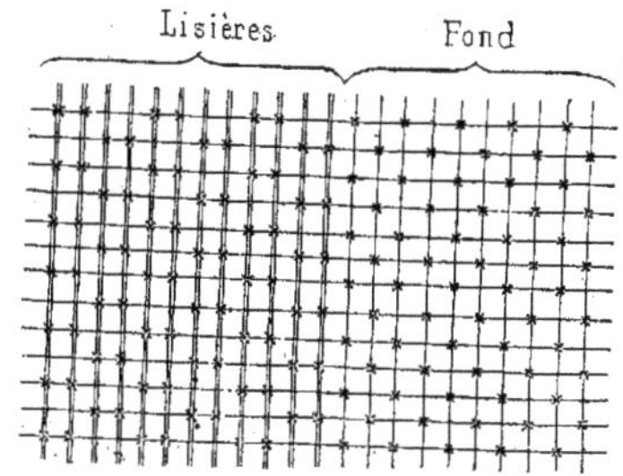

Fig. 47.

Cette armure fait bien ressortir les lisières, qui forment légèrement saillie sur le restant du tissu et tranchent d'une manière prononcée sur le fond. En satin ou sergé, les lisières faites comme le fond se roulent et forment des défauts en impression ou teinture. Il faut naturellement deux petites lames spéciales pour les lisières ainsi tissées, lames qui n'auront que le nombre de mailles correspondant au total des fils de lisières et qui travailleront à part et indépendamment du reste du tissu.

Quand l'armure du tissu ne permet pas de rentrer les fils des lisières dans les lames du fond, on emploie avec avantage, pour donner le mouvement aux mailles dans lesquelles ils sont rentrés, la disposition suivante, représentée (fig. 48).

Un petit support spécial A, placé de chaque côté du métier, reçoit dans le bas une tringle en fer *a* qui traverse le métier, et dans le haut la tige *b*, sur laquelle sont montés les galets des cuirs d'attache des mailles. Une seule marche C, actionnée par l'excentrique B, communique à la tringle *a* un mouvement alternatif de rotation par l'intermédiaire d'une petite roue dentée et d'une chaîne galle *b*; un ressort à boudins *d* maintient la marche C contre l'excentrique. Le mouvement de la tringle est à son tour transmis aux mailles des lisières au moyen de deux galets et de deux

chaînettes semblables placées à chacune de ses extrémités. La rotation alternative de la tringle *a* produit ainsi la montée et la descente régulière des petites lames f, g; les lisières tissent ainsi en uni :

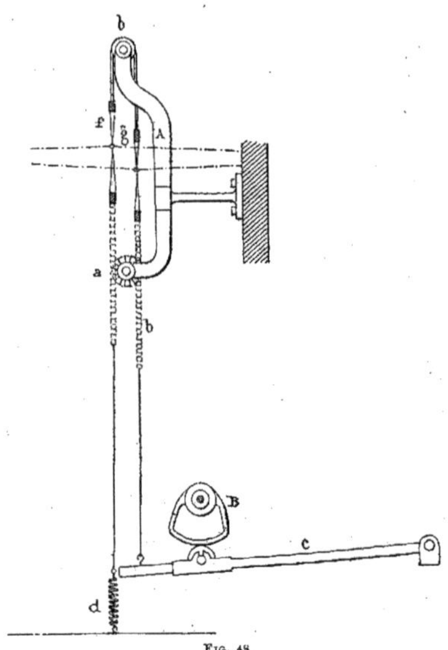

Fig. 48.

Dans les satinettes, croisés, sergés, tissus dits *crêpes* ou ceux dits *grains de poudre*, il sera bon de rentrer les lisières, comme l'indique la figure 49.

Les premier et deuxième fils, travaillant ensemble, rentrés dans les mailles de lisières 1 et 2 et dans la première dent du peigne.

Le troisième fil, travaillant seul, rentré dans la troisième maille et *seul* dans la deuxième dent du peigne.

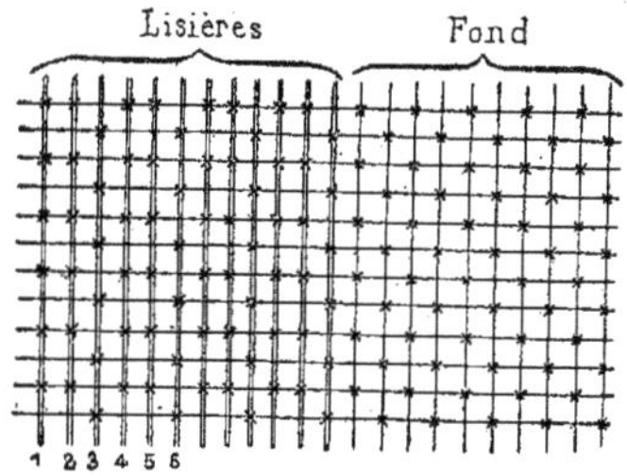

FIG. 49.

Les quatrième et cinquième fils, travaillant ensemble, rentrés dans les mailles de lisières 4 et 5 et dans la troisième dent du peigne.

Le sixième fil, travaillant *seul*, rentré dans la sixième maille et *seul* dans la quatrième dent du peigne.

Et ainsi de suite.

Cette question des lisières est très importante, car un tissu pourvu de belles lisières, bien nettes, aura plus de valeur aux yeux de l'acheteur, qu'un tissu de même nature, peut-être mieux tissé dans le corps de la pièce, mais avec lisières frangées ou plus ou moins défectueuses sous un autre rapport.

Du Templet. — Le choix du templet n'est pas à dédaigner et il faut savoir varier le système suivant l'article travaillé.

Les templets à trois cylindres de cuivre, avec denture fixe, sont bons pour sortes soignées, madapolams, articles façonnés, etc.

Les templets à un rouleau, garni de petites roulettes dentées à

inclinaison variable, sont bons pour sortes courantes, fortes ou soignées, mais il existe des tissus dans lesquels il ne doit pas subsister de trous; ils ont aussi l'inconvénient d'être difficiles à régler et de déchirer ou abîmer le tissu quand leur réglage n'est pas correct.

Ces trous, provenant de la denture des roulettes ou des cylindres, ne peuvent être évités complètement. Un des meilleurs systèmes à employer, dans ce cas, est la roulette horizontale dentée, ne faisant qu'un seul trou dans la lisière, trace qui ne se voit plus après le tissage, ou le système de templets à pinces, qui ne fait pas de trous du tout.

Les templets composés d'un cylindre de fonte ou de fer, à cannelures, et qui est de la laize de la toile, ne laissent non plus de traces, mais ces cylindres reviennent fort cher et ne sont pratiques que pour sortes mi-fortes et tissées à trame sèche.

Pour des tissus à lisières spéciales, on emploie avec succès le templet à un cylindre muni d'une seule roulette mobile dentée et placée horizontalement sous la pièce, de chaque côté; les traces du templet sont alors à peu près nulles. On n'emploie pas de templets pour les articles fins et surfins, laizes 3/4, et peu duitées; en général, jamais pour organdis ou articles qui se rétrécissent peu.

Fuseaux pour navettes

Les fuseaux qu'on emploie pour fixer les canettes de trame dans les navettes, diffèrent suivant les sortes de trames travaillées et selon qu'on les tisse *à sec* ou mouillées.

Quand on tisse à trame mouillée, on se sert plus spécialement de fuseaux en laiton ou en métal recouvert d'une mince couche de laiton ou d'un enduit inoxydable.

Ces fuseaux, surtout ceux qui sont en laiton, se détériorent assez vite et se cassent facilement, occasionnant ainsi une forte dépense annuelle et souvent des accidents de fils cassés tout le long de la chaîne.

De nombreux essais ont été faits pour remédier à ces inconvénients; un des genres de fuseaux qui semble avoir le mieux réussi

et pouvoir être substitué avec avantage aux fuseaux en laiton ou en métal doublé, c'est celui en aluminium.

La broche tout entière, ainsi que son pivot, sont en aluminium; le ressort qui maintient la canette est seul en cuivre. Ces fuseaux, par leur longue durée, procurent en résumé une économie sur les autres, bien que le prix d'achat en soit un peu plus élevé.

Pour la laine, la soie et le lin, on se sert souvent de fuseaux en bois ou en fer. Pour les canettes produites sur les métiers continus, à tubes traversants (ring-throstles), on garnit le fuseau en métal d'une petite forme en bois de la dimension du tube de la canette; cette disposition est très pratique.

Garde-navettes

Les garde-navettes sont prescrits par la loi dans plusieurs pays; dans les tissages où les métiers sont très larges ou marchent à plus de 200 coups de battant à la minute, le garde-navette s'impose, lors même que la loi n'en ferait pas une obligation. Les garde-navettes les plus connus se composent de tringles fixées aux battants de diverses manières et qui peuvent se déplacer facilement à la main quand l'ouvrier a besoin de rattacher un fil.

A la remise en marche du métier, ces tringles reprennent leur position primitive par l'effet de leur propre poids et protègent le parcours de la navette.

On a adopté récemment, dans plusieurs tissages d'Italie et d'Alsace, un garde-navette assez pratique; il est constitué par des anneaux excentrés qui se fixent sur le battant, à 20 centimètres l'un de l'autre. Ces anneaux affectent à peu près la forme allongée d'une poire; pendant la marche, le petit bout est abaissé vers le passage de la navette, le gros bout touche au battant.

Quand l'ouvrier veut rattacher un fil, il relève le petit bout verticalement; le gros bout, plus lourd, maintient alors l'anneau vertical jusqu'à la remise en marche.

La navette ayant 30 centimètres environ de longueur et les anneaux étant distants de 20 centimètres, le saut de la navette est rendu presque impossible; jusqu'à présent, cette disposition ingé-

nieuse semble être une des plus pratiques et des plus efficaces de toutes celles imaginées.

Machine à imbiber d'huile les taquets

Il est reconnu qu'un taquet bien imbibé d'huile a une durée de travail beaucoup plus longue qu'un taquet sec ou insuffisamment gras.

Il existe des appareils spéciaux pour imbiber les taquets; le plus pratique de tous consiste en un récipient cylindrique d'environ 2 mètres de hauteur sur un mètre de diamètre, placé verticalement sur le sol. Il est en communication par le bas, au moyen d'un tuyau muni d'une soupape de retenue, avec une pompe pneumatique d'assez faible calibre.

Après l'avoir rempli de déchets ou résidus d'huile, on y suspend, accrochés à des tringles en fer, des chapelets composés de 500 à 1000 taquets, de manière que ces taquets plongent complètement dans l'huile et en sont bien recouverts.

Le couvercle étant alors bien boulonné et le récipient hermétiquement fermé, on donne quelques coups de la pompe pneumatique et la pression communiquée à l'huile la fait pénétrer dans les taquets. Chaque jour, on donne ainsi quelques coups de pompe; on remplace, lorsqu'il est nécessaire, l'huile, dont le niveau baisse assez rapidement à mesure que les taquets s'en imbibent.

On obtient alors, au bout de trois semaines environ, des taquets pénétrés d'huile jusqu'au cœur, ce qui leur assurera une durée extrêmement longue au tissage, même dans le cas d'une vitesse de marche du métier portée au maximum.

Amendes

Dans les maisons désireuses d'établir leur réputation de bonne fabrication, on tient à ce que les pièces livrées par le tisseur soient autant que possible irréprochables sous tous les rapports. Un des moyens les plus efficacement employés pour atteindre ce but est l'adoption d'un tarif d'amendes ou de rabais applicables à chacun

des différents défauts qu'on remarque dans la pièce. On donne, par contre, des primes aux ouvriers ayant livré des produits sans défauts et l'on arrive ainsi à les stimuler et à perfectionner leur production.

Ces tarifs varient suivant les maisons; nous ne pouvons donc que donner un aperçu de l'échelle qu'on pourrait au besoin adopter pour l'application des amendes et des primes.

Pour un nid, déchirure ou une grande feinte dépréciant complètement la pièce, on ferait un rabais, à l'ouvrier, de 3 à 4 francs par pièce de 85 mètres pour articles soignés.

Pour une ou plusieurs grandes feintes, fils courus, trames éboulées, etc., de 2 à 3 francs.

Pour de mauvaises lisières, trous du templet, tissu pairé et tous les autres défauts que l'ouvrier doit signaler au contremaître et faire modifier, de 1 à 2 francs, suivant les cas.

Le contremaître supporte également une réduction de salaire, proportionnée au total des amendes infligées aux ouvriers de sa salle, soit de 0,40 centimes à 1 franc, suivant les cas, par pièce punie.

Le monteur de chaîne supporte de 0,20 centimes à 0,50 centimes d'amende par pièce punie.

De cette manière, contremaître et monteurs de chaînes sont intéressés à la paye des ouvriers et tiennent à ce que les pièces produites dans leurs salles soient en belle et bonne qualité.

En compensation de ce tarif d'amendes, il est bon d'établir un tarif de primes et de hautes primes fixées de manière à augmenter la paye de l'ouvrier, et auxquelles participent également le contremaître et les monteurs de chaînes.

Tout le personnel a donc intérêt à une production à la fois élevée et irréprochable.

Quoique une amende infligée à un ouvrier pour une pièce manquée ne représente pour le fabricant qu'un bien faible dédommagement du préjudice que cette pièce lui cause, il en est qui préfèrent ne pas s'appliquer à eux-mêmes le produit de ces amendes et les versent, après chaque paye, à la caisse des malades ou caisse de secours qui existe dans l'établissement.

Le chef d'établissement évite ainsi toute mauvaise interprétation

de la part de l'ouvrier; l'effet produit est d'autant meilleur qu'il est plus clairement prouvé à l'ouvrier qu'on ne cherche pas à diminuer sa paye dans un but d'exploitation, mais qu'on n'a en vue que l'intérêt et la réputation de la maison en exigeant des pièces exemptes de tous défauts.

Distribution de la trame

Nous avons vu en détail quels sont les points à observer pour la préparation d'une chaîne et son montage; il nous reste encore à parler des moyens les plus couramment employés pour préparer la trame et pour la distribuer à l'ouvrier suivant l'ouvrage sur métier.

Les articles forts, cretonnes, moleskines, calicots ordinaires, madapolams forts, en chaînes numéros *14* à *28* et trame numéros *6* à *30*, se tissent d'habitude à trame sèche; c'est-à-dire que chaque ouvrier reçoit le nombre de kilos jugé nécessaire pour tisser une pièce. La trame est pesée dans un local spécial, appelé « distribution de trames », on y ouvre les caisses venant de la filature et, après vérification, chaque ouvrier reçoit pour les articles ci-dessus un nombre de canettes (ou poids de trame) déterminé à l'avance (voir le chapitre des emplois) et qui sont prises directement dans les caisses venant de la filature.

Du mouillage. — Pour les articles fins ou madapolams soignés, on mouille la trame, soit dans des machines faisant le vide au moyen de la vapeur, soit dans les pompes pneumatiques, où le vide se fait par l'aspiration de l'air.

Pour que la duite entre plus facilement dans un article très fort, on mouille la trame avec de l'eau de savon; la quantité de savon vert varie suivant les articles à faire. Pour les organdis, jaconas et mousselines, on mouille la trame avec de l'eau pure.

La distribution de la trame se fait dans des boîtes en bois ou en treillis de fil de fer, dont chaque ouvrier est muni; ce sont d'habitude des garçons appelés « porteurs de canettes » qui, passant à heures fixes dans les salles, prennent les boîtes vides des ouvriers et les leur rapportent remplies de la trame qu'il leur faut; on évite

ainsi les allées et venues inutiles et les pertes de temps qui en sont la conséquence.

Les canettes à mouiller sont embrochées sur un fuseau de fer qu'on fait sortir mécaniquement, après le mouillage, sur la machine à exprimer l'eau de savon des canettes.

Outre les machines à mouiller, à exprimer l'eau de savon, machines à tricoter les harnais, à vernir, à brosser, etc., les tissages bien montés possèdent encore des machines à métrer les pièces, des tambours à sécher les pièces, machines à gratter, feutrer, machines à donner de l'apprêt aux cretonnes, moleskines, etc.; machines à retordre pour faire le fil de lisières ou de harnais; enfin, des machines à tresser les ficelles de bobinoirs.

Nous ne donnons pas la description de ces diverses machines, dont les types sont à peu près uniformes pour tous les tissages, quels que soient les articles travaillés.

Métiers à plusieurs navettes

Dans les combinaisons auxquelles se prêtent les tissus, combinaisons si nombreuses qu'on peut être tenté de les qualifier d'infinies, on peut arriver à une grande variété d'effets par la disposition différente ou les changements de la chaîne, comme numéros, nature de textile et principalement nuances; ces divers changements dans la chaîne n'entraînent aucune modification dans le métier à tisser; la *disposition* à donner à l'ourdissage seule variera.

Il n'en est pas de même quand on veut produire un tissu avec des trames différentes qui nécessitent l'emploi de plusieurs navettes; ces différentes navettes ne peuvent trouver place dans la même boîte de chasse et entraînent une modification dans la disposition de cette partie du métier. Cette modification constitue les métiers à plusieurs navettes. C'est ainsi qu'on construit des métiers pouvant recevoir depuis deux jusqu'à douze navettes différentes: les métiers à *boîtes montantes*, et les métiers dits à *boîtes revolver*.

Dans les premiers, les boîtes à navettes sont disposées l'une au-dessus de l'autre et supportées par une tige qui se déplace verti-

calement suivant les exigences de la composition du tissu, de manière à présenter à l'action du taquet la navette voulue. Dans les métiers dits *revolver*, les navettes sont au contraire disposées régulièrement dans des cavités ménagées au pourtour d'un prisme qui peut tourner autour de son axe d'un angle plus ou moins grand, de manière à présenter également la navette voulue de niveau avec le battant. Le système revolver est celui qui permet d'appliquer au métier le plus grand nombre de navettes. Dans quelques-uns de ces métiers, les navettes ne peuvent travailler que dans l'ordre où elles sont placées, par exemple, 1, 2, 3, 4,... 1, 2, 3, 4,... et ainsi de suite; dans d'autres, au contraire, plus avantageux, les navettes travaillent dans un ordre quelconque en sautant une ou plusieurs couleurs. Le changement des navettes est généralement déterminé par des cartons percés de trous ou des planchettes munies de chevilles, suivant les exigences du dessin, comme dans les mécaniques d'armures.

Le nombre des combinaisons diverses imaginées par les constructeurs pour les mouvements des métiers à plusieurs navettes est si élevé, que l'examen et la description des plus importants d'entre eux exigeraient un ouvrage spécial; nous ne nous prononcerons donc pas sur le plus ou le moins de mérite respectif de chacun d'eux; le meilleur système sera en général le plus simple, le plus facile à démonter et à régler.

Les métiers à boîtes montantes sont employés le plus souvent pour articles tissés duite à duite; articles à côtes ou à trame coton, laine, soie ou d'autres textiles alternant à tour de rôle dans le tissu.

Les métiers à boîte revolver s'emploient principalement pour les tissus couleurs, carreaux écossais, etc.

Les métiers à battant brocheur, employés pous tissus riches et façonnés, sont de construction spéciale. Outre la boîte à navette ordinaire appliquée aux métiers simples, le battant est disposé de manière à recevoir un nombre de petites navettes, variant suivant le dessin à brocher sur le fond.

Ces métiers sont d'un emploi général pour la fabrication des articles dits brochés, des jacquards, des bazins avec fleurs brochées sur le fond, etc., etc.

Divers progrès ont été signalés récemment dans la construction des métiers à tisser; sans être encore adoptés dans la pratique en remplacement des systèmes connus, quelques-uns de ces métiers offrent cependant un intérêt de nouveauté assez grand pour que nous croyions ne pas devoir les passer sous silence.

Cette question de perfectionnement du métier à tisser, d'innovation dans les procédés suivis jusqu'à présent, de transformation plus ou moins complète des moyens mécaniques adoptés, va continuer certainement à provoquer les études et les recherches d'ingénieux novateurs et d'industriels compétents, et il est hors de doute que, sous peu, nous aurons à constater de sérieux progrès issus de cet ensemble de travaux. Nous citerons sommairement aujourd'hui :

Le métier mécanique pouvant tisser deux pièces à la fois. — Dans ce système, de création américaine, le tissage se fait simultanément sur deux chaînes superposées; un ouvrier ayant deux métiers pourra donc produire quatre pièces à peu près dans le même temps qu'il en produirait deux dans les métiers actuels.

Le métier supprimant la navette. — Un chariot muni d'un mouvement de va-et-vient est enchassé dans le battant à l'endroit où passe d'habitude la navette.

La canette de trame est disposée sur ce chariot de manière à être lancée au travers de la foule par l'impulsion qu'a le chariot dans la boîte de navette.

Pendant que la canette glisse au travers de la foule, le chariot suit le même mouvement en dessous de celle-ci à l'extrémité de sa course. La canette retombe sur le chariot dans la boîte à navettes opposée et reprend le même mouvement pour la deuxième foule, etc.

Le métier tissant deux pièces à la fois. — Ce métier produit, au milieu de la pièce, à l'aide d'un appareil spécial, de fausses lisières aussi belles que des lisières courantes. La pièce terminée, on coupe entre les deux lisières du milieu pour séparer les deux pièces. Ces métiers sont d'habitude plus larges que des 3/4 ordinaires.

Le métier circulaire tissant deux pièces ensemble en forme de sac. Dans ce genre de métier, une fausse lisière se fait à chaque moitié du sac par un appareil spécial. Le sac terminé sur la

longueur voulue, on coupe les lisières et les deux pièces se trouvent séparées l'une de l'autre.

Le métier dont les navettes se remplacent au fur et à mesure que les canettes se terminent. Ce remplacement est effectué par un mécanisme du même genre que ceux des métiers revolver.

Le métier américain dont la canette de trame seule se remplace par un mouvement spécial, ayant également de l'analogie avec les métiers revolver.

Enfin le métier ordinaire mu par l'électricité avec porte-fil mobile électrique et frein électrique.

Il existe déjà des tissages entiers dont les métiers sont actionnés par l'électricité ; à chaque métier est adjointe une petite dynamo. Par là se trouvent aussi supprimés les transmissions, poulies, courroies et le graissage des transmissions et poulies de métiers. L'arrêt et la marche de chaque métier sont indépendants des autres ; la vitesse aussi peut être variée à volonté suivant les articles traités.

Le prix de revient de ces petits moteurs est encore élevé, mais il est permis de s'attendre à ce que ces applications d'électricité se développent et se généralisent de plus en plus, au fur et à mesure que les frais d'installation pourront être réduits. Ces applications deviendraient alors accessibles à tous les établissements manufacturiers et entreraient dans le domaine de la pratique.

Mécaniques d'armures ou ratières

Nous n'entrerons pas davantage dans la description des mécaniques d'armures appelées vulgairement *ratières,* dont la variété est peut-être encore plus grande que celle des métiers à plusieurs navettes.

Comme nous l'avons déjà dit, ces appareils ont pour but de produire le mouvement des lames, et ils sont indispensables pour le tissage des articles autres que les armures fondamentales qui nécessitent l'emploi d'un nombre élevé de lames, ou dont les lames ne

peuvent lever dans un ordre régulier; dans ce cas, les excentriques ne pourraient être employés.

La plupart de ces appareils sont à simple effet ou à simple foule et n'agissent sur les lames que pour les faire monter; d'autres sont à double foule et font de plus baisser les lames qui doivent rester en fond. Les ratières sont généralement placées au-dessus du métier et fixées au cintre ou à la traverse du haut de celui-ci, disposée à cet effet; d'autres peuvent se placer au plafond de la salle et ont ainsi une stabilité plus grande; mais l'accès en devient plus difficile et les réparations et le réglage plus longs. Elles enlèvent aussi beaucoup de clarté dans les salles, ce qui est un grave inconvénient.

D'autres enfin se placent sur le côté du métier, soit au-dessus, soit encore sur le sol: ce ne sont pas les moins avantageuses, car entre autres avantages, elles présentent ceux de ne pas laisser tomber d'huile sur le tissu en fabrication, de pouvoir être fixées plus solidement et d'être d'un accès plus facile.

Le mouvement des ratières leur est, en général, communiqué par l'arbre à vilebrequin; le mouvement des lames est produit par des crochets qui soulèvent celles-ci ou qui les laissent en fond, suivant qu'ils sont pris ou laissés par un couteau *ad hoc* animé d'un mouvement alternatif, c'est-à-dire suivant que le carton chargé de repousser les crochets sera ou non percé d'un trou: suivant les systèmes, un trou correspond soit à un *pris*, soit à un *laissé*.

Un carton correspond à chaque duite et le couteau effectue autant de mouvements que le battant. Mais ce mouvement du couteau et des différentes autres parties de la ratière, cylindre à cartons, etc., est souvent un empêchement à ce que l'on puisse faire marcher le métier à la même vitesse qu'un autre métier similaire à excentriques, car les vibrations multipliées et les saccades dues à une trop grande vitesse peuvent causer une détérioration rapide et des dérangements fréquents de l'appareil. C'est ce motif qui a engagé plusieurs constructeurs à commander les mouvements de la ratière par l'arbre du bas ou arbre à excentriques qui, comme on le sait, a une vitesse moitié de celle de l'arbre à vilebrequin. Cette modification de vitesse nécessite par conséquent deux couteaux agissant alternativement pour soulever les crochets auxquels sont fixées les lames. Le cylindre porte-cartons seul reste commandé

par l'arbre à vilebrequin pour présenter un nouveau carton à chaque duite.

Les ratières construites d'après ce principe, présentent ainsi des avantages marqués sur les autres systèmes et ont un fonctionnement très doux et très régulier; elles comportent jusqu'à 30 crochets.

En général, l'appareil qui devra fixer le choix du fabricant ou du directeur sera, comme pour les métiers à plusieurs navettes, celui qui, à prix égal, joindra à une grande simplicité la plus grande facilité de montage, de réglage et d'entretien; la question de prix a ici également une grande importance, car le coût de ces appareils varie dans de très grandes proportions: de 15 à 300 fr.

Entre différents appareils de ce genre expérimentés et adoptés depuis quelques années dans certains tissages, et marquant un progrès sensible sur les anciennes ratières, nous citerons:

La *mécanique Fougère*, ainsi dénommée parce qu'elle est destinée uniquement au tissage des articles Pekins, Fougères, Cablés, etc., et tous ceux d'armure à peu près identique.

Cet appareil est constitué spécialement par un jeu d'excentriques placé sous le métier, et par un système particulier d'attache des lames; il se rapproche des appareils similaires usités pour les satins, et rend d'excellents services.

Depuis peu, on est même arrivé à produire sans la *mécanique Jacquard* le tissage des pois, petites fleurs, bandes, carreaux, etc.; l'organe principal de la disposition nouvelle qui permet cette substitution avantageuse, est un cylindre placé sous le métier, et garni d'un nombre de chevilles en rapport avec le dessin à produire. Nous ne pouvons donner une meilleure idée de cet appareil qu'en le comparant à certains instruments de musique à manivelle, en vogue depuis plusieurs années; au lieu d'actionner une note, chaque cheville actionne une lisse. Les harnais employés avec cette mécanique sont spéciaux et composés de lisses indépendantes l'une de l'autre.

Humidification. — Ventilation.

La ventilation des ateliers des établissements industriels est rendue obligatoire dans plusieurs pays. — Dans les tissages, on installe généralement des ventilateurs assez puissants du côté du Nord. Ces ventilateurs, placés dans les murs, aspirent l'air extérieur et le refoulent à l'intérieur des salles. D'autres ventilateurs, placés au Sud, sont alimentés au contraire par l'air intérieur des salles qu'ils projettent au dehors.

Il s'établit ainsi un courant d'air continu dans les couches supérieures de l'atelier, produisant l'expulsion de l'air vicié par la présence du personnel, et l'introduction d'une même quantité d'air frais nouveau. On remédie à l'inconvénient d'avoir souvent un air trop sec, surtout en été, ou dans les journées où domine le vent du Nord, par l'adoption dans chaque salle, d'appareils humidificateurs.

On en construit de systèmes assez variés. On peut recommander, pour leur simplicité, soit un ventilateur central unique distribuant dans les salles de l'air frais humidifié par son passage sur des claies continuellement recouvertes d'eau fraîche, soit des appareils d'humidification spéciaux, placés au plafond et produisant la pulvérisation de l'eau, froide en été, tiède en hiver.

On a constaté dans tous les établissements, où l'humidification a été appliquée d'une façon rationnelle, que la production par métier a augmenté dans des proportions atteignant jusqu'à 14 %; de plus, la santé des ouvriers se trouve améliorée d'une façon sensible.

TROISIÈME PARTIE

DU TITRAGE DES FILS

Le titre ou *numéro* d'un fil est le rapport qui existe entre sa longueur et un poids fixe; il indique donc le degré de finesse du fil. Pour indiquer cette finesse, on peut rapporter soit un poids variable à une longueur fixe, soit une longueur variable à un poids fixe pris pour unité.

Pour le coton, c'est la deuxième hypothèse qui forme la base du numérotage. L'unité de poids fixe est de 500 grammes, et le numéro du fil indique le nombre de fois mille mètres qu'il faut pour peser 500 grammes.

Ainsi un fil N° 27 indique que 27000 mètres pèsent 500 grammes.
» N° 50 » 50000 » »

Une longueur de *100* mètres se nomme *échevette;* l'écheveau de *1000* mètres, formé au dévidoir à échantillonner, se compose ordinairement de 10 *échevettes* de 100 mètres.

De la définition qui précède, on tire les relations qui lient entre elles le numéro et le poids d'un écheveau de fil.

Soit N le numéro, P_e le poids d'un écheveau de 1000 mètres.

On a N 1000 = 500 grammes, d'où :

$$P_e = \frac{500}{N} \text{ et } N = \frac{500}{P_e}$$

Ainsi le poids d'un écheveau N° 27 est :

$$P = \frac{500}{27} = 18^{gr},519$$

Le numéro du fil dont un écheveau pèse $13^{gr},158$ est :

$$N = \frac{500}{13,158} = 38$$

En généralisant, on pourra trouver le poids d'une certaine

longueur de fil L, dont on connaît le numéro. par une simple règle de trois :

Si 1000 mètres pèsent $\frac{500}{N}$, L mètres pèsent $\frac{500\ L}{1000\ N} = \frac{L}{2\ N}$, ou $P = \frac{L}{2N}$,

on tire de là :

$$L = 2PN \text{ et } N = \frac{L}{2P}.$$

Faisons observer que, dans ces formules, le poids P est donné en grammes et la longueur L en mètres.

Telles sont les relations qui lient entre elles une longueur et un poids quelconque de fil et le numéro de ce fil.

Applications numériques

1° Quel est le poids de 72,500 mètres de fil de n° 24?

$$P = \frac{72,500}{2 \times 24} = 1510^{gr},39$$

2° Quelle est la longueur de 2463 grammes de fil de n° 18?

$$L = 2 \times 2463 \times 18 = 88,668 \text{ mètres.}$$

3° Quel est le numéro d'un fil dont 83,650 mètres pèsent $1100^{gr},65$?

$$N = \frac{83,650}{2 \times 1100,65} = 38.$$

A l'aide des formules qui précèdent, proposons-nous de déterminer le numéro résultant de la réunion de deux fils de numéros différents et de longueurs égales.

Ce numéro N, qu'on serait tenté de croire égal à la moyenne arithmétique entre les deux numéros composant n et n' s'obtiendra par la formule $N = \frac{L}{2P}$, P le poids total étant composé de la somme des poids des deux fils p et p'.

Or, le poids p du fil n sera $\frac{l}{2n}$

Celui p' du fil n' sera $\frac{l}{2n'}$

Le poids total

$$P = \frac{l}{2n} + \frac{l}{2n'} = \frac{l}{2}\left(\frac{1}{n} + \frac{1}{n'}\right)$$

$$= \frac{l}{2}\left(\frac{n + n'}{nn'}\right)$$

D'où en remplaçant :

$$N = \frac{l}{\left[\frac{l}{2}\left(\frac{n + n'}{nn'}\right)\right]} = \frac{nn'}{n + n'}$$

On trouverait de même que le numéro définitif résultant de la réunion de quatre fils de numéros m, n, r, q, sera

$$N = \frac{nmrq}{nrq + mrq + mnq + mnr}$$

Il en serait de même pour un nombre plus grand de fils.

Cette formule n'est absolument juste que si les fils réunis ne sont pas tordus, la torsion, produisant un raccourcissement du fil, en modifie le numéro d'une manière d'autant plus sensible qu'elle est plus forte et que, toutes choses égales, le fil est plus gros.

Pour être appliquée avec une précision, dans le cas de retors, la formule devrait être corrigée par un coefficient établi par des expériences. On voit du reste, *a priori*, que la torsion a pour effet d'abaisser un peu le numéro du fil.

TABLEAU des poids en grammes de 1000 mètres de fils de divers numéros.

Nos	POIDS en GRAMMES	Nos	POIDS en GRAMMES	Nos	POIDS en GRAMMES	Nos	POIDS en GRAMMES
1	500.—	26	19.231	51	9.804	76	6.579
2	250.—	27	18.519	52	9.615	77	6.494
3	166.667	28	17.857	53	9.446	78	6.410
4	125.—	29	17.241	54	9.259	79	6.329
5	100.—	30	16.667	55	9.091	80	6 250
6	83.333	31	16.129	56	8.928	81	6.173
7	71.429	32	15.625	57	8.772	82	6.098
8	62.500	33	15.152	58	8.621	83	6.024
9	55.556	34	14.706	59	8.475	84	5.952
10	50.000	35	14.286	60	8.333	85	5.882
11	45.455	36	13.889	61	8 197	86	5.814
12	41.667	37	13.514	62	8.065	87	5.747
13	38.462	38	13.158	63	7 936	88	5.682
14	35.714	39	12.821	64	7.812	89	5 618
15	33.333	40	12.500	65	7.692	90	5 556
16	31.250	41	12.195	66	7.576	91	5.495
17	29.412	42	11.905	67	7.463	92	5.435
18	27.778	43	11.628	68	7 353	93	5.376
19	26.316	44	11.364	69	7.246	94	5.319
20	25.000	45	11.111	70	7.143	95	5.263
21	23.809	46	10.869	71	7.042	96	5.208
22	22.727	47	10.638	72	6.944	97	5.155
23	21.739	48	10.417	73	6.849	98	5.102
24	20.833	49	10.204	74	6.757	99	5.051
25	20.000	50	10.000	75	6.667	100	5.000

Numérotage anglais. — La base du numérotage anglais est la livre anglaise de 453 grammes. Le numéro indique le nombre de *hanks* (ou écheveaux) de 840 yards ou 768^{m},0792 contenus dans la livre.

(1 hank est formé par 7 lays composés chacun de 80 tours du dévidoir anglais, dont le périmètre est 1^{m},37157 (1 yard 1/2), donc $80 \times 7 \times 1{,}37157 = 768^{m}{,}0792$). 768^{m},0792 pesant 453 grammes, la longueur qui pèse 500 grammes sera : $\frac{768{,}08 \times 500}{453}$ ou environ 847 mètres.

Les numéros anglais sont aux numéros français dans le rapport de 1 à 0,847, ou encore comme 20 est à 17.

$$\frac{N_A}{N_F} = \frac{1}{0{,}847}$$

d'où

$$N_F = N_A \times 0{,}847$$

et

$$N_A = \frac{N_F}{0{,}847}$$

ainsi, étant donné un numéro anglais, pour trouver le numéro français correspondant, on multipliera le numéro par 0,847 et, pour trouver le numéro anglais correspondant à un numéro français, on divisera ce dernier par la même quantité 0,847.

Le tableau suivant donne les numéros français et anglais correspondants. A égalité de numéros les fils de numéros anglais sont plus gros que ceux de numéros français.

TABLEAU comparatif des Numéros anglais et français

Nos ANGLAIS	FRANÇAIS	Nos ANGLAIS	FRANÇAIS	Nos ANGLAIS	FRANÇAIS	Nos ANGLAIS	FRANÇAIS
0.25	0.212	29	24.554	60	51.10	91	77.—
0.50	0.423	30	25.504	61	51.90	92	77.92
0.75	0.635	31	26.240	62	52.70	93	78.76
1	0.846	32	27.200	63	53.50	94	79.60
2	1.693	33	28.000	64	54.40	95	80.55
3	2.540	34	28.900	65	55.20	96	81.40
4	3.368	35	29.30	66	56.10	97	82.24
5	4.233	36	30.60	67	56.9	98	83.09
6	5.080	37	30.64	68	57.8	99	83.94
7	5.930	38	31.30	69	58.6	100	84.78
8	6.775	39	31.90	70	59.3	110	93.25
9	7.620	40	33.90	71	60.1	120	101.75
10	8.470	41	34.80	72	61.2	130	111.17
11	9.313	42	35.70	73	62.—	140	119.64
12	10.160	43	36.50	74	62.9	150	128.11
13	10 990	44	37.40	75	63 3	160	136.58
14	11.854	45	38.20	76	64.6	170	145.05
15	12.700	46	39.10	77	65 4	180	153.52
16	13.547	47	39.90	78	66.2	190	161.99
17	14.394	48	40.80	79	67.1	200	169.50
18	15.240	49	41.60	80	67.7	210	177.97
19	16.087	50	42.30	81	68.5	220	186.44
20	16.934	51	43 30	82	69.4	230	194.94
21	17.781	52	44.20	83	70.2	240	203.48
22	18.627	53	45.90	84	71.1	250	211.85
23	19.474	54	46.10	85	71.9	260	220.32
24	20.361	55	46.70	86	72.8	270	228.79
25	21.168	56	47.60	87	73.6	280	237.26
26	22.014	57	48.40	88	74.5	290	246.73
27	22.861	58	49.30	89	75.3	300	254.25
28	23.708	59	50.20	90	76.2		

Echantillonnage. — Pour échantillonner les fils, on se sert de la romaine; pour vérifier la romaine, on suspend au crochet des poids correspondant au poids de l'écheveau de différents numéros; l'aiguille devra indiquer exactement les numéros respectifs.

Un autre mode de vérification, basé sur la construction théorique de la romaine et sans l'exactitude de laquelle elle ne peut fournir des données exactes, c'est que le bras vertical portant l'aiguille et le bras horizontal auquel est fixé le crochet doivent former un angle rigoureusement droit.

Pour échantillonner les fils, on prend 5 bobines et on fait 140 tours du dévidoir; le périmètre de celui-ci étant $1^m,428$, on obtient ainsi :

$5 \times 140 \times 1.428 = 999^m,60$, soit 1000 mètres, à cause des superpositions.

On peut n'avoir, pour échantillonner, qu'une longueur de fil inférieure à 1000 mètres; dans ce cas, le numéro métrique exact s'obtient très facilement par la formule suivante :

$$N = \frac{L \times n}{1000}$$

L étant la longueur échantillonnée et n le numéro trouvé correspondant.

(Si L mètres marquent un numéro n, un mètre marquera un numéro n fois plus élevé ou $L \times n$, et 1000 mètres marqueront un numéro 1000 fois moindre, ou $\frac{L \times n}{1000}$)

Exemple : 700 mètres de fil indiquent, à la romaine, le n° 40; quel est le numéro métrique?

$$N = \frac{700 \times 40}{1000} = 28$$

Laine. — Il existe plusieurs systèmes de numérotage pour la laine.

En France, on emploie généralement un dévidoir de $1^m,44$ de circonférence; avec 500 tours, on a une longueur de 720 mètres, qui est celle de l'écheveau ou *échée*. Le poids de l'échée, comparé à 500 grammes, donnera le numéro, de sorte que :

le n° 1 donne 720 mètres pour 500 grammes	et 1440 mètres au kil.
» 12 » 8640 »	17,280 »
» 40 » 28,800 »	57,600 »

Le numéro indique donc, dans ce cas, le nombre d'échées de 720 mètres contenus dans 500 grammes.

Dans le rayon industriel de l'Alsace, le système employé ne diffère du précédent qu'en ce que la longueur de l'écheveau ou échée est 700 mètres, au lieu de 720 mètres; le périmètre du dévidoir est de $1^{m},40$, dont 500 tours donnent 700 mètres.

Dans le système anglais, qui est assez répandu, le poids qui sert de base est la livre de 453 grammes; le périmètre du dévidoir est de 1, 1 1/2 ou 2 yards, soit $0^{m},914$ à $1^{m},820$, auquel on fait faire 280 ou 560 tours; on obtient ainsi l'écheveau, ou *hank*, de 560 yards ou 512 mètres. Le numéro indiquera, dans ce système, le nombre de fois 560 yards ou 512 mètres contenus dans un poids de 453 grammes.

Depuis quelque temps, l'usage se répand de plus en plus, en Alsace, du numérotage basé sur l'écheveau de 1000 mètres.

Lin. — L'écheveau de lin filé, dévidage anglais, est de 3600 yards; le paquet est de 100 écheveaux ou 360,000 yards, quel que soit le numéro du fil. Le paquet contient, par conséquent, 329,000 mètres.

Le n° 1 anglais est celui dont le paquet de 329,000 mètres pèse 540 kilogr., de sorte que le n° 6 anglais, paquet de 329,000 mètres, pèse 90 kilogr.; le n° 16 pèse 34 kilog., le n° 70 pèse 8 kilogr., le n° 90 pèse 6 kilogr., le n° 100 pèse 5 kilogr. 1/2, etc., etc.

Etoupe, Chanvre, Jute. — On emploie également le numérotage anglais. L'unité de longueur est l'échevette de 300 yards ou 274 mètres, pour un poids de 453 grammes ou livre anglaise.

Le n° 1 donne 1 échevette pour 453 grammes.
2 » 2 » » »
4 » 4 » » »

Soie. — L'unité de longueur est de 400 aunes ou 480 mètres, et le poids, le grain ou denier de la livre de Montpellier ou de Lyon, qui est de 414 grammes. Ainsi, le titre du fil est le nombre de grains que pèse ce fil pour une longueur de 400 aunes ou 480 mètres.

Les numéros les plus usités varient de 50 grains = 2gr,655 à 10 grains = 0gr,531 pour une longueur constante de 400 aunes.

Schappe ou bourre de soie. — La base est de 1000 mètres pour 1 kilogr. pour le N° 1; 2000 mètres pour le N° 2. Il résulte que la bourre de soie est au coton dans le rapport de 1 à 2, de sorte que la schappe N° 10 équivaut à du 20 coton.

COMPTABILITÉ D'UN TISSAGE

DÉTERMINATION DES PRIX DE REVIENT

Il est indispensable d'avoir, dans un tissage, une comptabilité qui donne d'une manière claire et précise tous les renseignements relatifs aux frais de main-d'œuvre, aux frais généraux, aux emplois de filés, pour chacune des différentes opérations qu'ils subissent jusqu'à leur conversion définitive en tissus, à la production par jour et par métier, etc. C'est au moyen de ces renseignements que l'on détermine le coût d'un métier par jour et que l'on arrive à établir le prix de revient des différents articles fabriqués. Une comptabilité doit être simple et exempte d'écritures inutiles; nous n'en donnerons pas de modèle, car ce serait sortir du cadre de notre ouvrage; au point de vue où nous nous sommes placé, nous pensons d'ailleurs que le lecteur a sous les yeux les différents livres, formulaires ou rencontres qui servent à établir la comptabilité d'un tissage; ces modèles sont exposés dans d'autres ouvrages qui pourront être consultés au besoin.

Nous supposons donc qu'on trouvera facilement dans les livres de la fabrique les renseignements qui nous sont nécessaires pour

l'étude spéciale que nous allons faire de l'établissement des prix de revient.

Pour que la marche d'un établissement donne des résultats satisfaisants, elle doit rapporter d'abord de quoi couvrir les achats de matières premières et les frais divers de fabrication ; elle doit, de plus, produire encore, par an, les intérêts à 5 °/₀ des capitaux engagés dans l'entreprise, puis une somme pour l'amortissement et la dépréciation du matériel que l'on peut estimer à 10 °/₀, et enfin, encore un bénéfice que nous fixerons par exemple à 10 °/₀, soit au total 25 °/₀ du capital engagé, condition qui ne pourra être remplie que si les produits de l'établissement trouvent un débouché rapide, c'est-à-dire si la marchandise fabriquée est de bonne qualité ; il importe donc que le tissage soit alimenté par de bons filés, en qualité et en régularité de numéros, car c'est seulement avec une bonne matière première que les ouvriers peuvent arriver à une forte production ; il est clair, qu'il faut de plus chercher à réduire autant que possible le coût du métier par jour, c'est-à-dire éliminer d'un établissement tous les ouvriers inutiles. Comme production, il faut pousser successivement les vitesses aussi loin que le permet l'état des machines et celui des filés que l'on emploie.

Le prix de revient d'un tissu se compose, en général, comme celui de tous les produits industriels, du prix de la matière première et de la façon. Nous entendons par *façon*, les frais de main-d'œuvre, de toute nature, et les frais généraux, c'est-à-dire tous ceux autres que la main-d'œuvre, tels que intérêts du capital engagé et amortissement, dont nous avons parlé ci-dessus, assurances, contributions, entretien, chauffage, éclairage, etc. Ce n'est guère qu'après plusieurs années de marche, qu'il est possible d'établir, d'une manière exacte, le montant des frais généraux d'un tissage, car il se présente au début un grand nombre de frais imprévus de toute sorte qui ne se renouvellent plus par la suite.

Comme chaque année les livres indiquent exactement le montant des sommes dépensées tant pour façons de tissage que pour la marche de l'établissement, on n'aura qu'à ajouter à ces sommes les intérêts du capital des meubles et immeubles, et celui du fonds de roulement, pour obtenir le montant annuel des frais généraux et, par conséquent, le coût d'un métier à tisser par année et par jour.

Si N métiers ont coûté F pendant D jours, un seul métier en un seul jour aura coûté F : ND, ou la somme déboursée divisée par le produit du nombre de métiers par le nombre de jours.

Pour un tissage qui fait le même article sur tous ses métiers, ou au moins des articles de même production, on peut établir par la dépense totale de l'année divisée par le nombre de métiers, le coût du métier ; et en divisant ce coût par le nombre de mètres produits dans l'année, arriver exactement à la façon par mètre.

Dans le cas où un tissage produit des articles de production différente, il faut procéder autrement.

On divise alors les frais en :

1° **Frais généraux de tissage** qui comprennent les :

PAR ANNÉE

a. Frais de consommation.

Combustible (pour tissage seulement) ; comprend force motrice et chauffage.
Éclairage (id.)
Entretien de bâtiments (id.)
Entretien de machines (id.)
Fournitures, graissage, cuirs, cordes, ficelles, pièces détachées, ensouples, savon vert, etc.
Harnais et peignes, brosses, déchets de nettoyage, etc.

b. Frais généraux de main-d'œuvre de tissage.

Contremaîtres et monteurs de chaînes. — Journaliers dans les salles.
Personnel au mouillage, manœuvres, portier, directeur, part du tissage aux chauffeurs, mécaniciens, gardes de nuit, service d'incendie.
Le tout par métier et par année.

PAR 100 MÈTRES

Frais de main-d'œuvre à l'ouvrier tisserand par 100 mètres produits (les primes et bonifications ne sont jamais comprises).
Main-d'œuvre de rentrage.

2° **Pour la préparation, bobinage, ourdissage et parage.**

PAR ANNÉE

a. Frais de consommation.

Combustible (pour préparation seulement), force motrice et chauffage.
Éclairage (id.)
Entretien de bâtiments (id.)
Entretien de machines (id.)
Fournitures, drogues, brosses, graissage, cuirs, pièces détachées, drap et flanelle, — déchets de nettoyage, panne.
Planchettes et peignes, entretien des bobines et rouleaux.

b. Frais généraux de main-d'œuvre de préparation.

Contremaîtres, journaliers, part aux frais de chauffeurs et mécanicien, portier, gardes de nuit, service d'incendie, etc.

Main-d'œuvre de bobinage, d'ourdissage, de parage ou d'encollage par 100 mètres.

Pour le tissage, les frais établis par année, divisés par le nombre de métiers, donnent *les frais par métier*, qu'on divise par le nombre de mètres produits de chaque genre d'article pour avoir la façon; on ajoute les frais établis aux 100 mètres pour avoir la façon de tissage.

Pour le parage, on établira le total des frais généraux, qu'on divisera par le nombre de pièces produites, et on y ajoutera pour chaque sorte les frais établis aux 100 mètres.

Il convient, en effet, de séparer la *préparation* du *tissage* pour arriver à une façon sensiblement exacte, car les frais de préparation peuvent être les mêmes par 100 mètres, et la production au tissage varier à cause du duitage, du simple au double; l'erreur qu'on ferait serait trop grande pour qu'on ne soit obligé d'entrer dans plus de détails dans le prix de revient qu'il n'en a été question dans le cas où la production est à peu près uniforme.

Lorsqu'on fait des façonnés ou des jacquards, aux frais indiqués ci-dessus viennent s'ajouter ceux de la ratière ou de la mécanique.

Lorsque, dans un tissage, il y a plusieurs genres de laizes, on admettra pour des métiers larges, 4/4 ou plus, un coefficient pour

ces métiers, en considérant par exemple qu'un métier 4/4 représente les frais généraux de 1 1/4 métier 3/4 ; ce sont des données qu'on établira sûrement au bout de quelque temps de marche.

Un livre spécial établi en colonnes, dans lesquelles sont consignées sous les différents titres donnés ci-dessus, et pour chaque quinzaine, les sommes diverses, permettra d'établir les frais à chaque instant.

Pour se rendre approximativement compte de la façon, on établit souvent simplement les frais par métier et par an, en comprenant tous les frais, préparation comprise, et on les divise par la production ; mais lorsqu'on réfléchit que les façons se discutent à 1/2 centime au mètre, il convient d'établir un prix de revient plus exact.

Sous les différents titres indiqués nous n'avons pas prévu tous les articles et toutes les dépenses d'un tissage, car cela est variable d'un établissement à un autre. — *Les intérêts et amortissements* viennent s'ajouter à ces prix de façon, et sous ce titre sont compris les intérêts et amortissements comptés sur la dépense d'établissement, immeubles et machines ; ils sont établis *par métier* et chaque sorte de tissu en supporte une part proportionnelle à la production du métier à tisser.

Il y a en plus les *intérêts sur marchandises* qui sont proportionnels à la valeur du tissu fabriqué. On a égard à la durée du temps que les filés mettent à se transformer en tissu et que le tissu met à être facturé.

On vend ordinairement avec un escompte qui est déduit du prix de vente.

Pour se rendre un compte exact du prix de revient, il convient dans un tissage, d'établir par expérience : l'emploi de colle pour les articles différents à produire, car il ne sera pas le même pour tous. Souvent on demande pour un article fort un parement qui donne du corps au tissu, et une cretonne pesant en chaîne 12 kilos les 100 mètres, demandera 8 kilos de colle sèche qui reviendra à fr. 1.80 ou 2 aux 100 mètres, tandis que le même compte en jaconas pesant 2 kilos aux 100 mètres ne demandera que 500 grammes de colle, soit environ pour fr. 1.50 à 1.70 par 100 mètres.

Il est nécessaire de se rendre compte aussi du raccourt en chaîne et en trame et de ne pas admettre un chiffre uniforme ; ainsi la même cretonne pourra employer 5 % (cinq pour cent) en plus de

filés que celui calculé, c'est-à-dire environ pour fr. 3, de filés en plus, sans compter le déchet.

Un jaconas emploiera la quantité théorique, plus le déchet. Il convient donc, lorsqu'on manque de données précises, de se rendre compte de ces différences par expérience. Une comptabilité spéciale doit être établie au parage pour se rendre compte du déchet de chaîne, et la même comptabilité doit être établie à la distribution de la trame et cela de manière à ce qu'on connaisse l'emploi pour chaque pièce tissée. Le poids des tubes est à compter comme déchet.

Maintenant que nous avons indiqué la manière de déterminer l'un des éléments qui entrent dans la composition du prix de revient, la façon, il nous reste à calculer la quantité de filés que contient un échantillon ou une pièce de tissu donnée.

L'habitude est encore presque générale d'établir les comptes au 1/4 de pouce ; étant donné les comptes de fil en chaîne et en trame au 1/4 de pouce, il sera facile d'en déduire le nombre de fils au mètre, et par suite au centimètre, sachant qu'il y a 148 quarts de pouce au mètre.

Ce nombre de fils au centimètre étant trouvé, on le multiplie par la largeur du tissu (exprimée en centimètres), puis par la longueur de la pièce (exprimée en mètres). Le résultat donne la longueur de tous les fils de chaîne supposés bout à bout ; il sera facile d'en trouver le poids en divisant le total par le double du numéro du fil, suivant la formule exposée ci-dessus : on ajoutera à ce poids 2 à 3 °/₀ pour déchets, et, suivant le cas, autant pour raccourt au tissage.

Lorsqu'on connaît le nombre de portées, la question se simplifie, puisqu'il suffit de multiplier le nombre de portées par 40 pour avoir immédiatement le nombre de fils contenus dans la chaîne.

Pour la trame, on multipliera le nombre de duites au centimètre par la largeur, non du tissu, mais de l'empeignage, et ce produit par la longueur de la pièce. On en trouvera le poids de même que pour la chaîne, et on y ajoutera environ 3 à 5 °/₀ de déchets. Les deux poids de chaîne et de trame réunis, compris le déchet, donneront le poids du coton nécessaire dans une pièce.

Le retrait ou raccourt au tissage a lieu par les sinuosités et les

enlacements que forment tous les fils d'une chaîne autour de chaque duite de trame ; il sera évidemment d'autant plus prononcé que les duites seront plus rapprochées et le fil plus gros ; c'est ainsi qu'il peut arriver pour les comptes serrés et en grosse trame jusqu'à 8 % et au delà.

La trame, au moment où elle se dévide hors de la navette, éprouve une tension due au mouvement rapide de celle-ci ; elle est prise dans cet état, par les fils de la chaîne, sur toute la longueur du peigne, qui la maintient ainsi tant qu'elle est en contact avec lui.

Lorsqu'elle est abandonnée à elle-même par le peigne et par les templets, elle tend à se rétrécir à partir du templet jusqu'au rouleau de toile ; ce retrait en largeur du tissu est d'autant plus considérable que la tension de la chaîne est plus forte, que la trame est plus fine et plus serrée. La distance plus ou moins grande entre les templets et le rouleau de toile, la trame plus ou moins mouillée, influent également en plus ou en moins sur le retrait du tissu.

Nous allons donner différents exemples de ces calculs.

1° Combien faut-il de mètres de fil pour faire une chaîne de 50 mètres, réduction 3000 fls ?

$$3000 \times 50 = 150{,}000 \text{ mètres.}$$

2° Combien faut-il de mètres de trame pour produire 50 mètres de tissu avec 40 duites au centimètre et un empeignage de $0^{m},990$?

$$40 \times 0{,}990 \times 50 \times 100 = 198{,}000 \text{ mètres.}$$

3° 130 mètres de chaîne en 3600 fils ou 90 P pèsent 5 kilogr., combien pèseront $200^{m},57$, en admettant que la réduction ne soit que de 2800 fils ?

Les longueurs d'un même fil étant proportionnelles aux poids, on a :

$$\frac{130 \times 3600}{5} = \frac{200{,}57 \times 2800}{x}$$

d'où

$$x = \frac{200{,}57 \times 2800 \times 5}{130 \times 3600} = 6 \text{ k.}$$

4° 130 mètres de chaîne en 3600 fils pèsent 5 kilogr., combien pourra-t-on faire de mètres en 2800 fils ou 70 P avec 6 kilogr.?

$$\frac{130 \times 3600}{5} = \frac{x \times 2800}{6}$$

$$x = \frac{130 \times 3600 \times 6}{2800 \times 5} = 200^{m},57$$

5° Si 130 mètres en 3600 fils pèsent 5 kilogr., combien devra-t-on mettre de fils pour obtenir une longueur de 200^{m},57 avec 6 kilogr. de filés?

$$\frac{130 \times 3600}{5} = \frac{200,57 \times x}{6}$$

$$x = \frac{130 \times 3600 \times 6}{200,57 \times 5} = 2800 \text{ fils.}$$

Comme on le voit, ces trois problèmes se servent réciproquement de preuves.

6° Quels sont les emplois en chaîne 27/29 et en trame 36/38 qu'il faut pour produire 100 mètres de calicot 3/4 — 70 P — 21 fils trame, empeignage 0^{m},980?

Le nombre de fils continus dans la chaîne sera:

$70 \times 40 = 2800$ fils, auxquels il faut ajouter 32 fils doubles pour les lisières (16 de chaque côté), fraction de portée que nous avons dit être négligée dans les désignations, soit 2832 fils, dont la longueur sera: $2832 \times 100 = 283,200$ mètres.

Le poids sera, d'après la formule $\left(P = \frac{L}{2000\ N}\right)$ en kilogr.

$\frac{283,200}{56,000} =$	kil. 5,050	kil. 5,272
5 °/₀ pour déchets et raccourt...........	0,252	

Pour la trame, on aura:

$$21 \times 148 = 3108 \text{ duites au mètre,}$$

dont la longueur sera:

$$3108 \times 0^{m},980 \text{ empeignage} \times 100 = 304,584 \text{ mètres.}$$

Le poids sera, en kilogr.

$\frac{304,584}{74,000} =$	kil. 4,116	kil. 4,239
+ 3 °/₀ déchet.........................	0,123	

L'emploi en chaîne sera donc	kilogr. 5,272
Et en trame	» 4,239
Ensemble total..	kilogr. 9,511

Les emplois de filés en chaîne et en trame se comptent habituellement pour 100 mètres.

7° Une pièce de calicot écru, de 75 mètres de long, parée à l'encolleuse, a en tissu $0^m,900$ de large et pèse, étant exempte de toute humidité, kilogr. 9,100. Elle a en chaîne 32 fils 9 et en trame 41 duites 4 au centimètre. Quels sont le poids et les numéros des cotons employés ?

La chaîne contient :
32 fils 9 $\times$ 90 c. = 2960 fils, soit, avec 40 fils pour les lisières, 3000 fils ou $\frac{3000}{40}$ 75 P.

La longueur est : 3000 $\times$ 75 mètres = 225,000 mètres, auxquels il convient d'ajouter 4 °/ₒ pour le raccourt subi au tissage, soit 234,000 mètres

Pour la trame on a :

41 fils 4 $\times$ 99 c. $\times$ 75 mètres =	307,395 »
(L'empeignage compté à $0^m,990$)	
Ensemble....	541,395 mètres

Le poids de la pièce est de	kilogr. 9,100
Mais il faut déduire le poids de la colle, soit environ 15 grammes par P et par °/ₒ mètres.................	» 0,900
Restent net.....	kilogr. 8,200

Le numéro moyen sera, d'après la formule ci-dessus :

$$\frac{541,395}{2 \times 8200} = 33,01$$

En comparant entre eux la grosseur des fils de la chaîne avec ceux de la trame, et ensuite à des filés types, et sachant, au surplus, que dans ce genre de tissus, la trame est habituellement de dix numéros plus élevée que la chaîne, on est porté à admettre pour la chaîne du numéro 27/29, et pour la trame du numéro 36/38. Il suffit d'ailleurs de faire la preuve, et l'on devra obtenir le poids net de $8^k,200$ ci-dessus.

On aura pour la chaîne : $\frac{234,000}{56,300} =$ kilogr. 4,178

et pour la trame : $\frac{307,395}{74,000} =$ » 4,154

Total...... kilogr. 8,332

c'est-à-dire le poids cherché à très peu près, et que l'on obtiendrait tout à fait exact, en admettant pour la chaîne du numéro 28 ½, et pour la trame du 37 ½.

8° Un échantillon percale paré à la machine écossaise, ayant en largeur et en longueur 0m,200, soit 4 décimètres carrés, indique à la romaine le numéro 134. Il y a 35 fils 5 au centimètre en chaîne et 38 fils 5 au centimètre en trame. Quels sont le poids et le numéro des fils pour une pièce de 100 mètres, sur 0m,900 de largeur ?

Le numéro 134 à la romaine correspond à un poids de

$$\frac{500}{134} = 3^{gr},731$$

Si 4 décimètres carrés pèsent 3gr,731, un mètre de tissu ou 90 décimètres carrés pèseront :

$$\frac{3^{gr},731 \times 90}{4} = 83^{gr},9$$

et 100 mètres pèseront 8k,390.

On retombe alors dans le problème précédent :

La chaîne contient 35 fils 5 × 90 cent. = 3196 fils et avec 44 fils de lisières 3240 fils ou 81 P.

3240 × 100 = 324,000 mètres et, compris 4 % de raccourt au tissage : 336,960 mètres

Pour la trame, on a :

38 f. 5 × 99 c × 100 = 381,115 »

Ensemble... 718,075 mètres

Le poids de la pièce étant kil. 8,390
nous déduisons pour parement : » 0,650 (8 gr. par P. et par % m).

Restent net.. kil. 7740

Le numéro moyen sera :

$$\frac{718,075}{2 \times 7740} = 46,38.$$

Les filés paraissant être pour la chaîne du numéro 41/42, et pour la trame de 51/52, la preuve donne :

Pour la chaîne : $\frac{336,960}{83,000}$ = kilos 4,060.

Pour la trame : $\frac{381,115}{103,006}$ = » 3,700.

Total... kilos 7,760, c'est-à-dire à peu de chose près le poids ci-dessus.

Si l'on avait à se rendre compte d'un échantillon tissé dans des proportions telles que l'on conçût des doutes sur l'exactitude des numéros trouvés au moyen des calculs précédents, on déviderait une certaine longueur de la trame que l'on pèserait à la romaine. La romaine micrométrique Saladin peut rendre également des services dans le cas où l'on n'aurait qu'un très petit échantillon de tissu à analyser, et qu'une minime longueur de fil. Connaissant ainsi le numéro du fil de trame, on en déduira facilement celui de la chaîne.

Les deux tableaux suivants facilitent et permettent d'accélérer les calculs qui peuvent se présenter sur les tissus. L'un, pour la chaîne, indique le nombre de portées correspondant sur différentes largeurs, au nombre déterminé de fils de chaîne qui se trouve sur un quart de pouce. L'autre pour la trame, indique le nombre de mètres correspondant à un nombre de duites donné sur un quart de pouce, en diverses largeurs et pour un mètre de toile.

TABLEAU de la longueur de la trame sur un mètre de toile, avec différents duitages et largeurs de peigne

LARGEURS de la TOILE	LARGEURS du PEIGNE	DUITES AU QUART DE POUCE											
		10	11	12	13	14	15	16	17	18	19	20	21
cent.	cent.	mèt.											
5/8 ou 75	0.81	1198	1317	1437	1557	1677	1797	1916	2036	2156	2276	2396	2515
3/4 » 90	0.97 à 1.01	1435	1579	1722	1866	2009	2153	2296	2440	2584	2727	2871	3014
7/8 » 1.05	1.13 à 1.20	1671	1838	2005	2173	2341	2508	2675	2842	3009	3177	3343	3511
4/4 » 1.20	1.29 à 1.33	1909	2100	2291	2482	2672	2863	3054	3245	3436	3627	3818	4009
9/8 » 1.35	1.45 à 1.50	2146	2360	2575	2789	3004	3219	3433	3648	3862	4077	4292	4506
5/4 » 1.50	1.61 à 1.68	2382	2621	2859	3097	3355	3574	3812	4050	4289	4527	4765	5003
6/4 » 1.80	1.93 à 1.97	2856	3142	3427	3713	3998	4284	4570	4855	5141	5427	5712	5998
7/4 » 2.10	2.25 à 2.50	3330	3663	3996	4329	4662	4995	5328	5661	5994	6327	6660	6993
8/4 » 2.40	2.57 à 2.60	3803	4183	4564	4944	5325	5705	6085	6466	6846	7226	7607	7987

LARGEURS de la TOILE	22	23	24	25	26	27	28	30	32	34	36	
5/8 ou 75	2635	2755	2876	2996	3115	3234	3355	3596	3836	4076	4316	
3/4 » 90	3158	3301	3445	3588	3732	3876	4019	4306	4593	4881	5168	
7/8 » 1.05	3677	3845	4011	4180	4347	4514	4681	5015	5350	5684	6018	
4/4 » 1.20	4200	4391	4581	4772	4963	5154	5345	5727	6109	6491	6872	
9/8 » 1.35	4721	4935	5150	5365	5579	5794	6008	6438	6867	7293	7725	
5/4 » 1.50	5242	5480	5718	5957	6195	6433	6671	7148	7624	8101	8578	
6/4 » 1.80	6284	6569	6855	7141	7426	7742	7997	8569	9140	9711	10.282	10
7/4 » 2.10	7326	7659	7992	8325	8658	8991	9324	9990	10.656	11.322	11.988	12
8/4 » 2.40	8367	8748	9128	9509	9889	10.269	10.650	11.410	12.171	12.923	13.692	14

Exemples de prix de revient de quelques tissus

Nous faisons observer que les chiffres ci-dessous n'ont pas une valeur absolue comme exactitude, le cours des filés étant très variable, et les prix de façons ainsi que les frais généraux différant sensiblement d'un établissement à un autre. Il est clair que les anciens établissements *payés* depuis longtemps, c'est-à-dire qui n'ont plus rien à inscrire au chapitre de l'amortissement se trouvent dans des conditions plus favorables que les tissages de création récente. Par contre, ceux-ci ont pour eux le bon état du matériel, les perfectionnements apportés aux machines et à l'installation, etc.

Prix de revient d'un calicot 60 P. 3/4, 20 duites au 1/4 0m,97 d'empeignage, ch. 27/29, tr. 36/38.

Chaîne coton n° 27/29 simple 4k,43 }
Déchet 2 %...... 0k,09 } 4k,60 à fr. 2,70
Raccourt 4 %.... 0k,17 }

(Les prix sont calculés pour 100 mètres.)

Trame coton n° 36/38 simple 3k,88 }
Déchet 3 %...... 0k,12 } 4k,— à fr. 2,75

TABLEAU indiquant les portées contenues dans différentes largeurs de toile, d'après le nombre de fils sur un quart de pouce

NOMBRE DE FILS au 1/4 de pouce	5/8 75 cent.	3/4 90 cent.	7/8 1,05 c.	4/4 1.20 c.	9/8 1.35 c.	5/4 1.50 c.	6/4 1.80 c.	7/4 2.10 c	8/4 2.40 c.
10	27 1/2	33	30	44	50	56	67	78	89
10 1/2	29	35	41	46	52	58	70	81	93
11	30	37	43	49	55	61	73	85	97
11 1/2	32	38	45	51	57	64	76	89	102
12	33	40	47	53	60	67	80	93	106
12 1/2	34	42	48	55	62	69	83	96	110
13	36	43	50	57	65	72	86	101	114
13 1/2	37	45	52	59	67	75	89	105	119
14	38	47	54	62	70	78	93	108	124
14 1/2	40	48	56	64	72	80	96	112	128
15	41	50	58	66	75	83	100	116	133
15 1/2	43	52	60	69	77	86	103	120	137
16	44	53	62	71	80	89	107	124	142
16 1/2	45	55	64	73	82	91	110	128	146
17	47	56	66	75	85	94	113	132	150
17 1/2	48	58	68	77	87	97	116	136	155
18	50	60	70	80	90	100	120	140	159
18 1/2	51	61	72	82	92	102	123	143	163
19	52	63	74	84	95	105	126	147	168
19 1/2	54	65	76	86	97	108	129	151	173
20	55	67	78	89	100	111	133	155	177
20 1/2	56	68	79	91	102	114	136	159	181
21	58	70	81	93	105	117	140	163	186
21 1/2	59	71	83	95	107	119	143	167	190
21 3/4	60	72	84	96	108	120	144	169	192
22	61	73	85	97	110	122	146	170	195
22 1/2	62	75	87	100	112	125	149	174	199
23	63	77	89	102	115	128	153	178	203
23 1/2	65	78	91	104	117	130	156	182	208
24	66	79	93	106	120	133	159	186	212
24 1/2	67	81	95	108	122	136	163	190	217
25	69	83	97	111	124	139	166	194	221
26	72	86	101	115	129	145	173	202	230
27	74	90	105	119	134	150	179	209	239
28	77	93	108	123	139	156	186	217	247
29	80	96	112	128	144	161	192	224	256
20	83	100	116	132	149	167	199	233	265
31	85	103	120	137	154	172	205	240	274
32	88	106	124	142	159	178	212	248	283

	Report :		Fr. 27.42
Main-d'œuvre payée aux ouvriers	Bobinage, 4k,60 à fr. 0.06	0.27	9.86
	Ourdissage, 4k,60 à fr. 0.02	0.09	
	Encollage	0.15	
	Tissage	3.25	
Frais généraux, fr. 1.35 par métier et par jour, en comptant sur une production de 22 mètres par jour, soit pour 4 1/2 jours		6.10	
	Total		Fr. 37.28

Prix de revient du mètre : fr. 0.372.

Prix de revient d'un reps 58 P, 28 duites au centimètre, chaîne coton n° 16, trame laine 25, 0^m,900 d'empeignage.

Chaîne coton n° 16 simple....	6k,620	6k,950 à fr. 2.	13.90
Déchet 2 °/o......	0k,132		
Raccourt 3 °/o	0k,198		
Trame laine n° 25 simple	7k,200	7k,416 à fr. 8.	59.33
Déchet 3 °/o......	0k,216		
Bobinage, ourdissage, parage.	Fr. 0.95		15.30
Main-d'œuvre du tissage.....	6.—		
Frais généraux..............	6.35		
Blanchiment de la chaîne....	2.—		
	Total..........	Fr.	88.53

Prix de revient d'un piqué 97 1/2 P.

Chaîne piqué 65 P	= 2600 fils	larg^r d'emp^{se}	0^m,900
» fond 32 1/2 P	= 1300 »		

72 duites au centimètre.

Ch^{ne} coton n° 40 simp. p^r piq.	3k,250	3k,672 à fr. 3.40	12.48
Déchet 3 °/o	0k,097		
Raccourt 10 °/o....	0k,325		
Ch^{ne} coton n° 30 simp. p^r fond	2k,170	2k,343 à fr. 2.85	6.67
Déchet 3 °/o... ..	0k,065		
Raccourt 5 °/o.....	0k,108		
Trame coton n° 50 simple....	6k,480	6k,704 à fr. 4.40	29.50
Déchet 5 °/o......	0k,324		
	A reporter :	Fr.	48.65

		Report :	Fr. 48.65
Bobinage, ourdissage, parage.	Fr. 1.25		
Main-d'œuvre du tissage.....	15.—		18.75
Frais généraux.............	12.50		
		Total..........	Fr. 67.40

Nous terminerons l'étude de ces différentes questions par quelques mots sur l'établissement des tarifs de façons, et sur la comparaison des productions d'un tissage dans un temps donné.

Tarifs de façons

Il n'est pas besoin d'insister longuement sur les avantages qui ressortent pour un industriel de payer ses ouvriers d'après la quantité de travail produite par eux. C'est la manière la plus sûre, la plus rationnelle, qui évite le mieux les contestations, et c'est le meilleur moyen d'attacher les ouvriers à leur travail. Le principe sur lequel repose un tarif bien établi est celui-ci : Un ouvrier, quel que soit l'article à la fabrication duquel il est occupé, doit gagner par jour à peu de chose près la même somme. Les prix de façon, par kilogramme ou par mètre, sont donc inversement proportionnels aux productions.

Ainsi, connaissant la production moyenne à laquelle peut arriver par jour un ouvrier, et le salaire qu'on veut lui attribuer par jour, il suffira de diviser ce chiffre par celui de la production pour trouver le prix à payer par kilogramme ou par mètre produit. Mais les productions sont susceptibles, surtout dans un tissage, de varier suivant l'habileté de l'ouvrier, il faut donc s'efforcer de le stimuler autant que possible; on y arrive par la manière d'établir le tarif.

Des deux éléments nécessaires à sa confection, on saura trouver le premier, puisqu'on n'aura qu'à relever le chiffre des productions moyennes en chaque article et pour chaque machine, sur les livres spéciaux tenus à cet effet. Quant au deuxième élément ou le prix convenable à assigner à la journée de chaque catégorie d'ouvriers, il varie évidemment suivant la localité, l'établissement et les usages de la région. C'est donc une affaire d'appréciation dans laquelle

il faut agir avec beaucoup de prudence. Comme règle, il vaut mieux fixer les prix trop bas que trop hauts, quitte à être obligé de les élever quelque peu plus tard, car on conçoit combien il est difficile, une fois un prix établi, de le réduire si l'on aperçoit qu'il est trop élevé.

Dans quelques établissements on procède simplement comme nous venons de le dire, et les ouvriers sont, une fois le tarif établi, payés au *prorata* de leur production. Une pareille méthode les stimule peu et là, où l'habileté de l'ouvrier entre pour beaucoup dans la quantité de production, il est préférable d'appliquer la méthode suivante, qu'on peut appeler ***Méthode des tarifs progressifs :*** Etablir de faibles prix de journées, mais compenser ces bas prix par de larges primes plus que proportionnelles aux augmentations de production correspondante, de façon que l'ouvrier trouve le plus grand avantage possible, en produisant la plus grande somme de travail qu'il lui est possible, sans que ce soit au détriment de la qualité. Les primes doivent être combinées de telle sorte que si l'ouvrier, par mauvaise volonté ou par paresse, ne produit qu'un minimum, son gain soit proportionnellement et très sensiblement plus faible que s'il avait consciencieusement travaillé, afin qu'il se voie obligé de faire mieux. Cette méthode de tarif est surtout applicable au tissage, car, nous le répétons, la production non seulement en quantité, mais encore en qualité, dépend beaucoup de l'assiduité du tisserand.

Pour éviter un travail qui, souvent répété, serait pénible pour les employés du bureau, on a adopté la méthode du paiement par quinzaine, de préférence à celui fait régulièrement à la fin de chaque semaine. Quelques maisons même payent leurs ouvriers toutes les fins de mois seulement. Le paiement par quinzaine est universellement adopté dans les tissages et représente, pour l'ouvrier, la somme des mètres ou des pièces livrées par lui pendant douze jours de travail et calculée suivant le tarif des façons, primes et hautes primes adopté dans la maison où il travaille et dont il lui est donné connaissance à son entrée dans l'établissement.

Cette première méthode consiste à taxer le mètre à fr. 0.01, fr. 0.02, fr. 0.03, fr. 0.04 ou fr. 0.05 de façon, suivant l'article produit; puis, à établir une série de primes et hautes primes

variant aussi suivant l'article fabriqué. La première prime se donne d'habitude après les 20 premiers mètres, puis les hautes primes après 25, 30 ou 40 mètres.

Ex. : Un article se payant fr. 0.05 le mètre, on aura :

Façon, 85 mètres à 0,05	Fr.	4.25
Prime par 20 mètres		3.—
Haute prime pour 85 mètres		5.—
Total	Fr.	12.25

Le salaire moyen de l'ouvrier sera compté, par exemple, de fr. 2 à fr. 2.50 par jour. — Les chiffres ci-dessus ne sont d'ailleurs donnés que comme exemple et n'ont aucune valeur absolue. La méthode qui consiste à payer l'ouvrier par *pièce* est le plus généralement adoptée. Le tarif est basé sur la quantité possible que l'ouvrier peut produire en chaque article, et les primes établies dans le but de le stimuler sont également graduées suivant que l'article offre plus ou moins de difficulté d'exécution.

Comparaison des productions moyennes

Quelques manufacturiers, pour se rendre compte de la marche de leur établissement et comparer le rendement d'un exercice à celui de l'exercice précédent, se contentent de mettre en regard le nombre de pièces ou de mètres produits dans chacune des campagnes, et c'est sur ces chiffres qu'ils basent leur appréciation. Cette manière d'opérer, juste pour un établissement qui fait constamment le même article, constitue une grave erreur lorsque, comme c'est le cas le plus général actuellement, la fabrication varie très souvent dans le cours d'une campagne.

La production d'un métier étant en raison inverse des duitages du tissu et du nombre de coups de battants, on ne peut comparer directement entre eux que les chiffres de production d'articles de même duitage et de mêmes laizes. Dans le cas contraire, pour avoir une base exacte d'appréciation, il faut ramener les différents articles à un type unique; nous allons établir une formule générale qui permettra d'arriver facilement à ce résultat.

Supposons que l'on ait fabriqué, dans le cours d'une campagne,

trois articles ayant respectivement 15 duites, 20 duites et 25 duites; l'article type servant de comparaison est l'article de 20 duites, dont la production a été, par exemple, 22 mètres par jour pour l'exercice précédent; la production normale étant inversement proportionnelle aux duitages (le nombre de coups de battants restant le même), elle devra être pour ces trois articles :

1 — Article 15 duites : $\frac{22 \times 20}{15} = 29^m,33$

2 — Article 20 duites : 22 mètres

3 — Article 25 duites : $\frac{22 \times 20}{25} = 17^m.60.$

Le tissage ayant marché dans les mêmes conditions que précédemment, on voit que les productions que l'on doit obtenir pour les trois articles sont très différentes; on serait donc mal fondé à comparer les chiffres de 29 mètres, 33 mètres et de $17^m,60$ à celui de 22 et à conclure que la production a augmenté pour l'un et a baissé pour l'autre. Il faut ramener ces deux chiffres au terme de comparaison 22; pour cela, il suffit de les multiplier par le rapport direct des duites.

Si donc les moyennes de production, constatées par la comptabilité du tissage, sont de $29^m,33$ et de $17^m,60$, on aura :

1 — Article 15 duites : $\frac{29,33 \times 15}{20} = 22$ mètres

2 — Article 20 duites : 22 »

3 — Article 25 duites : $\frac{17,60 \times 25}{20} = 22$ mètres

On en conclura que la production n'a pas varié.

Supposons, au contraire, qu'au lieu de ces chiffres, on ait constaté 27 mètres et 19 mètres, on aurait :

1 — Article 15 duites : $\frac{27 \times 15}{20} = 20^m,25$

2 — Article 20 duites : 22 mètres

3 — Article 25 duites : $\frac{19 \times 25}{20} = 23^m,75$

Ces trois chiffres peuvent être comparés directement et nous constatons ici une différence en moins pour le premier article et une différence en plus pour le troisième.

Nous venons de prendre, dans ces calculs, la production moyenne d'un métier par jour; il est clair que l'on pourra aussi bien prendre le nombre de pièces ou de mètres produits dans l'année, soit par un métier, soit par un même nombre de métiers faisant le même article.

Nous avons également supposé, jusqu'à présent, que les articles comparés avaient la même laize; or, cet élément, variable dans la confection des tissus, a surtout comme influence sur la production la variation de vitesse qu'il nécessite dans la marche du métier. Cette variation de vitesse modifiera donc les résultats obtenus ci-dessus, et la solution définitive s'obtiendra facilement en observant que la production doit être également en raison inverse de la vitesse du métier.

Reprenons les mêmes exemples :

1. Article 15 duites. Laize 3/4 160 coups de battant	$\frac{22 \times 20 \times 160}{15 \times 140} = 33^m,52$	Productions normales
2. Article 20 duites. Laize 4/4 140 coups de battant	$22^m,—$	
3. Article 25 duites. Laize 5/4 130 coups de battant	$\frac{22 \times 20 \times 130}{25 \times 140} = 16^m,34$	

Pour ramener ces produits au chiffre de 22, on aura comme précédemment :

1 — Article 15 duites : $\frac{33,52 \times 15 \times 140}{20 \times 160} = 22$ mètres.

2 — Article 20 duites : 22 »

3 — Article 25 duites : $\frac{16,34 \times 25 \times 140}{29 \times 130} = 22$ »

Si, au lieu des chiffres précédents, on a constaté, pour les articles 3/4 et 5/4 battant à 160 et à 130 coups par minute, des productions de 31 mètres et de 18 mètres, on aurait :

1. $\frac{31 \times 15 \times 140}{20 \times 160} = 20^m,34$, chiffre inférieur à la production normale.

2. 22 mètres.

3. $\frac{18 \times 25 \times 140}{20 \times 130} = 24^m,22$, chiffre supérieur à la production normale,

et en général :

$$x = \frac{P \times D \times v}{d \times V},$$

formule dans laquelle :

P, est la production trouvée pour l'article nouveau.

D, son duitage.

V, la vitesse du métier sur lequel il est produit.

d, le duitage de l'article produit précédemment et servant de type de comparaison.

v, vitesse du métier faisant le dit article.

Nous supposons dans les calculs précédents que la production est exactement inversement proportionnelle aux duitages ; en pratique, il n'en est pas tout à fait ainsi.

Dans les tissus forts, faits avec de bonnes chaînes, les casses et les arrêts sont généralement moins fréquents que dans le tissage des articles en filés très fins ; il faudra donc encore avoir égard aux considérations de ce genre et modifier le chiffre obtenu par un coefficient convenable, suivant les cas.

DES DIVERSES SORTES DE TISSUS

La nomenclature que nous donnons sous ce titre, comprend les divers tissus les plus couramment employés. Les chiffres que nous donnons sont approximatifs et ne doivent servir que comme exemples pour rendre sensible au lecteur la manière de procéder pour établir ces divers tissus et aussi pour lui en faire connaître à peu près la composition.

L'*uni*, malgré sa contexture fort simple, est une des armures fondamentales qui donne lieu à la plus grande variété de tissus, variété basée sur la réduction des fils en chaîne et en trame et sur leur grosseur respective. Ces causes influent singulièrement sur l'aspect du tissu ; elles en déterminent des types tout à fait distincts, et les dénominations différentes qui les font distinguer les uns des autres à la vente.

Tissus pour la vente en blanc

Calicots. — Les calicots sont faits en filés ordinaires, c'est-à-dire en chaîne 27/29 et en trame 36/38.

La série des 60 P 18 fils chaîne se fait en 12, 14, 16, 18 et 20 fils trame et sur les laizes 2/3, 3/4, 4/4, 5/4, 6/4, 7/4, 8/4 et même 9/4. Ce genre de tissu est très courant sur la longueur 3/4. Ces tissus sont en général destinés à l'exportation et sont vendus en blanc apprêtés. Quoique légers et clairs en chaîne et en trame, on leur applique un fort apprêt pour boucher les mailles, de manière à leur donner l'aspect d'un tissu fort et bien garni. Cette sorte doit être tissée très corsée, c'est-à-dire dépairée en chaîne et sans clairières en trame ; on est peu exigeant sur la nature et la netteté des filés employés.

Compte de revient d'un 60 P 3/4 18 fils chaîne, trame en filés coton de l'Inde.

L'omra à fr. 60, les 50 kilogrammes au Havre, la chaîne 28 à fr. 2.45 et la trame 36/38 à fr. 2.60.

L'emploi des filés pour un 60 P 18 fils trame et par 100 mètres est :

chaîne 27/29	4k,60 à fr. 2.45	fr. 11.27	
trame 36/38	3k,70 à fr. 2.60	fr. 9.62	27 fr. 89
façon pour 100 mètres		fr. 7.—	

Voici le prix de revient de la série des 60 P établis comme dans l'exemple précédent.

DUITAGE	POIDS de la CHAINE	POIDS de la TRAME	PRIX de la CHAINE	PRIX de la TRAME	SOMMES	FAÇON	PRIX de REVIENT
	Kil.	Kil.	Fr.	Fr.	Fr.	Fr.	Fr.
12	4,600	2,350	11.27	6.11	17.38	4.—	21.38
14	»	2,650	»	6.90	18.17	5.—	23.17
16	»	3,100	»	8.06	19.33	6.—	25.33
18	»	3,700	»	9.62	20.89	7.—	27.89
20	»	4,030	»	10.48	21.75	8.—	29.75

La même série peut se faire en filés Louisiane, bas, ou qualité mêlée, et les prix sont de quelque peu plus élevés. Ils sont d'ailleurs très variables suivant l'état des stocks, surtout pour les sortes qui ne sont pas très courantes et suivant la qualité de la marchandise. Un second choix se cote facilement 2 à 3 centimes de moins qu'un premier choix.

Les 70 P 21 fils chaîne se font en 21, 22, 23, 24, 26, 28 et 30 fils trame, en chaîne 27/29 et en trame 36/38 ou 30.

POIDS des filés et Prix de revient des 70 P 3/4. Chaîne 27/29. Trame 36/38.

Les filés en coton Louisiane. La chaîne à fr. 2.60, la trame à fr. 2.70.

DUITAGE	POIDS de la CHAINE	POIDS de la TRAME	PRIX de la CHAINE	PRIX de la TRAME	FAÇON	PRIX NORMAL EN ÉCRU [1]	PRIX NORMAL EN BLANC
	Kil.	Kil.	Fr.	Fr.	Fr.	Fr.	Fr.
21	5,270	4,200	13.70	11.34	10.—	0.39	0.48
22	»	4,450	»	12.01	11.—	0.40	0.49
24	»	4,900	»	13.23	12.—	0.43	0.52
26	»	5,300	»	14.31	14.—	0.50	0.59
28	»	5,700	»	15.39	16.—	0.53	0.62
30	»	6,100	»	16.47	18.—	0.55	0.64

[1]) Nous entendons par *prix normal*, le prix auquel devrait être vendu l'article pour donner au fabricant un bénéfice rémunérateur. La comparaison de ce prix, ou du prix de revient, avec ceux des tissus courants publiés par les principales places industrielles pourra montrer qu'il est souvent supérieur au prix de vente. Les cours des tissus varient, en effet, suivant l'état du marché et des stocks existants, la situation des affaires, l'offre et la demande, et sont surtout fixés par la spéculation. Il peut donc arriver qu'en certains moments, un fabricant produise des tissus qu'il vendra sans bénéfice, et même souvent avec perte; il a néanmoins plus d'avantage à opérer ainsi qu'à laisser chômer tout ou partie de son établissement; la compensation se trouve le plus souvent dans la fabrication de nouveaux articles demandés par la mode dont le cours est fixé dans de meilleures conditions.

Ces tissus, surtout ceux fortement duités, nécessitent une chaîne de première marque, une trame très ouverte, la fabrication doit en être très régulière et soignée et les filés exempts de boutons, surtout la trame qui, dans les comptes forts, est très apparente et couvre la chaîne. Les 70 P en numéros ordinaires se font sur les laizes de 3/4 à 8/4. Les tissus ordinairement désignés sous le nom de calicots les plus courants d'Alsace, sont les 60 P, 16 à 20 fils; les 68 P, 20 fils; les 70 P, 21 fils. Les sortes les plus duitées rentrent dans les *madapolams* et les renforcés dans l'article *shirting*.

POIDS des filés et Prix de revient des 75 P. — 22 fils, chaîne 28.

DUITAGE	Nos de la TRAME		POIDS de la TRAME		PRIX de la TRAME fr. à 2.80 le kil.	PRIX de FAÇON	PRIX NORMAL les 100 m
22	37	*Poids de la chaîne : 5k,600 les 100 mètres.*	4,500	*Prix de la chaîne à fr. 2.75 le kil. : fr. 15.40.*	12.60	11.50	39.50
24	»		4,900		13 72	12.50	41.62
26	»		5,300		14.84	14.50	44.74
28	»		5,700		15.96	16.50	47.86
30	»		6,100		17.08	19.—	51.48
32	»		6,500		18.20	23.—	56.60
34	»		6,900		19.32	26.—	60.72
36	»		7,400		20.72	30.—	66.12
24	30		6,000		14.40	14.—	43.80
28	»		7,000		16.80	17.—	49.20
32	»		8,000		19.20	25.—	59.60
22	40		4,050		12.15	11.50	39.05
26	»		4,800		14.40	14.50	44.30
30	»		5,550		16.65	19.—	51.05
34	»		6,320		18.96	25.—	59.36

Les 75 P, 22 fils chaîne rentrent dans le genre des madapolams. Ce tissu doit être fait en filés Louisiane, la marchandise belle et très soignée. Les 75 P se font en chaîne 28 ou en chaîne 30 et en trame 30, 36/38 ou 40/42, en 22, 24, 26, 28, 30, 32, 34 fils sur 3/4 ou 90 centimètres de largeur. La sorte la plus courante se fait en numéros ordinaires chaîne 28 et trame 36/38.

La différence de poids de la chaîne entre le N° 28 et le N° 30 est de 0k,400 pour 100 mètres et la différence de prix serait sur toutes les sortes de 1/4 centime environ.

Les 80 P 24 fils chaîne se font en chaîne 28 ou 30, et en trame 36/38 ou 40/42. La chaîne doit être en très bon Louisiane, et pour les sortes très fortes, en jumel. Cet article se fait surtout en 26, 28, 30, 34 et 36 fils trame. On comprend que, pour pouvoir mettre des duitages aussi forts dans un compte de chaîne très fourni, il faut une très bonne chaîne, très nette et très résistante et une trame très souple et très ouverte; sans ces deux conditions, il serait impossible de tisser les 32, 34 et 36 fils.

POIDS des filés et Prix de revient des 80 P, 24 fils, chaîne 28.

DUITAGE	N° de la TRAME	POIDS de la CHAINE	POIDS de la TRAME	PRIX de la CHAINE à f. 2.80	PRIX de la TRAME à f. 2.85	PRIX de FAÇON	PRIX NORMAL
26	36/38	5,900	5,400	16.52	15.39	15.—	46.91
28	»	»	5,800	»	16.53	17.—	50.05
30	»	»	6,200	»	17.67	19.50	53.69
32	40/42	»	6,050	»	18.15	24.—	58.67
34	»	»	6,400	»	19.12	27.—	62.64
36	45	»	6,100	»	21.35	32.—	69.87

Les 26 à 30 fils peuvent se faire en trame 36/38, mais on aurait trop de difficultés pour les duitages plus forts à employer ce numéro, c'est pour cela que, dans le tableau qui précède, les 32 et

34 fils sont en trame 40 et les 36 fils en trame 45. L'impression et le blanc emploient beaucoup les 80 P 24 fils et 36 fils trame 50.

Les 90 P, 28 fils, chaîne 40 et trame 50 se font surtout de 30 à 38 fils trame, c'est un genre de percale qui sert exclusivement pour le blanc.

POIDS de filés et Prix de revient des 90 P, 28 fils, chaîne 40 et trame 50.

DUITAGE	N° DE LA TRAME	POIDS DE LA CHAINE	POIDS DE LA TRAME	FAÇON
30	50	kil. 4,600	kil. 4,560	23 fr.
34	50	»	5,230	26 fr.
36	55	»	5,150	29 fr.

Ce genre de percale, qui est destiné à une consommation spéciale, doit être fait en très belle matière et la fabrication très soignée.

Les 100 P, 30 fils, chaîne 50 et trame 60 se font en différents duitages et jusqu'à 40/42 fils trame. Les filés sont en jumel cardé ou peigné. Le poids d'un 100 P, chaîne 50 et trame 60 avec 40 fils au 1/4 de pouce est de 9^{k},650 les 100 mètres et son prix suivant qualité peut aller jusqu'à 1 fr., le mètre sur 3/4 ou 90 centimètres de largeur.

Genre cretonne. — On désigne sous le nom de cretonnes des tissus épais et lourds, faits en filés gros numéros, chaîne 8, 10, 12 à 20 et trame 10 à 24. Généralement, dans les marchés qui concernent ces tissus, on stipule le poids des 100 mètres en outre du nombre de portées et du duitage. Suivant les numéros de filés employés et le rapport entre la chaîne et la trame, on obtient un grain tout à fait différent; aussi ce genre comprend un très grand nombre de sortes, variant suivant les usages auxquels ils sont destinés. Nous ne prendrons que quelques exemples.

Les *cretonnes à grain carré* sont généralement les plus lourdes, il y a peu de différence entre le numéro de la chaîne et celui de la

trame, et l'égalité de grosseur du brin en travers et en long est presque parfaite. On exige pour ces tissus beaucoup de *main* et souvent même de la raideur, ce que l'on obtient en employant des filés en bon coton, en excluant les déchets, en encollant fortement la chaîne et en mouillant la trame.

Une cretonne { 16 fils, chaîne n° 10 ou 54 P sur 90 cent. de larg. 14 fils trame n° 12 } pèsera en écru environ 20^{k},500 les 100 mètres. Une cretonne forte avec la même chaîne et 16, 17 fils trame n° 12, pèse en écru 24 kilos les 100 mètres. Le même genre de tissu en 16 fils chaîne n° 12, 18 fils, trame numéro 16 pèse en écru 19^{k},500 environ et l'emploi des filés est pour la chaîne 9^{k},300 et pour la trame 8^{k},500, soit ensemble 17^{k},800 environ. La façon ne peut pas se calculer d'après celle payée pour les calicots, car un article fort est plus difficile à faire et la production est sensiblement diminuée. Pour une cretonne analogue à celle de 20^{k},500 on paye 9 à 10 fr. de façon, c'est-à-dire à peu près la même que pour un 70 P 21 fils, chaîne 28 et trame 36/38. Les cretonnes pour la vente en écru doivent être faites en filés de coton neuf. La marchandise doit avoir une belle apparence; pour la vente en blanc, il faut qu'elle soit exempte de boutons, et pour la teinture, on peut employer des filés en déchets ou mélange de déchets.

Les cretonnes ou le genre shirting en forte chaîne et bien duitées en trame plus fine que la chaine, ont un grain long d'un très bel aspect. Il existe une très grande variété de ce genre, dont voici quelques exemples.

Un { 16 fils, chaîne n° 16, poids 6^{k},900 / 20 fils, trame n° 26, poids 6^{k} } 12^{k},900 pèse en écru environ : 14^{k}.

Ce même article peut se faire en 22, 24, 26, 28 fils trame et le poids en écru variera de k^{os} 14 à 16 ou 17 les 100 mètres et les façons de fr. 12 à fr. 18 les 100 mètres.

Un { 18 fils, chaîne n° 20, poids 6^{k},200 / 20 fils, trame n° 26, poids 7^{k},600 } 13^{k}800, pèse en écru 15^{k}.

Cet article se fait en 20, 24 et même 30 fils et son poids en écru varie de k^{os} 15 à 18^{k},500 les 100 mètres ; la façon varie de 14 à 24 fr., les 100 mètres.

Tissus façonnés et à armures. — On sait que l'armure d'un

tissu est l'ordre dans lequel se fait l'enchevêtrement des fils de trame avec ceux de chaîne. Le nombre des armures et les genres différents de tissus que l'on peut produire, sont pour ainsi dire infinis. Les armures principales sont :

1° L'armure toile ou unie, qui comprend les genres que nous venons d'examiner.

2° Le sergé, comprenant le coutil, le croisé, le sergé proprement dit, les lastings.

3° L'armure satin.

4° L'armure moleskine, velours, etc.

Genre croisé. — Nous laisserons le genre coutil, qui est spécial aux tissages de lin, pour étudier les croisés. Cet article se fait à peu près dans tous les comptes et tous les numéros de filés; il se désigne par le nombre de fils en chaîne et le nombre de croisures au quart de pouce.

Pour les compter, on met la loupe obliquement sur le tissu et dans le sens des côtes; ainsi, on dira d'un croisé, c'est un compte 70 P, 8, 9, 10 côtes, suivant le nombre des croisures qu'il y aura au quart de pouce. Le croisé étant produit par un effet de trame, il faut, pour avoir un beau tissu en côtes bien ressorties, ne pas prendre un compte trop réduit en chaîne et chasser un grand nombre de fils d'une grosse trame bien ouverte. Les sortes de croisés les plus courantes sont les comptes 60, 68 et 70 P en chaîne et 8, 9, 10, 11 et même 13 côtes en trame, au quart de pouce.

En 70 P chaîne, un croisé	8	côtes a	24	fils en trame.
»	9	»	28	»
»	10	«	32	»
»	11	»	36/37	»
»	12	»	40/42	»
»	13	»	45/45	»

On remarque que, dans le tissu croisé, on peut insérer beaucoup plus de duites que dans l'uni; aussi à égalité de fils en trame, les façons sont un peu réduites. Les croisés s'emploient à faire des vêtements, des meubles, des doublures; aussi, en fait-on de certaines sortes très lourdes et très fortes. Les croisés pour habillements et doublures sont souvent grattés et tirés à poil, comme les

draps de laine. Pour ces tissus, il faut donc une grosse trame bien ouverte; une trame en coton et fortement tordue ne donnerait pas de poils.

M. Edouard Gand donne, dans son cours de tissage, les trois formules suivantes :

$$K = \frac{F}{m}\sqrt{n^2 + 1}$$

$$D = \sqrt{m^2 K^2 - F^2}$$

$$F = \sqrt{m^2 K^2 - D^2}$$

dans lesquelles,

K, est le nombre des croisures ou côtes.

F, est le nombre des fils en chaîne au centimètre.

D, le nombre des duites au centimètre.

n, le rapport $\frac{D}{F}$ du nombre de duites au nombre de fils,

m, le rapport de l'armure croisé ou batavia = 4.

Les lastings, les velours et les moleskines, qui sont généralement destinés à la confection d'habillements pour hommes, sont épais et doivent être très solides. Dans les velours et les moleskines, c'est la trame qui fait l'effet et couvre complètement la chaîne; on chasse, dans ces tissus, souvent au delà de 100 fils au quart de pouce, et la chaîne est ordinairement en fils retors. Dans les lastings, l'effet est produit par la chaîne; ils s'emploient également pour habillements et sont teints et imprimés.

Les articles piqué et brillanté se confondent quelquefois sous le nom générique de piqués; cependant, la façon en est tout à fait différente.

On fait surtout les brillantés dans les comptes 60 et 70 P, en chaîne nos 28 et 18, 20 et 24 fils au quart de pouce en trame. Les brillantés forts se font en filés plus gros, en comptes moins réduits, mais assez fortement duités, en trame 16 à 20. Les brillantés fins se font en chaîne 50, avec 28 fils chaîne et 30 fils trame 50; c'est un article analogue à celui employé pour l'impression. Les piqués et brillantés sont destinés surtout à l'article layette et confection et se vendent exclusivement en blanc apprêté et souvent l'envers tiré à poil.

Les articles légers, tels que mousselines, organdis, jaconas et tarlatanes, se tissent d'habitude sur de petits métiers construits très légèrement et battant à une vitesse de 100 à 150 coups à la minute. Les articles *mousselines* se font en chaînes n°s 60, 70 et 80. Trame de mêmes numéros dans les duitages de 28, 29, 30, 32 et 34 fils, laize 3/4, 82 à 85 centimètres de largeur.

Les *organdis*, tissés en chaîne n°s 100, 110, 120, 130, se font en 50 P, 55 P, 60 P, 63 P et 65 P, avec des trames n°s 100, 110, 120, 130 et 150, vitesse de 115 à 120 coups à la minute, duitages de 15, 16, 18, 20, 22 et 24 duites au quart de pouce, laizes, 80 centimètres, 82 centimètres ou 85 centimètres.

Les *jaconas* en chaîne n°s 30, 60, 65 ou 80 en 55 P, 60 P, 62 P, 63 P, 64 P et 65 P (souvent même 67 P), trames n°s 60, 70, 80, 90, 100, 110, duitages de 15, 16, 17, 18, 19 et 20 duites au quart de pouce; vitesse de 110 à 125 coups à la minute, laizes de 82 à 85 centimètres.

Ces articles se font, ainsi que les tarlatanes (genre de mousselines), pour l'industrie de la fleur, pour rideaux, confection pour dames, etc.

Les nansoucks, cambrics, etc., se tissent en grandes laizes, dans les chaînes n°s 40, 50, 60, 70, 75, et duitages de 20 à 32 duites, en trames de mêmes numéros que la chaîne.

Tissus pour impression

Les principaux articles, les plus courants pour l'impression, sont les suivants :

a) Les 68 portées 20 fils }
b) » 70 » 21 fils } calicots chaîne 27/29, trame 36/38.
c) » 75 » 26 fils cretonnes, chaîne 27/20, trame 36/38.
d) » 80 » 26 fils percales, chaîne 40, trame 50.
e) » 22/18 fils }
f) » 22/20 fils } jaconas, chaîne 60, trame 100.
g) » 22/21, organdis, chaîne 120, trame 150.
h) Des brillantés 21/24 » 28 » 37.
i) » 26/30 » 50 » 50.
k) Des satins 26/50 » 60 » 60.

et certains articles modes ou façonnés variant d'année en année.

Les façons qu'on paye sont variables, mais, en moyenne, on peut les estimer à :

7 à 7 1/2	centimes	pour	les sortes	*a)*
8 à 8 1/2	»	»	»	*b)*
10 »	»	»	»	*c)*
10 »	»	»	»	*d)*
8 »	»	»	»	*e)*
8 »	»	»	»	*f)*
12 à 15	»	»	»	*g)*
10 à 11	»	»	»	*h)*
18 »	»	»	»	*i)*
25 »	»	»	»	*k)*

Satins et satinettes

Il y a quelques années que l'article satin ou satinette est en faveur auprès des imprimeurs. La composition même de ce tissu permet, au moyen de l'apprêt, d'imiter des effets de soie ou de laine et d'offrir ainsi au commerce un article à effet et dont le prix de revient est à la portée de tout le monde. Nous ne reviendrons pas sur l'armure des satins, armure analysée et qui se subdivise en diverses séries, dont les principales sont les satins de cinq, satins de huit et satins de douze lames. Ces articles s'entendent pour satin par la trame, c'est-à-dire dont l'effet est produit par la trame seule, pendant que la chaîne ne forme que canevas destiné à renforcer le tissu.

On comprend aisément quel parti peut tirer l'imprimeur d'un article dans lequel la trame seule est apparente et qui, tissé avec des filés en matières soignées, a du brillant en écru déjà. Les satins les plus courants se font en chaîne n° 27/29, trame n° 36/38 à 5 lames. D'autres, spécialement tissés pour impression, en chaînes n°s 40, 50, 60, ont des duitages de 30, 35, 40 et 50 fils au quart de pouce, en trames n°s 30 à 70. Ces tissus sont destinés aux articles de confections, robes, parasols, éventails; d'autres, en filés plus gros, de chaîne 27/29 à chaîne 40, et de chaîne 14 à chaîne 20, avec des trames de mêmes numéros, servent aux articles d'ameublement. Quelques-uns de ces tissus se traitent en teintes unies, sans impres-

sion, et prennent alors les noms de *failles, mi-laines, zanellas, satins glacés, satins moirés,* etc., etc. L'avantage du tissu dont nous parlons est de se prêter, par sa souplesse, à tous les usages; grâce à l'espèce de canevas formé par la chaîne, il peut être renforcé à volonté, tout en conservant le brillant donné par la trame; c'est un article agréable, chaud et souple, et qui peut même se laver, grâce à un apprêt spécial que lui donnent les imprimeurs.

Il a complètement remplacé sur nos marchés l'article crêpe qui était, il y a quelques années, apprêté de la même façon.

On fait des satins fins, genre organdis également, à 5 ou 8 lames. Chaînes n°s 100, 120, 130. Trames 100, 110, 120, 130. Duitages assez serrés et comptes de 60 à 72 portées. Ces articles, apprêtés comme les mousselines ou organdis, ont également de l'avenir.

Satins par la chaîne

Ces tissus, employés pour ameublement, pour doublures ou pour maroquinerie, se tissent à rebours des satinettes ordinaires, c'est-à-dire que l'effet se produit par la chaîne seule et que la trame n'a plus que l'effet secondaire de relier les fils de chaîne entre eux. Cet article doit donc être tissé en filés de choix pour la chaîne, tandis qu'il est inutile d'employer des trames trop belles. L'important, pour bien réussir cet article, est de rentrer les fils de chaînes par trois fils en dent et de prendre des peignes à dentures fines, de manière que les fils de chaîne aient entre eux le moins d'écartement possible. Il faut donc avoir soin de faire lever le fil de trame qui forme le soubassement, au milieu d'une dent, ou, pour nous expliquer plus clairement, il faut que, si les fils 1, 2, 3, sont rentrés ensemble dans une même dent, la trame ne recouvre que le fil 2 et jamais les fils 1 et 3. Il est facile de s'arranger à ce que le travail ait lieu de cette manière, et on évitera ainsi beaucoup d'inconvénients lors de l'apprêt du tissu. La chaîne seule faisant l'effet de satin est, par suite de la composition de l'armure, portée à se désunir, soit que les fils de chaîne, étant mal rentrés dans les dents du peigne, tendent à s'écarter outre mesure, soit que la trame, de numéro trop faible par rapport à celui de la chaîne, ne soit pas assez forte pour retenir les fils de chaîne unis entre eux.

La trame ne paraît que sur un fil de chaîne, tandis qu'il y en a toujours 4 complètement libres; il faut donc que le tisseur étudie à fond la relation qui doit exister entre la chaîne et la trame et qu'il règle son travail de telle sorte que la trame ne puisse, à l'apprêt, se briser entre les fils de chaîne.

Il est arrivé bien souvent que des tisseurs ont eu de sérieux désagréments avec leurs acheteurs et même souvent avec l'imprimeur ou le teinturier, pour n'avoir pas observé la loi de la relation des numéros pour ces tissus satins par la chaîne. En général, quand un tissu est bien fait, dans ces sortes, il faut pouvoir le tirer avec force, dans tous les sens, sans que ni la chaîne ni la trame ne cèdent. Les satins par la chaîne se font dans toutes les laizes; les sortes les plus courantes sont :

3 fils en dent — chaîne et trame n° 14
» » n° 20
» » n° 28
6 fils en dent — chaîne n° 30/32, trame n° 20
» » n° 35 » n° 30
» » n° 40 » n° 30
» » n° 50 » n° 40

On rentre aussi par 5 fils en dent; ce rentrage, pour grandes laizes surtout, est préférable à celui à 6 dents.

Il existe encore une sorte de satins, appelée satins pour parapluies, se tissant en fond à 5 ou 8 lames, avec bande de sergé ou autre armure, en organsin, laine ou coton de gros numéro. Ces gros tissus, faits en 80, 40 et 50 centimètres de largeur, sont pourvus, au milieu, de lisières séparées par une dent vide. — On tisse deux pièces à la fois, que l'on sépare ensuite en coupant le sillon formé au milieu du tissu par la dent laissée vide dans ce but.

En général, l'apprêt ajouté à la teinture et à l'impression rendent chaque article propre à des emplois bien divers; nous n'avons fait que donner quelques exemples des tissus et dénominations les plus courantes; ces articles et dénominations varient à l'infini.

L'impression a employé à diverses reprises différents tissus, dont voici les principaux, mais ils n'ont jamais été aussi courants que les sortes déjà indiquées.

Les piqués,
Les mousselines de laine, } pure laine et chaîne coton, trame laine mérinos peignée.
Les croisés,

Barrèges. — Chaîne soie grège, trame laine mérinos.

Barrèges anglais. — Chaîne coton retors, trame laine longue.

Orléans. — Chaîne coton retors, trame laine longue.

Reps. — Mi-laine, même composition.

Cachemire d'Ecosse, pure laine mérinos.

Ces tissus, excepté les mérinos, les orléans et les mi-laine, ont 64 centimètres de largeur; les autres sont tissés sur 90 centimètres.

La différence qui existe entre les fils de chaîne et de trame est ordinairement de 10 numéros pour les calicots destinés à l'impression. Cette différence augmente dans la proportion de la finesse des fils; ainsi, si l'on emploie, dans les chaînes nos 26, 28 et 30, de la trame 36, 38 et 40, on se servira, pour les chaînes fines en nos 60, 70, 80 et 90, de trames nos 80, 95, 100, 110 et 120. Le nombre de fils en trame est alors de 1, 2, 3 et même de 8 et 10 plus élevé qu'en chaîne, sur un quart de pouce. Ces différences de numéros et de duites donnent aux tissus, par la torsion légère et le soyeux de la trame, une surface polie et une souplesse qui conviennent très bien pour recevoir les couleurs de l'impression.

Pour les calicots destinés au blanc ou à la teinture, les cretonnes, les cotonnades ou toiles de ménage, on n'observe pas ces proportions. Ces tissus sont, comme nous l'avons dit précédemment, le plus souvent carrés, c'est-à-dire qu'il contiennent autant de fils en trame qu'en chaîne et qu'il y a peu ou point de différence entre les numéros de chaîne et de trame.

Moyens graphiques de représenter les emplois de filés et les prix de revient pour différents tissus

Nous n'avons pas besoin de faire ressortir les avantages que présente la représentation par des courbes, des résultats de certains calculs, des progressions de chiffres, des variations de toute nature.

En mécanique, on représente ainsi les lois de mouvement; journellement, on en fait des applications nombreuses dans les observations météorologiques, dans la statistique, dans les chemins de fer, etc.

Le premier avantage de l'emploi de cette méthode est la facilité qu'on a de juger d'un coup d'œil de l'ensemble de la série que l'on a établi; le second est la promptitude avec laquelle on arrive à obtenir un grand nombre de résultats.

M. Gustave Dollfus a fait une application intéressante des représentations graphiques aux divers calculs qui se présentent au tissage, tels que emplois de filés, prix de revient, etc., consignés dans une communication à la *Société industrielle de Mulhouse.* Les exemples suivants montreront la simplicité du procédé et les nombreux cas dans lesquels il est susceptible d'être adopté.

Emploi pour 100 mètres de différents numéros de trame pour différents duitages

Sur une ligne horizontale, on porte des divisions égales représentant les divers duitages, chaque division représentant une duite. Sur les ordonnées élevées par les points de division, on porte les longueurs représentant les poids, en kilogrammes, de la trame nécessaire pour 100 mètres déterminés pour les différents duitages et pour différents numéros de trame, l'ordonnée étant divisée en parties égales, dont une représente un kilogramme. Il suffira évidemment, pour chaque courbe, c'est-à-dire pour chaque numéro de trame et chaque largeur de tissu, de déterminer les emplois de trame de deux duitages différents, car les emplois étant proportionnels aux duitages, les lignes obtenues sont des lignes droites.

Emploi pour 100 mètres de différents numéros de chaîne pour différents nombres de portées

Comme dans le tableau précédent, on portera, sur une ligne horizontale, des divisions égales représentant le nombre de fils de chaîne au quart de pouce, chaque division représentant un fil, et le nombre des portées étant calculé par 90 centimètres de largeur.

Sur les ordonnées élevées par les points de division, on porte les longueurs représentant, à une échelle donnée, les poids en kilogrammes, déterminés pour différents nombres de portées et différents numéros de chaîne. Les lignes obtenues en joignant les points de division pour un même numéro de chaîne et différents nombres de portées sont, comme dans le cas précédent, des lignes droites.

On peut de même établir des tableaux pour les prix de revient des différents tissus, suivant les différents prix des cotons en laine ou en filés, pour les prix de façon, pour les productions moyennes par quinzaine ou par jour, etc., etc.

Ces tableaux devront être établis, pour chaque établissement, d'après les conditions de marche dans lesquelles se trouve l'établissement; au surplus, ils donneront toujours plutôt des moyennes que des indications exactement précises.

Conditions de travail des ouvriers. — Œuvres d'assistance en cas de maladie, etc.

Le personnel ouvrier, dans l'industrie du tissage, se trouve placé dans des conditions de travail plus favorables que celles d'un grand nombre d'autres industries, les unes plus pénibles, les autres plus malpropres; d'autres, enfin, malheureusement malsaines ou nuisibles à la santé.

Les pays qui se sont le plus signalés, jusqu'à présent, par leurs efforts et leurs œuvres en vue d'améliorer les conditions matérielles et morales du travail de l'ouvrier, son bien-être, la sécurité de son existence en cas d'incapacité de travail ou d'âge avancé, sont tout d'abord l'Angleterre, l'Alsace ensuite, puis l'Allemagne; la France

n'arrive qu'en quatrième ligne. Les autres états ne suivent encore que de loin les progrès tentés et réalisés dans ce sens.

En Angleterre, l'ouvrier tisseur ne travaille que dix heures par jour, avec arrêt du travail à onze heures, le samedi matin. On sait que cette suspension du travail manufacturier et commercial est générale en Angleterre le samedi après-midi.

En Alsace et dans toute l'Allemagne, les ouvrières ne peuvent pas travailler plus de dix heures par jour, les hommes pendant onze heures, et les enfants au-dessous de seize ans, huit heures seulement. Les samedis, l'arrêt a lieu à 5 heures du soir; il est accordé une demi-heure en plus pour le nettoyage. Le travail du dimanche est formellement interdit, ainsi que le travail de nuit pour toutes les industries textiles. Les veilles de jours fériés, l'arrêt a lieu également à cinq heures du soir; les lendemains de certains jours de fêtes légales sont fériés également.

Un fait digne de remarque à signaler en faveur de la généralisation de ces mesures, et qu'une des maisons les plus importantes d'Alsace signalait déjà, il y a un certain nombre d'années, après en avoir pris l'initiative, c'est que la production brute par métier n'a pas diminué, malgré la réduction des heures de travail et de marche des usines. Le bon état de santé des ouvriers et leur aptitude au travail s'en sont ressentis également d'une manière avantageuse.

On sait l'opposition générale, résultant surtout de difficultés pratiques d'application, qu'a rencontrée la mise en vigueur de la loi du 2 novembre 1892; elle a été telle que la journée de travail de onze heures est encore actuellement généralement tolérée; un nouveau projet est en discussion, en vue d'une unification de la durée des heures de travail pour tout le personnel ouvrier, sans distinction d'âge ni de sexe; son adoption rallierait, pensons-nous, la majorité des chefs d'industries.

Les caisses de secours aux malades et d'assurances en cas d'incapacité de travail sont obligatoires en Alsace, en Allemagne, en Angleterre, et sont à la veille de l'être en France.

Les caisses d'assistance en cas d'invalidité, particulières à l'Allemagne, procurent une pension aux ouvriers qui, arrivés à l'âge de 70 ans, travaillent encore. Cette pension est indépendante des

secours auxquels ils peuvent avoir droit de recevoir des autres caisses spéciales en cas de maladie ou d'incapacité. — Les caisses de secours aux malades défrayent l'ouvrier des frais de médecin, de pharmacien, d'hôpital, pendant treize semaines, et lui délivrent, pendant toute la durée de la maladie, la moitié de son salaire quotidien. En cas de décès, les frais d'inhumation sont également payés par la caisse et la famille du décédé reçoit une indemnité égale à dix fois le salaire journalier de l'assuré. — Les fonds de ces caisses sont constitués : deux tiers par les chefs d'établissement, suivant un tarif spécial; l'autre tiers est retenu aux ouvriers sur le montant de leurs gains.

On n'ignore pas ce qu'ont fait en France un grand nombre d'industriels dans cet ordre d'idées. Inspirés seulement par leurs sentiments philanthropiques, par le souci de ne pas se désintéresser du sort et du bien-être de leurs employés au dehors de l'usine, ils se sont signalés par des créations et des fondations auxquelles ils contribuent pour une large part et qui assurent aux ouvriers l'assistance en cas de maladie, la facilité de se procurer tout ce qui est nécessaire à la vie et de se loger à des conditions de prix aussi réduites que possible, de devenir propriétaires de leurs habitations. — D'autres œuvres encouragent et rémunèrent l'épargne et constituent une retraite pour les vieux jours, etc.

Ces diverses institutions, organisées suivant les idées particulières de chacun, quoique concourant au même but, sont trop différentes dans leurs détails d'applications pour qu'il soit opportun d'en aborder l'examen; un grand nombre, d'ailleurs, sont connues, et une telle étude dépasserait notre but.

Dans d'autres établissements, des Compagnies privées, d'Assurances contre les risques les plus divers et de Prévoyance, pour la plupart très sérieuses et solides, coopèrent à l'action des patrons et, moyennant une prime à taux fixe, proportionnée au montant des salaires payés, garantissent ceux-ci contre tout recours ou responsabilité, en même temps qu'ils assurent tous les secours à l'ouvrier arrêté dans son travail; ces combinaisons pratiques semblent réaliser assez convenablement le but poursuivi et reconnu par tous indispensable à atteindre; elles évitent du moins aux chefs d'établissements industriels de se voir placés en permanence sou

le coup des aléas onéreux, toujours menaçants, qui se remarquent dans le projet sur le point d'être voté par le législateur. Il semble permis de croire qu'il suffirait d'étendre un peu ces combinaisons et de les rendre obligatoires, dans une certaine mesure, pour donner satisfaction aux patrons comme aux ouvriers, sans exiger la constitution d'un surcroît de capitaux, charge bien lourde dans les conditions actuelles de l'industrie, qui ne sera pas possible pour tous.

Nous avons pu signaler de nombreux progrès et des innovations importantes réalisés, dans l'industrie du tissage mécanique, dans le cours de ces dernières années. Nous ne doutons pas qu'un avenir peu éloigné nous permette d'en constater de nouveaux non moins appréciables. Aidé par le goût sûr et le génie inventif d'artistes novateurs, on a pu voir produire, à l'aide et par la combinaison des textiles les plus divers, coton, laine, soie, lin, jute, ramie, etc., etc.. les tissus les plus compliqués, les plus curieux et les plus beaux à la fois. Il n'est pas jusqu'au verre qui n'ait été, en quelque sorte, asservi et assoupli sur le métier à tisser. Le fil de verre, étiré au chalumeau, est converti en bobines de trame; tissé ainsi avec une chaîne de soie, cette alliance du verre et de la soie produit les effets les plus heureux pour la confection de tissus élégants, propres à faire des robes de soirée, des décorations d'ameublement, ombrelles, cravates, etc.

On est en droit d'attendre surtout beaucoup d'une application rationnelle plus étendue de l'électricité à l'industrie du tissage; sous ce rapport, nous serions appelés à assister à un renouvellement ou une transformation à peu près complète des machines et agents de transmission généralement adoptés jusqu'à ce jour; dans nombre d'établissements, déjà, la force motrice principale est due à l'électricité; dans d'autres, chaque métier est actionné isolément par une petite dynamo spéciale indépendante. On conçoit l'avantage énorme qui résulte de l'adoption d'une installatiou de ce genre — par la suppression de tous arbres de transmission, courroies, poulies, etc. — Il y a, dans cette utilisation de forces naturelles, négligées en raison de leur éloignement des centres industriels leur transformation en travail mécanique à distance et leur dissémination facultative, une question qui a fait l'objet des études de spécialistes et qui a été résolue avec succès.

LE TISSAGE MODERNE

Nous donnons, sous ce titre, la description et les dessins des toutes dernières nouveautés parues ces derniers temps, en fait de machines de préparation et de tissage.

L'émulation est grande, parmi les constructeurs de toutes nationalités, et nous assistons à l'apogée des inventions concernant le tissage, et cela, après avoir vu une longue période vouée uniquement aux perfectionnements apportés au matériel de filature.

La grande concurrence, la nécessité de produire le maximum avec le minimum de frais généraux, une certaine pénurie d'ouvriers dans divers pays, ont stimulé les inventeurs. Les industriels tisseurs modernes, c'est-à-dire ceux qui marchent avec le progrès, peuvent acquérir un matériel, pratique et moderne, qui ne se trouvait pas sur le marché il y a une vingtaine d'années.

Tels sont les Bobinoirs-Ourdissoirs-Encolleuses, supprimant totalement l'ourdissoir et faisant arriver directement de grosses bobines de trame, à fils croisés, sur les cantres d'encolleuses.

Les machines automatiques à faire les peignes et les harnais qui, avec les machines à rentrer automatiquement les fils de chaîne dans le peigne et les harnais, complètent le matériel de préparation, sont décrites en partie ci-après.

Les métiers automatiques, de divers systèmes, montrent les étapes parcourues dans cet ordre d'idée.

Les constructeurs américains, d'abord, puis ceux des autres pays, rivalisèrent d'ardeur pour offrir à l'industrie des machines automatiques supprimant, dans une large mesure, la main-d'œuvre, tout en produisant beaucoup et en bonne qualité.

Notre but, en entrant dans des détails un peu étendus sur ces nouvelles machines de tissage, est de rappeler ces inventions à

ceux qui les connaissent déjà et de les faire connaître à nos collègues qui n'en ont qu'une vague notion.

De nos jours, celui qui ne marche pas avec le progrès, recule, et il est devenu absolument impossible à un tisseur de prospérer s'il ne se tient pas au courant des métiers automatiques et s'il ne les applique pas chez lui.

L'économie de main-d'œuvre est tellement grande qu'il lui devient impossible de lutter avec ses collègues montés en automatiques.

Nous pouvons affirmer, sans courir le risque d'être contredit, qu'un tisseur, monté en automatiques, a une supériorité, sur ses collègues ayant des métiers ordinaires, comparable à la différence qui existait dans le temps entre un tissage de métiers à bras et un tissage de métiers mécaniques.

Cette étude comprend les machines suivantes, dans l'ordre de leur invention :

I. Le métier à tisser américain « NORTHROP », qui a été lancé en Europe en 1897.

II. Le métier Seaton, à trame continue. 1898.

III. Divers nouveaux métiers américains, Bradley Loom et Automatic Loom (circulaire). 1899.

IV. Le métier Harriman, à magasin de navettes. 1901.

V. Machines américaines à rappondre ou rattacher mécaniquement, et fil par fil, les chaînes de métiers à tisser (Albert Goss). 1902.

VI. Noueurs mécaniques Barber et Draper. 1902.

VII. Appareil à rentrer automatiquement les fils de chaîne dans les peignes (Henri Baer et Cie). 1904.

VIII. Appareil à changement automatique de trame (Système Gabler). 1906.

IX. Machine américaine à rentrer automatiquement les fils de chaîne dans les harnais et dans les peignes, de la American Warp-Drawing Machine Company, à Boston. Massassuchets U. S. A. (Walter Kühlen, à Düsseldorf). 1909.

X. Le métier à tisser automatique « STEINEN » (Léon Olivier, à Roubaix). 1910.

Le métier automatique américain Northrop

Le métier à tisser ordiuare s'arrête quand la trame contenue dans la navette est cassée ou épuisée. Il n'arrête pas quand un fil de chaîne casse et, par conséquent, dépend de la surveillance continuelle de l'ouvrier.

Le renouvellement de la trame dans une navette dure, dans le tissage habituel, d'une à dix minutes, suivant les dimensions de la navette, la finesse du fil, la vitesse du métier et la laize de la toile.

Les fils de chaîne cassent avec une régularité en corrélation avec diverses conditions, mais variant, en somme, de 20 fils cassés par jour pour sortes ordinaires à 110 et plus.

Les devoirs d'un tisseur sont donc d'approvisionner de cannettes le métier, quand elles sont usées; de rattacher les fils de chaîne cassés et de veiller constamment à ce qu'aucun métier ne reste arrêté inutilement et à ce qu'aucun fil de chaîne cassé ne puisse produire de défauts dans le tissu.

C'est cet état de choses que les inventeurs ont cherché à modifier. En considérant l'état de la question, on trouve que le tissage en uni a été fait sur le même modèle de métiers depuis 50 ans. Dans bien des établissements, il serait difficile à un commençant de distinguer des métiers construits il y a 30 ans d'autres métiers plus modernes, la seule différence consistant dans leur forme extérieure ou dans de très légères modifications de détails. Il est vrai qu'on a fait des progrès pour les métiers tissant des articles façonnés, et les métiers modernes pour uni sont évidemment plus pratiques et produisent mieux que les anciens. Le principe fondamental de tous ces métiers est, toutefois, resté le même.

MM. Draper & Sons, qui ont fait leur spécialité de l'introduction de perfectionnements dans les machines travaillant le coton, reconnaissant que le métier à tisser se prêtait à bien des modifications destinées à épargner du temps et de la peine, s'adjoignirent M. James Northrop, Anglais de naissance, fixé en Amérique depuis 1881 et connu pour son génie inventif.

Au bout de sept ans de recherches, ils purent raisonnablement annoncer la réussite de leurs essais et présenter au public le métier

qui nous occupe aujourd'hui et qui fut appelé métier « Northrop », du nom du principal inventeur.

Indications générales. — Dans le métier Northrop, c'est le casse-trame qui, au lieu d'arrêter le métier pour permettre à l'ouvrier de placer une nouvelle navette, se charge d'effectuer automatiquement l'alimentation sans discontinuité.

Mais ce métier fait mieux encore, il ne se contente pas de substituer une navette à une autre, il remplace instantanément, dans la même navette, la cannette vide par une cannette pleine, sans ralentir en quoi que ce soit la vitesse! La trame nouvelle est simultanément enfilée à travers l'œillet de la navette et la confection du tissu se poursuit à raison de 195 coups de battant à la minute, aussi longtemps que le métier est approvisionné. Le rôle de l'ouvrier se borne à assurer cette alimentation.

Mécanisme. — Les principaux organes de l'appareil sont :

Le *Barillet*, ou magasin tournant garni de cannettes ou bobines de trame, et le *Transporteur*, organe spécial qui agit sous l'impulsion du casse-trame, lorsque la trame est rompue ou épuisée.

Le barillet contient 14 cannettes et fonctionne comme un barillet de revolver. Il est rempli à la main de cannettes par un ouvrier qui a soin d'enrouler le bout libre de chaque fil de trame autour d'un bouton central.

Le transporteur est monté sur pivot, il amène la cannette placée au point le plus bas du barillet dans la navette et en même temps ouvre la pince élastique, qui laisse tomber la cannette vide.

La pince se referme sur la base de la cannette pleine et la trame fixée au bouton central, guidée par une encoche, s'engage dans la fente de la navette et se trouve enfilée par le départ même de celle-ci.

Le magasin tournant évolue d'une division pour amener une autre cannette pleine, et l'appareil est de nouveau immobilisé jusqu'à ce que le casse-trame agisse une autre fois.

Le métier s'arrête automatiquement au cas où le barillet est vide de cannette.

Les appareils casse-chaîne sont de plusieurs modèles et tous visant au même but, qui est d'arrêter le métier au cas où un fil de chaîne casse ou devient par trop lâche.

Ils se composent soit d'épingles courbes, soit de mailles en acier agissant comme suit :

En arrière ou en avant du harnais,
Sur les battants,
Dans le peigne,
Dans les harnais,
En arrière des baguettes d'enverjure.

Le système le plus recommandé est celui appliqué dans le harnais même.

Diverses phases du travail du métier. — Le détail du travail du métier Northrop est le suivant :

La trame employée est filée sur métiers continus à anneaux dits « Ringthrostles », ou sur métiers à filer self-acting ordinaires.

Quand la trame provient du métier continu, elle est filée sur tubes traversants, généralement en bois, munis d'une base spéciale évasée autour de laquelle sont fixés deux anneaux d'acier assez lourds (fig. 1).

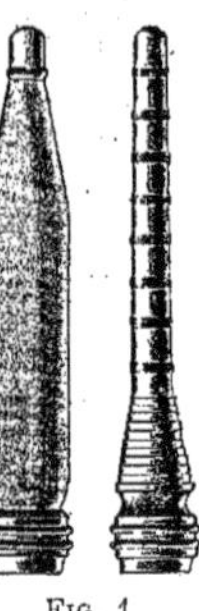

FIG. 1

Ceci ne gêne en rien l'opération du filage et même, au contraire, donne une force appréciable à la bobine.

Le tisseur prend ces bobines et les place dans les encoches d'un barillet circulaire fixé à la poitrinière du métier. Il enroule le bout du fil de la bobine autour d'un bouton central (fig. 2).

Quand on se sert de cannettes ordinaires de self-actings, on les embroche d'abord sur un fuseau spécial (fig. 3) ayant une base semblable aux tubes traversants utilisés pour bobines de continus.

La navette, dans ces métiers, est complètement différente de

celles employées dans les métiers ordinaires. Elle est en bois, de forme habituelle avec pointe à chaque bout, mais ouverte de bas en haut (fig. 4).

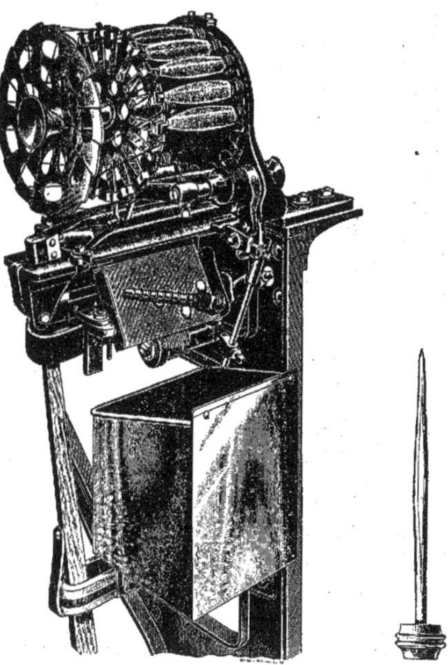

Fig. 2. Fig. 3.

Fig. 4.

Le tube traversant de la bobine ou le fuseau de la cannette sont maintenus dans la navette par des ressorts cannelés formant pince et s'adaptant dans les anneaux précédemment mentionnés et fixés à la base des tubes ou des fuseaux de la trame.

On comprendra donc que la nouvelle cannette, par sa propre pression et son poids, chassera hors de la navette le tube vide ou le fuseau vide, le faisant tomber au travers de la navette et de là au travers du battant, à l'endroit de la boîte à navette, dans un récipient fixé pour le recevoir au pied du bâti.

Cette opération se fait instantanément, à 195 coups de battant à la minute (les constructeurs disent même avoir marché à 200 et 230 coups de battant à la minute).

C'est dans ce mouvement, accompli sans accrocs à cette grande vitesse, que réside la beauté de l'invention de l'appareil dit « changeur de navette. »

Au bout de l'œillet de la navette se trouve une disposition très ingénieuse aussi, arrangée de manière à enfiler automatiquement et à tenir tendu le fil de trame, disposition rappelant un peu la navette d'une machine à coudre.

Quand la trame casse ou est épuisée dans la navette, le casse-trame agit. La fourchette du casse-trame n'étant plus relevée par le fil de trame, cet appareil, au lieu d'arrêter le métier comme d'habitude, tourne une tringle s'allongeant en dessous de la poitrinière. Cette tringle,

au moyen d'une simple communication, lève un cliquet à encoches attaché à un chien (comme dans un revolver) et placé dans le barillet au-dessus de la bobine la plus basse.

Ce cliquet, étant levé, buttera contre une équerre fixée au battant qui, dans son prochain mouvement en avant, repoussera le cliquet, faisant ainsi tourner le transporteur et poussant la cannette hors du barillet.

Ces explications paraîtront un peu obscures; en un mot, qu'on se figure un revolver : au moment où on presse la détente le coup part. Dans cet appareil, au lieu de faire partir une cartouche, on fait descendre une cannette, puis, le mouvement continuant, une deuxième cannette (j'allais dire une deuxième cartouche) vient prendre position et est prête à être envoyée dans la navette dès que le chien qui l'actionne sera rabattu, c'est-à-dire dès que le cliquet aura été sollicité par le casse-trame.

Au moment où le battant se trouve ainsi en avant, la navette est placée juste en dessous de la cannette. Par un appareil conducteur spécial, cependant, cette cannette entre du barillet dans la navette et, pesant sur le tube ou fuseau vide qui s'y trouve, le fait, par son propre poids, tomber au travers de la navette.

S'il s'agit de cannettes à moitié pleines au lieu de tubes vides, qui sont ainsi expulsées de la navette, l'ouvrier les reprend dans le récipient et les replace sur le transporteur après en avoir recherché le bout de fil; il n'y a donc aucun déchet à craindre par suite de ce mouvement d'expulsion.

Quand le battant recule, la navette est lancée par le chasse-navette vertical et le fil de trame, qui a une de ses extrémités attachée à la cannette et l'autre bout enroulé autour du bouton central du barillet, est guidé dans l'œillet de la navette, simplement en raison de sa position même.

Cet œillet est agencé de telle manière que le fil y étant engagé ne peut plus s'en échapper. La tringle ou tige, qui tourne pour faire agir le barillet, met aussi en mouvement un appareil appelé « Indicateur de position », qui est fixé au battant sur le devant de la boîte à navette et est mis en action si la navette a rebondi par trop ou si elle n'a pas été renvoyée convenablement par les taquets.

Dans ce cas, le barillet n'agira pas, le métier s'arrêtera et aucun dommage ne pourra se produire. Le casse-trame est aussi arrangé de manière à arrêter le métier dans le cas où le barillet est vide, la navette entravée ou le taquet mal réglé.

En vue de trancher le fil de trame attaché au bouton central du barillet, le disque est garni de dents de scie qui coupent le fil à l'instant où la navette nouvellement garnie est lancée par le taquet.

Le barillet tourne au moyen d'un ressort à spirales, qui est remonté automatiquement chaque fois qu'une bobine est expulsée.

Dès qu'une cannette vient d'être placée à nouveau dans la navette, le barillet en met une autre en position.

Si sur le barillet se trouvent des cannettes ou bobines mal placées, de manière à former des solutions de continuité ou de vides entre elles, cela ne fait aucune différence.

Casse-chaîne. — Quand un fil de chaîne casse sur un métier ordinaire, le métier continue de tisser comme d'habitude, produisant un vilain défaut dans la toile. Le tisseur est souvent occupé à un autre métier et ne peut remédier de suite à ce défaut. Pour bien des tissus, l'habitude de l'ouvrier (américain) est de laisser un fil couru se produire et continuer sans rattache jusqu'à ce que plusieurs fils cassent ensemble au même métier ou jusqu'à ce que le métier arrête par suite du manque de trame.

Ces fils cassés en entraînent souvent d'autres, forment des nids qui alors nécessitent plusieurs minutes de travail pour y remédier. Les autres métiers, pendant ce temps, continuent de battre et il s'y produit aussi bien souvent des défauts pendant ce même temps, au grand détriment de la qualité des tissus.

Le casse-chaîne est l'unique moyen d'assurer un prompt remède à tous défauts provenant de la chaîne.

Il se compose de lamelles en mailles d'acier fin munies d'un œillet au travers duquel on passe les fils de chaîne (fig. 5). Quand un fil casse, la maille tombe et produit le contact avec l'arrêt qui actionne la fourche de mise en train. Dans le harnais en acier à casse-fils, les aiguilles constituent les mailles. Les inventeurs font un grand éloge de ce système de harnais à mailles d'acier, ils font

ressortir qu'ils ne nécessitent ni vernissage, ni rattaches et que l'usure en est très réduite, comparativement aux harnais en fils retors.

Fig. 5.

Ce qui, pour nous, ressort le plus clairement de toutes leurs explications, c'est qu'il faut, pour leurs métiers, des harnais spéciaux et que tous ceux employés dans notre région ne seraient d'aucun emploi en cas d'adoption du métier Northrop.

Réparations et usure. — Les constructeurs font simplement remarquer que le changement de cannette ne se produit, en moyenne, qu'une seule fois toutes les cinq minutes. Les autres parties du métier opèrent, par contre, de 100 à 200 fois par minute, et comme un métier ordinaire dure à peu près 20 ans, en moyenne, les parties composant leur « changeur de cannettes » devraient, en comparaison, durer de 10 à 20.000 ans! Ils ne veulent cependant, disent-ils, prendre aucune garantie pour une période aussi longue!!

Avantages du métier Northrop. (Fig. 6.) — Pour apprécier ce que ces inventions rendent de services, il est nécessaire de comparer les méthodes de travail sur métiers ordinaires et sur métiers Northrop. Les dispositions de cette dernière machine permettent au tisseur d'alimenter de trame le métier quand cela lui convient, au lieu d'être forcé de le faire chaques cinq minutes.

L'opération de placer une cannette dans un barillet et d'en enrouler le bout autour d'un bouton central ne nécessite que deux mouvements.

Dans le métier ordinaire, la même opération demande sept mouvements :

Sortir la navette,
La remplacer par une autre,
Mettre le métier en marche,
Sortir la cannette vide,
Placer une nouvelle cannette,

nuant à marcher sans tisseurs, n'arrête que quand tous les métiers se sont arrêtés d'eux-mêmes, soit parce que les barillets sont vides de trame, soit parce qu'un fil de chaîne est cassé.

D'après des moyennes que j'ai faites et que j'ai tout lieu de croire justes, un métier 3/4 ordinaire monté en chaîne 27/29 et trame 36/38, filés de premières marques, encollage excellent, arrête : 68 fois, en moyenne, par jour pour fils de chaîne cassés, 155 fois, en moyenne, par jour pour trame cassée ou épuisée.

Une cannette de trame 36/38 dure, en moyenne, huit minutes sur métiers marchant à 200 coups de battant à la minute. Il faudra que l'ouvrier aspire de 7 à 8 fois par heure la trame dans l'œillet d'une navette, soit pour la journée, pour ses deux métiers, *166 fois!* Il faut ajouter à ce total les aspirations supplémentaires nécessitées par chaque casse de trame pendant la marche et on arrive, pour l'année, à passé 100.000 aspirations pour un ouvrier, ce qui est évidemment très malsain!

Conclusions. — Un fait acquis et indubitable est que le métier Northrop présente un très grand perfectionnement sur les métiers ordinaires existants. Les lettres reçues de tisseurs américains possédant chacun de 200 à 600 de ces métiers, prouvent qu'un ouvrier ordinaire peut conduire de 14 à 24 de ces métiers, tissant de l'article courant chaîne 27/29 trame 36/38, répondant à notre article 3/4 60 P 18 × 18 pour impression.

La production par métier est, malgré cela, supérieure à celle qu'on constate dans nos régions, soit 45 à 46 mètres par jour et par métier, au lieu de 36 à 39 mètres.

Ainsi, les 80 métiers montés par MM. Geo Draper & Sons, à Hopedale, sont conduits par cinq tisseurs seulement, soit 16 métiers par ouvrier. Ils battent 190 coups à la minute, et chaque tisseur livre, en moyenne, par semaine, 96 coupes de $45^{m},70$ chacune.

La main-d'œuvre est donc réduite de plus de moitié et pourtant l'ouvrier arrive à gagner 3 à 4 fois plus qu'un de nos tisseurs (les auteurs disent même 7 fois plus), car il est payé à la pièce et sa paye se chiffre sur 14 ou même plus de métiers.

Les frais généraux de l'établissement sont réduits de moitié et les constructeurs, en se résumant, évaluent à 20 dollars, soit à une centaine de francs, l'économie annuelle réalisée par le métier Northrop sur le métier 3/4 ordinaire, rien que pour ce qui concerne la main-d'œuvre.

Le métier coûte 125 dollars, pris à Hopedale, soit *675 francs* environ. Ce prix, assez élevé, provient des brevets coûteux qui y sont appliqués.

Des inconvénients. — Les inconvénients que nous trouvons à signaler sont les suivants :

Par suite de l'adaptation sur la poitrinière du métier de la boîte à barillet-revolver, les constructeurs ont été forcés de supprimer la batterie à fouets horizontaux, batterie reconnue depuis longtemps comme bien préférable à celle verticale à fouets dans le battant.

Le système Northrop ne peut pas s'adapter à des métiers existants, les constructeurs l'avouent eux-mêmes, mais ajoutent que tous leurs efforts tendent, actuellement, à arriver à modifier leurs modèles de manière à rendre cette adaptation possible.

Il faut, pour ces métiers, des assortiments de fuseaux ou de tubes traversants spéciaux.

Des navettes spéciales et de construction brevetée sont aussi nécessaires.

Enfin, les harnais sont entièrement à modifier, à cause des casse-chaîne.

Nos constructeurs alsaciens ont bien perfectionné le métier Northrop, qui est adopté à peu près partout.

Les brevets étant tombés dans le domaine public, de nombreux constructeurs, de tous pays, offrent maintenant ce métier perfectionné, au point de vue du changement et du nombre de cannettes, et avec des chargeurs spéciaux et pratiques, qui permettent de placer un bien plus grand nombre de cannettes de trame que précédemment.

De plus, ces métiers sont agencés pour pouvoir tisser toutes les sortes de tissus à armures et autres, avec des chaînes grosses ou fines.

C'est l'auteur de ce livre qui, le premier, fit connaître le métier Northrop, en Europe, par son rapport à la Société industrielle de Mulhouse en 1897.

Métier à tisser automatique américain système Seaton

1898

Le métier Seaton est à peine différent d'un métier mécanique ordinaire. La différence réside seule dans l'introduction du coup de trame.

Le métier n'a qu'une seule navette sans canette ni fuseau. Le fil de trame se trouve enroulé, de chaque côté du métier, sur des bobines en bois, placées par terre et contenant chacune plusieurs kilos de fil de trame. Le fil monte verticalement le long du pied de chasse du battant et passe dans de petits tuyaux qui conduisent le bout du fil à un endroit où la navette, de construction spéciale, peut le prendre. Cette navette a environ 30 centimètres de longueur et est munie à chaque bout de pinces (sortes de crochets) qui ne peuvent s'ouvrir d'elles-mêmes que quand la navette se trouve dans la boîte à navette.

Admettons maintenant que la navette se trouve du côté droit du métier dans la boîte à navette. A ce moment, la pince est ouverte vers la droite. Dès que la navette se meut seulement légèrement vers la gauche, la pince se ferme et entraîne le fil de trame, et cela au travers de toute la largeur du tissu.

Est-elle arrivée de l'autre côté, la pince droite est rouverte par un nez qui se trouve placé à un point donné et la pince lâche le fil de trame de manière à ce qu'il dépasse à peine d'un millimètre la lisière de gauche.

Pendant ce temps, la pince gauche a saisi le fil de trame se trouvant de ce côté-là et l'a de nouveau amené du côté droit. Pendant le temps que la navette a mis, dans le cas ci-dessus, à aller de droite à gauche, il s'est déroulé automatiquement une longueur de trame équivalente à la largeur exacte du tissu, et cela au moyen

d'un crochet réglé en conséquence et se mouvant vers le bas. Lorsque la navette est arrivée du côté gauche au côté droit, elle saisit le bout du fil de trame qui a été déroulé et coupé automatiquement du reste de la bobine, mais qui reste cependant tendu, et le conduit de droite à gauche où alors il forme par cette troisième duite une lisière fermée et nette.

La même chose se reproduit ensuite du côté gauche.

A-t-on besoin de plusieurs couleurs, ce métier peut être utilisé aussi dans ce cas. On met par terre, aux côtés du métier, le nombre voulu de bobines avec un nombre égal de petits tuyaux se dirigeant vers la navette.

Il est possible, pour le moment déjà, de travailler avec 7 trames de couleurs différentes. Une des couleurs doit-elle changer, l'appareil à tuyaux tourne de 8 à 10 millimètres et la pince de la navette prend alors le fil qui lui est présenté. Le mouvement de cet appareil de tuyaux est réglé par des cartons de ratières. On peut battre de 170 à 180 coups à la minute avec ces métiers qui sont aussi munis de casse-chaînes et de casse-trames arrêtant le métier quand un fil de chaîne casse ou que la trame vient à manquer. Ces appareils sont identiques à ceux employés jusqu'à nos jours.

Les navettes à pinces sont connues, elles sont toutefois perfectionnées. Le nouveau mouvement pour insérer le coup de trame peut être facilement appliqué à tous les métiers mécaniques de n'importe quel système. Pour des métiers larges seuls, il y aurait une petite modification à apporter dans le battant. On a l'avantage avec ce métier de pouvoir tisser duite à duite, car chaque pince peut, sans inconvénient aucun, empoigner un fil de qualité, de numéro ou de couleur autre que le précédent, et il n'est pas nécessaire que les deux coups de trame, gauche et droite, soient pareils.

L'inventeur garantit qu'un seul ouvrier peut mener facilement de 15 à 20 métiers, avec des chaînes en filés de premières qualités.

Voici la description rapide de ce nouveau métier qui présente sur le métier Northrop les avantages suivants :

D'abord, en première ligne, faculté de conserver les métiers existants dans les tissages, en adaptant simplement le mouvement d'amenée de la trame;

Les harnais et peignes habituels peuvent être maintenus;

Suppression des appareils mécaniques très compliqués du revolver charge-navette, pour le réglage duquel il faut de vrais mécaniciens;

Suppression absolue des défauts en trame signalés dans le métier Northrop où il se produit des feintes ou clairs à chaque changement de canette, défaut capital qui, tant qu'il n'y sera pas remédié, rendra l'emploi du métier Northrop impossible pour sortes soignées;

Le métier Northrop revient à 1000 francs; le métier Seaton ne revient pas à la moitié;

Il faut pour le métier Seaton des bobines spéciales pour trame, ce n'est pas un grand inconvénient et on y remédierait facilement en filature.

Divers nouveaux métiers américains :

Bradley Loom et Automatic Circular Loom

1899

Le métier construit par l'Automatic Loom Company, de New-York, sert surtout pour la fabrication des guinghams ou autres tissus à plusieurs couleurs en trame, ou encore pour des articles employant une trame grossière, tels que couvertes de lit (quilts), etc.

Ce métier, jusqu'à présent, n'est représenté que par un nombre restreint d'exemplaires dans nos tissages et tend à être apprécié.

Le métier circulaire faisant un tissu composite, partie bonneterie, partie tissage, est absolument nouveau sur le marché : c'est le « Bradley Loom » qui est construit à Laconia (N. H.). Sa production est de 70 à 80 mètres de tissus courants par jour.

La machine est simple de construction, la chaîne peut être placée sur ensouples au-dessus du métier, ou en bobines sur des cadres circulaires.

Le métier à tisser automatique à magasin de navettes, construction Harriman, à Readville, Etats-Unis (Amérique).

1901

La Compagnie américaine des métiers de Readville (Massachusetts) a créé un métier à tisser automatique à magasin de navettes, de construction simple et travaillant remarquablement bien. Ce métier comprend les inventions de M. H.-J. Harriman et est le résultat de longues études et d'essais suivis.

But. — Le but cherché était un appareil d'approvisionnement de canettes, de construction et de mouvement simples, pour permettre de marcher à la plus grande vitesse, tout en ayant un mécanisme des plus délicats et soignés.

Résultat. — Le résultat obtenu est une augmentation de production par métier, aussi bien qu'une production augmentée par chaque ouvrier, parce que les soins à donner aux métiers, soins qui augmentent d'habitude dans chaque système de métiers automatiques auxquels on ajoute des appareils spéciaux, sont réduits, dans le cas particulier, à une quantité négligeable. La façon dont se produit ce résultat si favorable est la suivante :

Action de la fourche. — Quand la canette est terminée, ou que le fil de trame vient à casser pendant la marche, le métier est arrêté par le moyen de la fourchette du casse-trame, absolument comme dans les métiers ordinaires.

Il est à remarquer que, par le moyen d'un arrêt spécial, le métier est invariablement arrêté par la navette quand il n'y a plus de trame. L'action de la fourche, cependant, met en mouvement un appareil spécial appelé « moteur de changement ». Ce moteur, par une révolution unique, non seulement remplace la navette vide par une navette pleine, mais remet en même temps le métier en train à son allure habituelle.

Fonctions. — Cet appareil a donc trois fonctions distinctes : la

première de renouveler la trame, la deuxième de remettre en train le métier, et la troisième de se mettre lui-même hors d'action.

Ces mouvements se produisent comme suit :

La force étant obtenue de la poulie folle du métier, un triple bec recourbé, sorte de crochets, est actionné. Ce bec, par des leviers et accessoires divers, lève le bord de devant de la boîte formant le magasin de navettes, rejette la navette vide et introduit à sa place une nouvelle navette pleine dans le battant, laquelle nouvelle navette vient d'un magasin fixé à la poitrinière du métier. Le bord de devant de ce magasin, en descendant, fixe et maintient fermement la navette à la position voulue. Cette période de rechange de navette étant accomplie, un levier, fixé sur le mouvement de changement, replace la courroie sur la poulie fixe et remet automatiquement le levier en train.

Suivant immédiatement ce mouvement, la troisième fonction s'accomplit en relevant la communication entre la force actionnée par la poulie folle et le levier de changement, et, par ce fait, le levier de changement se retire de lui-même de l'action.

Vitesses indépendantes. — Bien que le mouvement de changement puisse être réglé à n'importe quelle allure ralentie désirée, l'arrêt du métier, à chaque changement de navettes, rend la vitesse à laquelle on tisse, absolument indépendante du mécanisme du magasin. Cela veut dire que les grandes vitesses des meilleurs métiers ordinaires peuvent être adoptées et, malgré cela, les métiers et les navettes ne sont pas soumis aux chocs du changement de navettes à de grandes vitesses. Les points de réglage sont peu nombreux et ont de larges coulisses ou côtés, de manière à écarter toutes difficultés d'ajustages délicats.

Réglage. — Le mécanisme entier est tellement simple que les tisseurs et les régleurs des métiers le saisissent à première vue, et sa popularité croît rapidement.

Solidité de construction. — Comme l'appareil ne demande à être actionné que 5 à 10 minutes par jour, suivant les articles tissés, comme il se meut lentement et tout doucement et qu'il est construit robustement, il durera autant que le métier lui-même, et en écartant toute crainte de casses.

Le tisseur. — Le tisseur peut conduire avec beaucoup de facilité deux à trois fois autant de ces métiers à appareils changeurs de navettes qu'il conduit actuellement de métiers ordinaires.

Navettes. — On emploie d'habitude huit navettes et le mouvement est combiné de manière à employer, avec autant de délicatesse que possible, les navettes de différents modèles ou de différents poids. Les inventeurs construisent une navette enfilant la trame à la main et la livrent au prix habituel d'une navette ordinaire. Cette navette est préférable, dans bien des cas, aux autres navettes, dans lesquelles il faut aspirer le fil par un œillet, mais ce système habituel et ancien peut tout de même être employé avec l'appareil changeur.

Casse-chaîne. — M. Harriman a aussi inventé un casse-chaîne pratique, qui s'adapte au métier et complète ainsi un métier automatique facile et pratique.

Accessoires. — La Compagnie américaine procure les navettes, bobines, tubes, harnais, peignes, etc., en un mot tout ce qu'on peut avoir à employer pour métiers à tisser.

Modification aux métiers ordinaires. — Elle ne construit pas seulement son métier complet, avec tous les nouveaux perfectionnements, mais elle est aussi prête à modifier les métiers ordinaires roulant actuellement dans les usines, en y adaptant ses nouveaux perfectionnements. Un métier ordinaire ainsi remanié sera aussi bon et pratique que le vrai métier automatique Harriman.

Résumé. — Le métier Harriman est un métier ordinaire sur lequel est greffé un mécanisme ingénieux consistant dans un magasin ou coulisse fixé sur le côté de la poitrinière, du côté opposé aux poulies.

Ce magasin contient huit navettes superposées, construites de manière à ce que l'ouvrier puisse passer le fil de trame à la main dans l'œillet et sans l'aspirer avec la bouche. Chaque fois que la navette qui fonctionne dans le battant est vide de trame, par suite de l'épuisement de la canette, ou que le fil de trame casse pendant la marche, le casse-trame fait arrêter le métier.

En même temps que ce mouvement d'arrêt se produit, la poulie

folle du métier, sur laquelle se trouve alors la courroie, actionne trois appareils spéciaux en forme de becs, dont l'un rejette la navette vide et la fait tomber dans un récipient adapté derrière la boîte à navettes. Le deuxième bec fait tomber la navette inférieure des huit navettes pleines empilées dans le magasin, et cette navette se place automatiquement et tout naturellement dans la boîte à navettes. La boîte à navettes est ouverte du côté du magasin, qui forme lui-même fermeture, remplaçant ainsi de ce côté la joue de la boîte à navettes. Le troisième bec remet ensuite la courroie sur la poulie fixe et le métier se met immédiatement en marche à son allure précédente de 200 coups de battant à la minute.

Les trois mouvements décrits ci-dessus ne prennent pas plus de deux secondes, et on compte que, pendant la journée entière, ces arrêts ne représentent pas plus de 10 minutes, au maximum. Cet appareil spécial ne s'use donc pas plus que le métier lui-même.

Le tisseur, qui peut soigner facilement huit métiers, est bien tranquille, il peut s'en aller en laissant marcher ses métiers. Ce qui peut arriver de pire, c'est que le métier s'arrête à cause d'un fil de chaîne qui casse et actionne alors le casse-chaîne, ou parce que la provision de navettes chargées est épuisée dans le magasin.

Ces métiers sont construits par l' « American Loom Company », à Readville, Massachusetts (Amérique).

Machine américaine à rappondre ou rattacher mécaniquement, fil par fil, les chaînes des métiers à tisser, système de M. Albert Goss, 297, Trenton Avenue, à Lakeview (New-Jersey) U. S. A.

1902

L'un des grands inconvénients du tissage et l'une des causes principales de dépenses et de frais généraux pour la préparation des chaînes est, sans contredit, la nécessité où l'on se trouve de devoir rentrer fil par fil chaque nouvelle chaîne, dans son harnais d'abord, puis dans le peigne du métier à tisser.

Ces diverses opérations se font à la main, aussi les constructeurs ont-ils fait porter leurs efforts, ces derniers temps, sur le remplacement du travail manuel des rentreuses par des appareils mécaniques.

Je voudrais attirer votre attention sur une machine à rappondre ou rattacher les chaînes, opération plus délicate encore que le rentrage, et qui, jusqu'à présent, s'est toujours faite à la main.

Quand un même article doit continuer un certain temps sur un même métier, il faudrait, chaque fois qu'une chaîne est arrivée à sa fin, qu'on rentre dans l'équipage, composé du harnais et du peigne, une chaîne fraîche, qui devrait être de nouveau rentrée fil par fil dans les lames du harnais, puis dans le peigne.

Pour éviter la perte de temps du rentrage, on procède à l'opération du rappondage, qui consiste à mettre sur un bâti spécial l'équipage et le peigne, dans lesquels sont restés les derniers centimètres de la chaîne qui vient de terminer sur métier.

On place en face le nouveau rouleau de chaîne, et une ouvrière est chargée de prendre le premier fil de cette chaîne et de le rattacher en faisant un nœud spécial à la main au bout du premier fil du reste de la chaîne qu'on vient d'enlever du métier à tisser, et ainsi de suite pour tous les fils qui la composent.

Les rentreuses, au bout d'un certain temps d'apprentissage, acquièrent une très grande habileté et font ces nœuds de rattache avec un coup de pouce spécial qui leur permet de rattacher les uns aux autres plusieurs milliers de fils en une heure.

Les deux chaînes, la nouvelle et l'ancienne, étant ainsi rattachées l'une à l'autre, on tire le reste de la chaîne finie au travers du peigne et du harnais et on entraîne à sa suite la nouvelle, qui y est rattachée fil par fil.

C'est pour supprimer cette opération lente et fatigante pour l'ouvrière et coûteuse pour le fabricant, qu'un Américain, M. Albert Goss, de Lakeview, dans le New-Jersey, a inventé et breveté dans tous les pays l'appareil à rappondre dont la description suit :

Son appareil se place sur le métier à tisser, derrière les harnais, il est donc transportable et on n'a plus besoin de décrocher les harnais, ni d'enlever les peignes.

On laisse, tel quel, le bout final de la chaîne finie, on place sur le métier, à sa place habituelle, le nouveau rouleau de chaîne, et l'appareil en prend mécaniquement chaque fil l'un après l'autre, en opérant simultanément à droite et à gauche, et les relie, par un nœud mécanique spécial, à leurs camarades correspondants de l'ancienne chaîne.

L'appareil peut aussi être mis en mouvement, à la main ou mécaniquement, à volonté : il est muni d'une bielle à main et d'une poulie à commande mécanique.

Quand tous les fils sont renoués les uns aux autres, on tire le tout au travers de l'équipage et du peigne et on peut recommencer à tisser, ayant économisé, grâce à ce mécanisme ingénieux, la perte de temps du démontage des harnais, de leur réglage à nouveau, du transport des chaînes à la préparation, sans compter que cet appareil mécanique fait aisément, en une heure, le travail que fourniraient trois rappondeuses habiles dans le même laps de temps.

Voilà ce que promet l'inventeur; son appareil rendra-t-il les services qu'on doit en attendre? L'avenir en décidera.

Quel que soit le résultat obtenu, il m'a semblé que le fait seul d'avoir combiné un appareil rappondeur, marchant et fonctionnant dans plusieurs établissements, représente déjà un progrès tellement considérable qu'il est intéressant, au plus haut point, pour nos collègues tisseurs, de savoir qu'il existe!

Cet appareil est probablement perfectible; nous devons déjà aux Américains des machines ingénieuses : je citerai, dans le même ordre d'idées, les machines à tricoter les harnais, qui sont des bijoux de mécanique, des machines à faire les peignes, d'autres à rentrer les fils, et maintenant l'appareil à rappondre qui sera certainement adopté en tissage, comme l'est déjà, en Amérique, l'appareil portatif à faire les nœuds aux bobinoirs et dont est munie là-bas chaque bobineuse.

Appareil à rappondre les chaînes. — Les principaux organes de l'appareil à rappondre sont :

1° *Le porteur de chaînes,* ou pince feutrée, dans laquelle on passe le bout des deux chaînes à rappondre.

2° *Le séparateur des fils.*

3° *L'organe destiné à présenter le fil à l'appareil de torsion.*

4° *Le mécanisme de torsion rappondeur.*

1° *Le porteur de chaînes* se compose de tringles ou lattes fixées au bâti supérieur de l'appareil, recouvertes de panne et composées de deux parties formant mâchoire, serrées par des écrous.

Cette mâchoire retient les fils des deux bouts des chaînes qu'on y fixe en commençant l'opération.

2° *Le séparateur des fils* se compose de quatre tringles à crochets (4) mobiles autour de leurs axes, et fixées sur une plaque ronde munie d'un mouvement de va-et-vient. Ces tringles sont pourvues, à leurs extrémités, de crochets dont deux sont tournés vers le haut et deux vers le bas, en sens opposé les uns aux autres.

Elles séparent les fils pairs des fils impairs et forment enverjures. Au premier mouvement, les crochets retiennent, un certain moment, les fils pairs, par exemple, puis retiennent les fils impairs, excepté pourtant les deux fils extrêmes des deux chaînes.

Ces tiges décrivent alors un mouvement de recul et, comme la tension des chaînes doit être uniforme, il faut que le fil extrême de chaque chaîne soit abandonné lorsque les tiges décrivent leur mouvement de recul en emmenant les deux chaînes.

Cette opération terminée, la tige pivote et retient les deux chaînes.

3° C'est alors qu'entre en jeu l'*organe destiné à présenter le fil à l'appareil de torsion.*

Le crochet correspondant à la tige, qui vient de pivoter, vient alors engager les deux fils libres impairs, les conduit au mécanisme de torsion (N° 46) qui les rattache. L'opération se répète alors pour les deux fils extrêmes pairs et ainsi de suite.

4° *Le mécanisme de torsion rappondeur* consiste en une friction, 45, 54, 55, 56, 59, 60, 85 (Pl. VII, fig. 6).

A la partie extérieure de l'arbre moteur, est fixé, au milieu d'un arbre, un disque ayant une encoche en forme d'arc de cercle.

L'une de ses extrémités est terminée en forme de couteau, recourbé légèrement en arrière du bâti.

L'autre extrémité porte un nez étroit, espèce de broche horizontale, munie d'un mouvement de montée et de descente.

A la partie de devant de ce disque se trouve un deuxième disque, recouvert de cuir ou de toute autre matière, qui puisse donner une surface de frottement.

L'appareil agit comme suit :

Les fils de l'ancienne chaîne, ainsi que ceux de la nouvelle, sont placés dans l'appareil de manière à ce que les fils de l'une des chaînes passent dessus, et les fils de l'autre, sous les tringles conductrices 98, 99 (Pl. VI, fig. 1 et 2), autour d'une tringle conductrice 109 et en montant jusqu'aux lattes 74 où ils sont pincés et serrés dans les lattes feutrées 85.

Sur le parcours de la latte conductrice 109 à la tige ou latte 74, les fils passent par les baguettes d'enverjure 4, autour desquelles ils se séparent en formant un croisement régulier.

Les baguettes d'enverjure 4 sont placées par paire, l'une au-dessus de l'autre.

Comme les crochets 40 des baguettes d'enverjure supérieures 4 sont placés dans la direction contraire aux crochets 40 des baguettes d'enverjure inférieures, il arrive que, par leur mouvement horizontal vers la droite, ils tirent en arrière tous les fils de la chaîne tendue; il n'y a que le fil extérieur, soit le dernier, qui se sépare, parce qu'il est pris par le crochet 40 se trouvant du côté faisant face à la baguette d'enverjure 4.

Le disque, en colimaçon 115, prend ces fils l'un après l'autre, le doigt 41 les maintient fixes et l'appareil de torsion 109, 99, 137, fait le nœud de rattache des deux chaînes et coupe en même temps les bouts.

Les fils rattachés sont lâchés ensuite par le colimaçon 115 qui continue son opération pour les fils suivants.

Fonctionnement. — Le fonctionnement de l'appareil se fait, en résumé, comme suit :

L'appareil étant fixé derrière le métier à tisser sur le bâti du porte-fil, par exemple, les deux chaînes à rappondre, soit le reste de la chaîne terminée sur métier et le bout de la nouvelle chaîne à tisser, sont passés, l'ancienne chaîne à droite sur les baguettes

MACHINE A RAPPONDRE

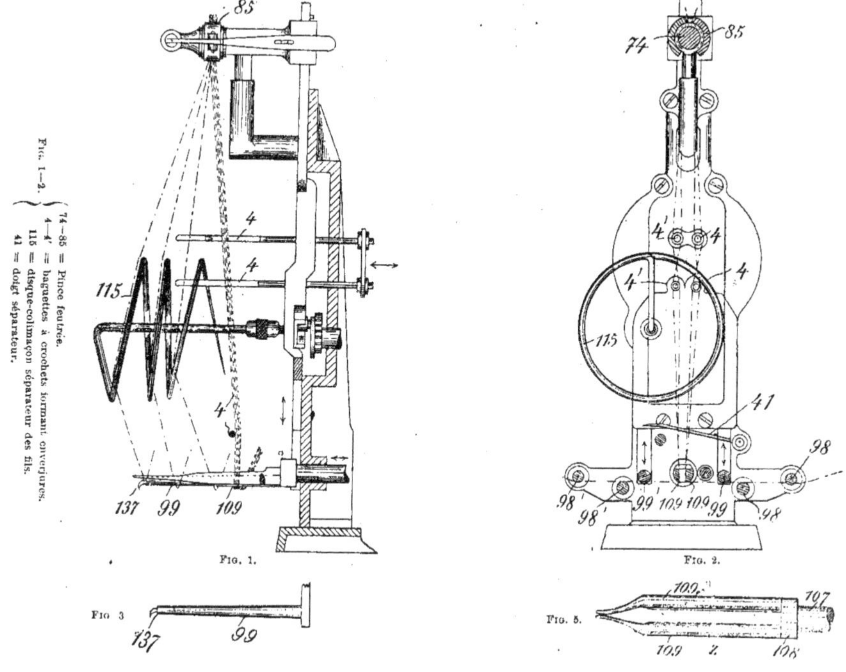

Fig. 1.

Fig. 2.

Fig 3

Fig. 5.

MACHINE A RAPPONDRE

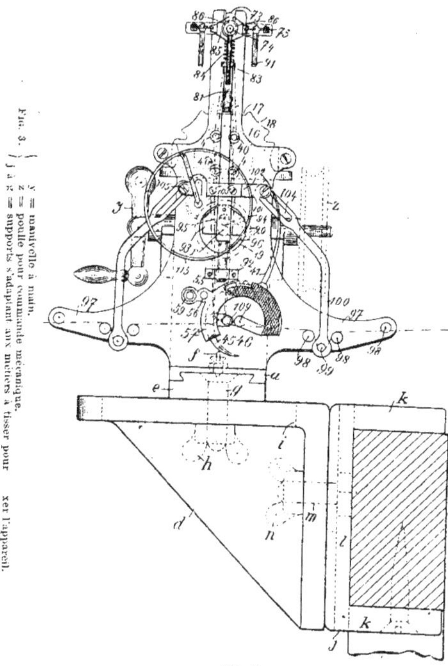

FIG. 3. y = manivelle à main. z = poulie pour commande mécanique. f j à k = supports s'adaptant aux métiers à tisser pour xer l'appareil.

FIG. 3.

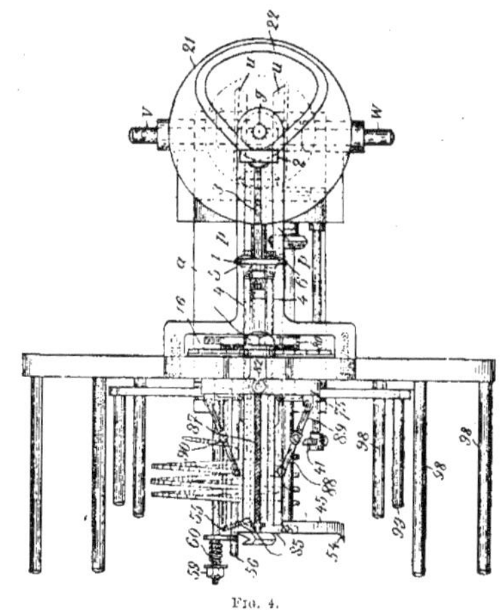

FIG. 4.

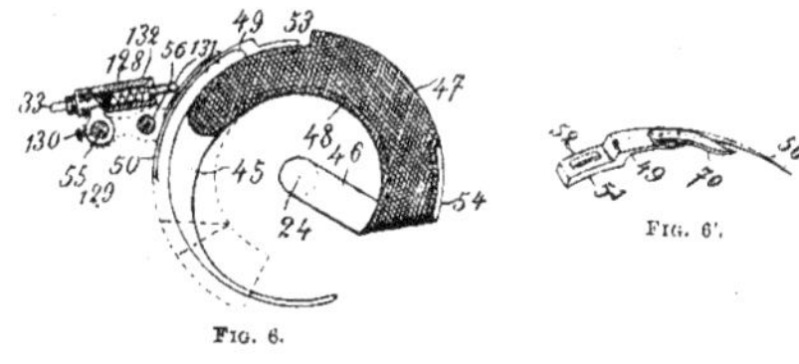

FIG. 6.

FIG. 6'.

98, 99 envergées autour des tringles à crochets 4, puis pincées dans la mâchoire supérieure 74, 85.

Le bout de la nouvelle chaîne est passé à gauche sur les baguettes 98 et 99, envergé dans les tringles à crochets 4 et aussi pincé dans la mâchoire supérieure 74, 85.

L'opérateur fait tourner la manivelle portant le crochet 115; les tringles à crochets 4 sont alors actionnées et séparent les deux fils extrêmes et extérieurs des deux chaînes, le doigt 41 les maintient, l'appareil à torsion 45, 109, fait le nœud et les fils noués sont abandonnés par la tringle à crochets 99 qui, au deuxième tour, recommence la même opération sur les fils extrêmes suivants.

On peut aussi actionner l'appareil mécaniquement au moyen d'une poulie motrice et d'une petite courroie placée sur l'arbre de la poulie fixe du métier.

Noueur mécanique faisant les nœuds de rattache aux bobinoirs de tissage

1902

Il n'existe pas de dépenses inutiles quand il s'agit, en industrie, d'économiser du temps, d'augmenter et d'améliorer la production et de diminuer la peine de l'ouvrier en simplifiant, par des moyens mécaniques, le travail manuel.

Les Américains, qui sont actuellement en plein progrès industriel, sont imbus de ce principe, ils sont chercheurs et n'hésitent pas à faire successivement l'essai des divers appareils nouveaux qui leur sont proposés comme devant remplir ce but; et si quelquefois ces appareils ne rendent pas ce qu'ils pouvaient en attendre, ils ne se découragent pas et arrivent souvent à améliorer sérieusement leur fabrication, tout en la simplifiant.

Je citerai comme appareils nouveaux devant simplifier la préparation au tissage, les noueurs de fils pour bobinoirs, dont deux à trois systèmes différents sont adoptés et rendent de bons services.

L'ouvrière bobineuse est obligée, à chaque fil cassé au bobinoir,

de rechercher le bout cassé sur la bobine de filature, puis de reprendre l'autre fil cassé sur la bobine d'ourdissoir et de les rattacher l'un à l'autre par un nœud spécial fait à la main.

Les bobineuses étant choisies, en majeure partie, parmi les jeunes ouvrières, apprenties, ou parmi les adultes jugées peu aptes à devenir tisseuses, les nœuds faits à la main sont souvent mal faits, les bouts sont trop longs, flottent et font casser le fil soit à l'ourdissage, soit à l'encollage ou, finalement, dans les harnais du métier à tisser.

La maison Draper & C° construit un noueur mécanique (brevet Mac Veigh) qui se fixe à plusieurs exemplaires sur une tringle courant le long et au-dessus des bobines d'ourdissoirs, aux bobinoirs (Pl. VIII, fig. 4).

Ces appareils sont mobiles et glissent à volonté le long de la tringle. On en place deux ou trois de chaque côté du bobinoir. Quand un fil casse, la bobineuse fait glisser l'appareil le plus rapproché d'elle au-dessus de la bobine à rattacher, y place les deux bouts des fils cassés et les rattache automatiquement en donnant à la main une impulsion circulaire à l'appareil.

Il existe un noueur mécanique plus perfectionné et plus pratique encore, c'est le noueur de Barber (Pl. VIII, fig. 1), appareil portatif, dont est munie chaque bobineuse.

Le noueur se fixe à la main gauche de l'ouvrière par une courroie qui serre la main sans la pincer, comme indiqué (fig. 2).

La fourchette pour le pouce *T* (fig. 2 et 3) s'ajuste dans la position reconnue la plus pratique par l'opérateur qui se sert du noueur et de manière à ce qu'elle se meuve facilement et à fond de haut en bas et de bas en haut.

Quand le fil casse, l'ouvrière arrête la bobine avec la main gauche et retrouve le bout avec la main droite de la manière habituellement usitée en bobinage.

Le bout cassé étant retrouvé, on pousse la fourchette de pouce *T*, en dehors et en haut, aussi loin qu'elle peut aller, et comme montré (fig. 2).

La bobineuse passe le fil au-dessus du noueur, en se servant d'un des doigts de la main droite, puis derrière le crochet *A* (fig. 1 et 2) Ce crochet le retient ainsi que le fil venant de la bobine d'ourdis-

NOUEUR BARBER

Fig. 1.

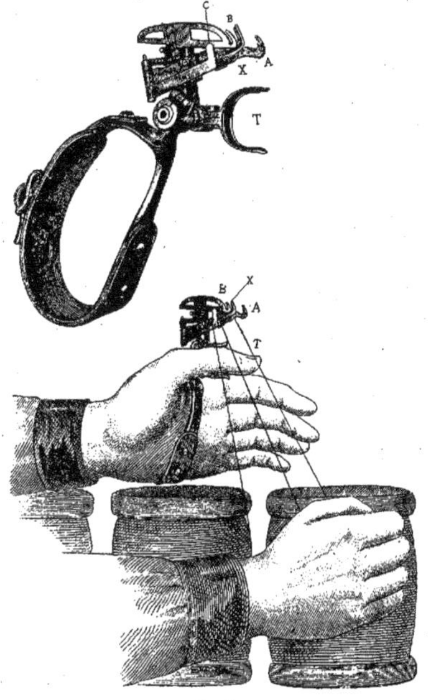

Fig. 2.

NOUEUR BARBER

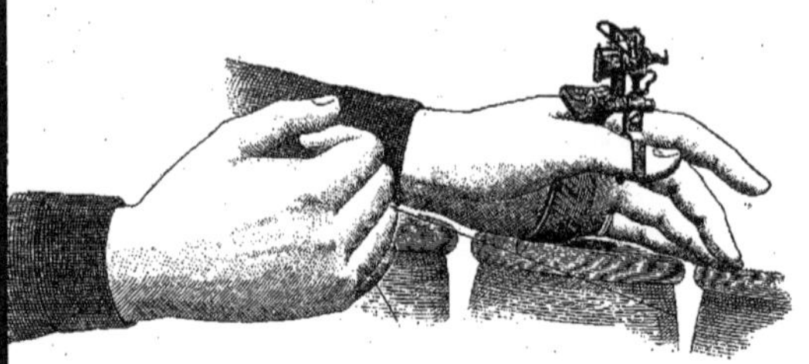

Fig. 3.

NOUEUR DRAPER

Fig. 4

sage, et qu'on passe sur le noueur également. Il ne faut pas toucher du tout le fil avec la main gauche.

Ces deux fils étant donc passés sur l'appareil noueur, l'ouvrière baisse la fourchette de pouce *T* vers le bas et intérieurement aussi loin qu'elle peut la faire descendre.

L'appareil noueur est un pivoteur construit dans le genre de celui qui fait la maille dans les machines à faire les harnais.

Fonctionnement. — La fourchette *T* du pouce, par son mouvement de bas en haut, fait tourner le crochet *B* vers la droite.

Ce crochet *B* se compose de deux petits couteaux. En tournant vers la droite, ces couteaux s'ouvrent et le fil se place entre eux, à l'endroit marqué *X* (fig. 2).

En abaissant la fourchette *T* de haut en bas, les couteaux se resserrent et coupent le fil après que le nœud a été formé mécaniquement par le pivoteur.

C ne sert qu'à tendre le fil, qu'on fait sortir en portant la main droite en arrière.

Les nœuds sont très bien faits, n'ont pas de fils pendants ou bouts dépassants, ne cassent plus aux opérations suivantes d'ourdissage, encollage ou tissage.

Il en résulte une augmentation de production et une économie de peine et de temps pour les ouvriers. Les noueurs automatiques sont donc à recommander à nos collègues tisseurs. Coût : 125 fr. pour l'appareil pris en Amérique.

Nouvel appareil à rentrer automatiquement les fils de chaîne dans le peigne, à la préparation en tissage

1904

Cet appareil remplit une lacune sérieuse dans la préparation des chaînes en tissage. Je crois nécessaire de rappeler brièvement comment on prépare les chaînes avant de les placer sur le métier à tisser. Les fils de chaîne venant de la filature sont livrés en bobines

et doivent, pour être convertis en rouleaux de chaîne, passer par diverses opérations.

D'abord, le *bobinage,* qui consiste à mettre bout à bout plusieurs bobines de fils et à les enrouler en un fil continu sur de grosses bobines en bois.

Ces bobines, qui contiennent alors plusieurs milliers de mètres de fil, vont à l'ourdissoir.

L'*ourdissage* est l'opération par laquelle on arrive à former une nappe de fils, dont la quantité se règle suivant l'article plus ou moins serré à produire en tissage.

Cette nappe de fils s'enroule sur les rouleaux où ils forment, par leur réunion sur l'*encolleuse,* une chaîne unique, nettoyée et encollée, qui représente déjà le compte de fils à monter sur métiers.

La chaîne, ainsi terminée à l'encolleuse, doit être rentrée manuellement dans les équipages du *harnais,* qui se composent de *lames.*

Une *lame* est une série de mailles à œillets montés sur deux lattes en bois, lesquelles mailles doivent recevoir chacune un fil de la chaîne.

Cette opération de rentrer le fil dans l'œillet de la maille se fait à la main par deux ouvrières.

L'ouvrière rentreuse prend, par exemple pour l'uni, le premier fil de la chaîne et le place sur la pacette que la deuxième ouvrière passe au travers de la première maille de la lame ;

le deuxième fil est rentré dans la première maille de la troisième lame ;

le troisième fil dans la première maille de la deuxième lame ;

le quatrième fil dans la première maille de la quatrième lame, et ainsi de suite.

Quand toute la chaîne est rentrée dans le harnais, les ouvrières rentreuses procèdent au rentrage de la chaîne dans le peigne.

Pour cela, l'une des ouvrières placée derrière la chaîne prend le premier fil et le troisième, et les place sur la pacette qu'a introduite la deuxième ouvrière dans la première dent du peigne.

La deuxième dent reçoit les deuxième et quatrième fils, etc.

Ces opérations sont compliquées et, de plus, très lentes, de sorte que l'effort des constructeurs, des tisseurs et des inventeurs s'est porté depuis longtemps sur la recherche des moyens mécaniques

propres à remplacer les ouvrières par des machines automatiques.

La rentreuse automatique est un appareil qui fonctionne bien, mais il est destiné seulement à faire automatiquement la dernière partie du rentrage, c'est-à-dire le rentrage au peigne, tout en maintenant le rentrage manuel des fils dans les harnais.

Cet appareil a été créé par un Lyonnais et a pris un caractère pratique pour l'industrie de la soie, surtout en Suisse; il permet à une seule ouvrière de faire le travail de six ouvrières rentreuses, d'où économie sérieuse de main-d'œuvre et exactitude mathématique.

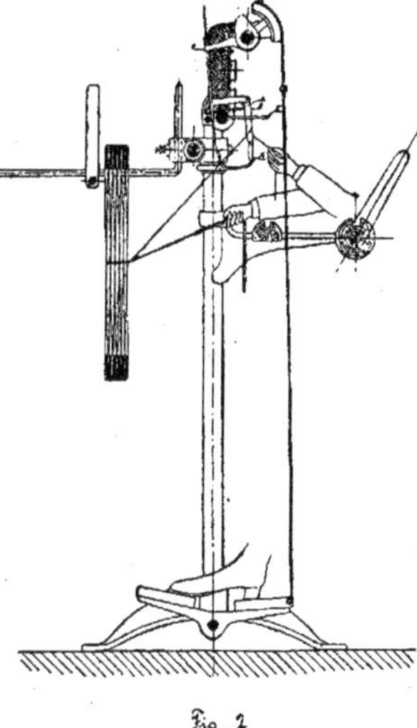

Fig. 2

Voici comment l'on procède:

Le rouleau de chaîne, placé sur un chevalet derrière l'appareil, est déroulé suffisamment pour amener les fils à hauteur du mécanisme.

L'ouvrière, placée sur le devant, prend, dans la main gauche, le premier et le troisième fil de la chaîne, les place rapidement dans l'encoche du crochet rentreur et, par une pression du pied sur la pédale, produit automatiquement le rentrage de ces fils dans la dent du peigne qui lui est destinée.

Le crochet, par un mouvement spécial, avance de dent en dent, sans en sauter jamais, et le rentrage total de la chaîne se fait très rapidement et exactement.

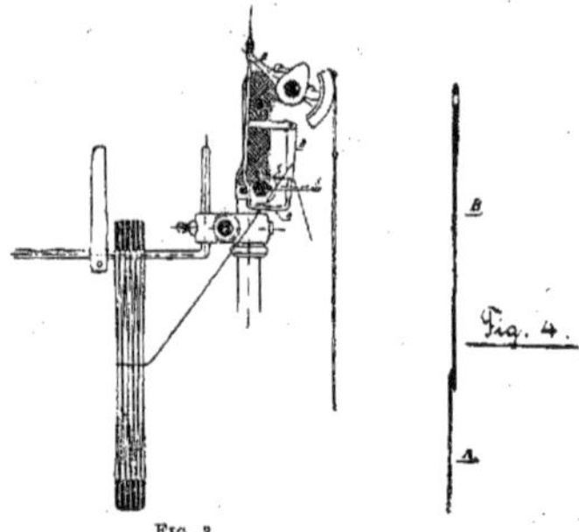

Fig. 3.

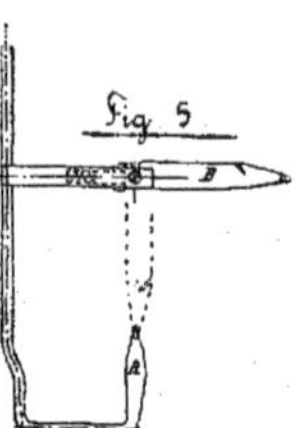

Si, pour une raison ou l'autre, le crochet rentreur manquait une dent, l'ouvrière peut reculer le crochet à volonté et le ramener sur la dent vide, et remédier de suite au manquant.

Comme dit, une seule ouvrière peut alimenter un tissage pour lequel il faudrait, par les moyens manuels ordinaires, six ouvrières au moins.

Le croquis ci-joint fera comprendre à tous le maniement de cet appareil rentreur.

Appareil automatique Gabler pour changement automatique de la trame sur métier à tisser

L'*appareil Gabler* s'applique facilement à tous les systèmes de métiers à une navette. Son fonctionnement est absolument régulier et parfait et son rendement le même que celui des métiers automatiques connus, c'est-à-dire que, avec l'appareil Gabler, on peut augmenter le nombre de métiers à donner à un seul ouvrier, tout en augmentant aussi la production par métier. Il faut naturellement que la qualité de la chaîne et de la trame se prêtent au fonctionnement du métier automatique.

Un ouvrier peut conduire le même nombre de métiers munis de l'appareil Gabler qu'il pourrait conduire de métiers Northrop, et l'appareil Gabler a le grand avantage de pouvoir employer la trame selfacting plus facilement que d'autres métiers automatiques.

L'appareil Gabler possède un tâteur facilement réglable, permettant d'éviter absolument les fausses duites. Dans la plupart des cas, surtout s'il s'agit d'articles un peu soignés, on préfère aujourd'hui arrêter le métier par la fourchette casse-trame ordinaire en cas de ruptures de la trame et n'engager le changement de la cannette, par le fonctionnement du tâteur. que lorsque la cannette est à peu près épuisée.

Pour les articles peu délicats, qui supportent de temps à autre de fausses ou de doubles duites, le changement peut naturellement être engagé aussi pour la fourchette casse-trame.

En pratique, on a constaté qu'on a moins de déchets en travaillant avec le tâteur qu'en faisant commander le changement par la fourchette casse-trame.

Dans l'appareil Gabler, la navette est renversée, c'est-à-dire qu'elle marche sur le côté plein, le fil sortant en dessus ou en dessous de la navette, suivant les cas, le *changement se faisant horizontalement.*

Ceci est le trait caractéristique de l'appareil, car grâce au changement horizontal, les opérations de changement peuvent se faire plus lentement, le changement est plus doux et moins brusque

qu'aux métiers changeant par en haut ou par en dessous. Ceci a naturellement aussi une grande importance pour la sécurité de l'ensemble du fonctionnement.

Le tâteur se trouve du côté de la commande du métier, et comme démontré par le cliché, il pénètre par une ouverture de la galerie ou joue de chasse pour tâter la cannette. Tant que celle-ci a le diamètre suffisant, le tâteur est repoussé en arrière à chaque avance du battant et relève le cliquet d'engagement hors de portée du marteau casse-trame.

Quand le diamètre de la cannette est suffisamment réduit, le tâteur reste en avant, le cliquet d'engagement reste donc abaissé et est tiré en arrière par le mouvement du marteau casse-trame.

Par le moyen d'une barre sur laquelle est monté le cliquet d'engagement, ce mouvement de recul du cliquet d'engagement est transmis, du côté de l'appareil, à un levier pousseur, qui est soulevé et mis en prise avec un arrêt fixé à l'épée de battant (support de battant). A l'avance du battant, ce pousseur actionne alors le levier double du changement en faisant avancer les pousseurs de l'appareil même, qui transportent la cannette dans la navette.

La joue de chasse (galerie), de ce côté du battant, a une ouverture pour laisser passer la nouvelle cannette, de même que la planchette (fond de la boîte à navette) est découpée pour laisser sortir la brochette vide.

Le mouvement entier du changement se fait lentement, sans secousses brusques, tout le temps de l'avance du battant étant à disposition pour exécuter ce mouvement et présenter la bobine, celle-ci n'étant introduite définitivement dans la navette qu'à la position la plus avancée du battant, lorsque la navette est sans faute arrivée dans la boîte.

Cette particularité permet aussi de conserver une vitesse relativement grande au métier muni de l'appareil Gabler. L'appareil possède en outre quelques mécanismes de sûreté, et spécialement un petit bloc-navette très ingénieux et très simple, aidant à mettre la navette bien en position pour le changement, si elle n'est pas tout à fait en bonne place.

Pour le métier à peigne mobile, un petit butteur spécial est

appliqué qui arrête le métier, si la navette reste en route pour une cause quelconque.

L'appareil peut être appliqué aussi bien sur des métiers larges

Métier Gabler

que sur des métiers étroits, et les métiers de deux mètres d'empeignage, munis de cet appareil, fonctionnent encore parfaitement bien à 115 ou 120 tours.

Grâce à la simplicité de sa construction, dont les points importants ont été décrits ci-dessus, l'appareil peut être appliqué, sans trop de transformation du métier, aux métiers ordinaires existants, plus ou moins vieux, si ceux-ci ont été entretenus convenablement, l'appareil n'exigeant ni une chasse par trop exacte ni un réglage par trop délicat et trop compliqué, et, de ce fait, l'*appareil Gabler seul jusqu'ici, a pu être introduit avantageusement dans de vieux tissages.*

On peut se procurer, avec l'appareil, *un casse-chaîne mécanique,* très avantageux et très simple, pouvant être employé sans autre, à *lamelles ouvertes* et *fermées;* elle fournit aussi tous les accessoires nécessaires à la transformation, tels que les navettes, brochettes, et un templet-coupe-fils breveté, très ingénieux.

Pour embrocher les cannettes sur les brochettes, de même que pour enlever les tubes vides des brochettes, la Société Gabler construit aussi

deux machines spéciales à *embrocher* et à *enlever les tubes,* qui rendent les meilleurs services, le travail se faisant plus exactement et beaucoup plus rapidement qu'à la main.

Ces deux machines sont utilisables aussi pour le métier Northrop ou autres métiers automatiques.

Machine américaine, à rentrer automatiquement les fils de chaînes dans les harnais et dans les peignes des métiers à tisser.

1909

Cette machine, bien que donnant des résultats probants et permettant une forte économie de main-d'œuvre, était encore d'un maniement délicat, nécessitant plutôt un ingénieur pour la conduire qu'un simple ouvrier de préparation.

Employée dans plusieurs tissages des Etats-Unis, elle semblait prédestinée à être peu à peu abandonnée, étant donné la minutie de réglage qu'elle nécessitait et la complication mécanique de ses divers organes; mais l'idée était bonne et les tisseurs qui l'avaient essayée ne se découragèrent pas et appuyèrent, de leurs conseils et de leurs subsides, l'inventeur, qui, de perfectionnements en perfectionnements, arriva à offrir à l'industrie textile une machine parfaite pour rentrer mécaniquement les fils de chaînes dans les harnais et dans les peignes.

Chaque tisseur sait quelle plaie est, en tissage, cette longue opération de rentrer fil à fil, dans les harnais, les chaînes encollées destinées au métier à tisser, puis de les rentrer encore ensuite dans les dents du peigne.

Ces opérations, faites à la main, sont lentes, coûteuses et immobilisent un nombreux personnel, que l'on pourrait avec plus d'avantage employer comme tisseurs, actuellement surtout, où la main-d'œuvre se fait de plus en plus rare.

La machine à rentrer eut donc des débuts lents et laborieux; la grande diversité de travail à laquelle une machine de cette sorte est appelée, en faisait un problème réellement difficile à résoudre, et, seule, une extrême patience, étayée par des capitalistes qui, à l'égard des techniciens et des inventeurs, firent preuve d'une confiance illimitée, a permis de mettre sur pied une machine répondant absolument aux besoins de l'industrie du tissage, machine simple et pratique, construite dans différentes largeurs, fonction-

nant bien pour chaque rentrage dans les harnais et rentrage dans les peignes.

Ces machines s'emploient pour n'importe quel numéro de fil et pour des harnais ayant jusqu'à six lisses.

Les clichés, qui accompagnent cette note, donneront une idée de la construction même de cette machine; voici quelques détails sur son fonctionnement.

Les mailles du harnais sont tenues rigides et droites et chacune à sa place; par de petits ressorts à boudin en fil de métal que l'on introduit à la main dans chaque lame et qui sépare cette lame maille par maille, les fixant chacune à sa place, d'une façon rigide et droite, qui empêche ces mailles d'occuper une autre position que celle qu'elles doivent avoir pour le tissu.

Pendant la marche de la machine, une sorte de tire-bouchon se fraye un passage à travers les ressorts en question, prenant à chaque tour une maille, et rendant ainsi possible un contrôle absolu de chaque maille.

Les ressorts à boudin, dont nous venons de parler, sont adaptés au harnais quand il est neuf et y restent fixés jusqu'à ce que ce harnais soit complètement hors d'usage et définitivement mis de côté. Ils ne gênent en aucune façon le mouvement des lisses dans le métier et n'empêchent pas non plus, en cas de nécessité, le passage à la main du fil à rentrer dans le harnais.

Si, dans un tissage, le rentrage mécanique n'est à installer qu'en partie, on n'a pas à changer les lisses, d'un appareil compliqué de mécanisme, seulement utilisable avec la machine, mais on peut, sans embarras, piquer à la main un harnais muni des ressorts destinés au remettage mécanique.

Du peigne. — Le peigne, quelle que soit sa réduction, n'a pas à subir d'à-coups et la dent voulue est chaque fois présentée automatiquement à l'aiguille enfileuse et ce, par un mécanisme spécia appelé ouvreur de peigne.

Ouvreur de peigne. — Cet ouvreur travaille aussi à la façon d'un colimaçon. Il consiste en une seule spirale de pas de vis, reposant sur les dents du peigne. Il se fait jour entre chaque dent, suivant le piquage voulu, reste constamment fixé au peigne pen-

dant sa traversée d'une extrémité à l'autre. Pour toutes ces raisons, il donne une exactitude absolue, si bien que les machines actuellement en usage passent des millions de fils sans aucune faute.

Séparation de la chaîne. — On a fait de grands efforts pour obtenir une séparation de chaîne automatique et pratique, et personne n'a probablement jamais consacré autant d'attention à cette partie du problème, que la société qui construit la machine dont nous nous occupons.

De nombreux séparateurs ont été inventés et mis à l'essai, et beaucoup d'inventeurs ont présenté leurs idées à l'épreuve, le tout sans résultats.

La plupart de ces idées avaient, comme principe fondamental, une sorte de crochet fin ou pointe, qui devait prendre chaque fois le dernier d'une nappe de fils.

Par suite de nombreux obstacles qui sont dans la nature même des choses, tels que diversité du fil, irrégularité de l'encollage, des nœuds et vu la nécessité absolue d'un piquage parfaitement régulier, on a reconnu comme avantageux l'emploi d'un séparateur semi-automatique, au travail duquel on ne peut pas toujours se fier, mais qui, placé sous la surveillance continuelle d'un ouvrier, rend celui-ci inexcusable d'une erreur quelconque. Son but est, en effet, de séparer chaque fois sept fils devant le dernier passé.

L'ouvrier qui soigne la machine a donc, outre le fil qui est en train d'être passé, les six fils suivants séparés et disposés devant lui, de sorte que si par hasard une faute se produit, il la voit de suite et peut arrêter la machine et remédier à ce défaut en remettant à sa place le fil qui aurait par hasard pu arriver avant son tour à être rentré.

Production. — Suivant la constitution de la chaîne à rentrer, la production de la machine varie entre 230 à 250 fils à la minute.

Le travail fourni est en clarté (en ce qui concerne le parallélisme des fils notamment) et à tous les points de vue, en général, d'une grande supériorité sur le travail à la main.

Comme nous l'avons déjà dit, ces machines sont organisées de telle façon qu'elles peuvent travailler avec n'importe quel genre de

remettage, et le rentrage de la chaîne correspondant à un remettage donné, est si simple qu'il peut être effectué par toute personne. Chaque lisse est contrôlée par un accouplage plongeur particulier qui est mis en mouvement au passage d'une goupille vissée à une chaînette.

La seule chose nécessaire pour monter une chaîne, le remettage si compliqué soit-il, est d'employer exactement le même nombre de chaînons qu'il y a de fils au rapport et de fixer une goupille partout où un œil doit être passé.

Quelques-uns des avantages de la machine à rentrer, sur le passage des fils à la main, sont les suivants :

Avantages de la machine à rentrer mécanique. — Une machine peut remplacer quatre ou cinq rentreuses d'habileté moyenne, son rendement est de 40.000 à 75.000 fils par journée de dix heures.

Elle prend la place d'environ deux cadres à mains.

Elle travaille pour tous genres de dessins, ourdis sur une même ensouple et pour toutes sortes de harnais, de maximum six lisses, toujours avec la même vitesse et la même économie.

Elle travaille actuellement d'une façon journalière avec des réductions de 40 à 160 fils et des numéros de chaîne de 8 à 100.

Les ouvriers, destinés à cette machine, sont bien plus vite au courant que ceux qui doivent rentrer à la main, un apprentissage de quelques semaines leur suffisant en effet.

Le grand nombre de fils, dont elle vient à bout, rend la machine très économique.

Le rentrage à la machine se paye le tiers seulement du rentrage à la main et, comme dit, une de ces machines remplace facilement quatre à cinq rentreuses ordinaires.

Frais. — Les seuls frais extraordinaires occasionnés par la machine sont ceux provenant du séparateur des mailles (ressort en colimaçon) les séparant maille par maille. Or, ils s'élèvent seulement à fr. 0,05 par 1000 mailles et cette dépense n'est à faire qu'une fois pour tout le temps de la durée des lisses.

Conditions de vente. — La meilleure preuve de la confiance que les fabricants de la machine y ont attachée, nous est donnée par le fait qu'ils n'engagent nullement les industriels à leur acheter immédiatement une de ces machines.

Ils consentent à l'installer dans les fabriques moyennant une légère redevance pour les frais d'expédition et d'installation et un loyer annuel, si bien que les frais provenant de l'installation et de l'entretien de la machine jouent, en fait, un rôle d'importance minime, si on les compare à ceux des installations ordinaires des usines.

Machine à nouer. — La société a aussi achevé l'exécution d'une machine à nouer ou rappondre les fils, qu'elle compte bientôt mettre au jour, et qui est destinée aux travaux qui ne peuvent être avantageusement exécutés à la machine à rentrer.

Machine à enverger. — Cette même société fabrique aussi une machine à enverger et elle a achevé dernièrement une *machine destinée au passage simultané d'un harnais en coton et des lamelles fermées du casse-chaîne des métiers Northrop.*

Elle a achevé enfin une machine qui travaille pour le *rentrage des fils de chaîne dans les harnais en acier Draper.*

Pour le moment, les chaînes pour tissus jacquards ne peuvent pas encore être rentrées mécaniquement, mais on prévoit la chose possible pour un avenir très prochain.

Il existe plusieurs machines à rentrer les chaînes et les peignes, en marche, sur le Continent, en Allemagne et dans les Vosges. Aux Etats-Unis, tous les tissages bientôt en seront pourvus.

Le coût de la machine, toutefois, est encore élevé, il est de 10,000 à 17,000 M., le réglage et le maniement en sont très aisés.

Le cliché ci-joint donnera à chacun une idée complète de la construction de ces machines.

Métier automatique Steinen

1910

Réunissant et perfectionnant, dans tous leurs détails, les principes essentiels des métiers Northrop, Gabler et Briot, MM. Kœchlin, de Steinen (Filature et Tissage de Steinen, Grand Duché de Bade) ont breveté un nouveau métier automatique à tisser.

Métier à changement de cannettes, type „ Steinen "

Le *Métier Steinen,* tel est le nom que les inventeurs lui ont donné, est muni d'un magasin vertical, divisé en 7 glissières ou coulisses, pouvant contenir en tout 150 cannettes, soit largement l'emploi d'une journée de travail pour un métier.

Le garnissage de ce magasin se fait très vite, on n'a qu'à ranger les cannettes filées sur fuseaux spéciaux, dans les glissières *ad hoc*, les empilant l'une sur l'autre, sans se préoccuper de fixer quelque part le bout de trame, comme dans le métier Northrop; et sans prendre d'autres précautions que de les mettre toutes dans le même sens, c'est-à-dire leurs pointes tournées vers la droite et le gros bout à armature filetée du fuseau, tourné vers la gauche.

Ces fuseaux sont des tubes creux en bois, genre Northrop, troués d'un bout à l'autre.

La partie sur laquelle se filent les premières couches de la cannette, pour former le noyau, est entourée d'une mince feuille de laiton. C'est sur ce laiton, dès qu'il se trouve à nu et vide de fil, au moment de l'achèvement de la cannette, que vient toucher le tâteur.

Comme ce tâteur est lui-même muni de deux clous en laiton, et est alimenté d'électricité par une petite conduite électrique spéciale, dès que cet attouchement entre les deux faces laitonnées a lieu, le circuit se forme entre le tâteur et le fuseau et le changement de trame est instantanément actionné.

La cannette usée est rejetée dans le récipient *ad hoc,* pendant qu'une nouvelle cannette prend sa place. Ces mouvements s'opèrent sans ralentissement aucun du métier, sans accrocs et sans jamais manquer.

Le tâteur est réglé de façon à ne pas agir tant que le tube de trame reste garni d'une couche de fil assez épaisse pour empêcher le courant électrique d'actionner le tâteur et par suite le changement de trame.

Le mouvement de changement de trame, dès qu'il fonctionne, agit par la cannette elle-même sur un petit robinet placé sur une conduite d'air comprimé. Un jet d'air fuse au travers du tube de l'avant-dernière cannette, au moment où la première cannette est amenée dans la navette par les marteaux-chargeurs.

Ce courant d'air enlève violemment le petit chapeau ou capsule

en laiton, en forme de dé à coudre, qui recouvre la pointe du fuseau et sur lequel sont enroulés en filature les 20 derniers tours de la trame.

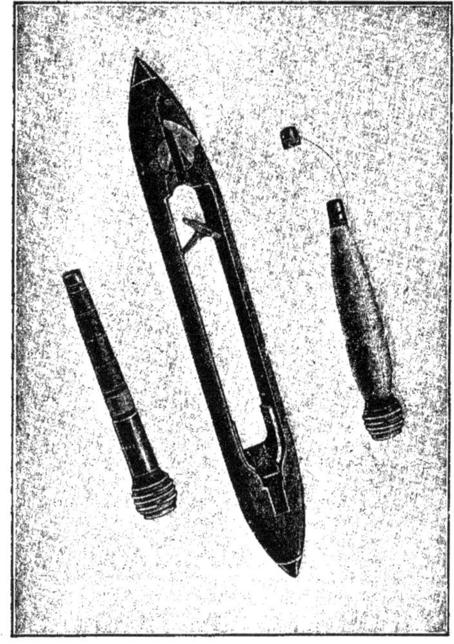

Navette et Cannettes „Steinen"

Ces divers mouvements nécessitent une explication plus détaillée :

Mouvement du changement de la trame dans la navette. — Comme nous l'avons dit ci-dessus, le magasin se composant de sept glissières, pivote autour d'un axe et d'un dispositif de demi-cintre, retient par en bas les cannettes, de manière à ce qu'elles ne puissent pas s'écouler seules par le bas.

La première rangée de cannettes, la plus rapprochée du battant, s'écoule librement par le bas du magasin, mais les premières de ces cannettes, en comptant par le bas de la partie du magasin située près de la boîte à navettes, sont retenues par les marteaux-livreurs sur lesquels viennent se placer les deux premières cannettes ; les suivantes faisant pression sur elles par leur poids.

Les marteaux sont relevés légèrement vers le haut, et la première cannette fait face à l'ouverture supérieure de la boîte à navettes.

Désignons, pour plus de clarté, par des chiffres, les diverses cannettes de la première rangée, et admettons que nous ayons 25 cannettes dans la première glissière, la plus rapprochée du battant.

La cannette inférieure de la rangée fait face à la boîte à navettes et aura le n° 1 ; la cannette supérieure en haut de la première glissière aura le n° 25.

Les cannettes 1 et 2 seront placées sur le marteau-livreur et la cannette n° 1, en venant prendre sa position aura, au passage, ouvert le robinet d'air comprimé : la capsule aura été projetée dans le réservoir, où elle restera suspendue dans le vide, maintenant bien tendu le fil de la cannette n° 1. Ce fil est ainsi prêt à s'enfiler automatiquement dans l'escargot de la navette, dès que le changement de cannette s'opérera.

La cannette n° 2, qui la suit immédiatement, sur les marteaux, sera à ce moment placée devant l'orifice du tuyau d'air comprimé et prête à prendre la place de la cannette n° 1, en ouvrant en même temps le robinet d'air, en éjectant sa capsule qui tendra son fil de trame et l'apprêtera ainsi pour l'enfilage automatique.

La cannette n° 3 prendra en même temps, par son propre poids,

la place de la cannette n° 2 et ce mouvement se répétera successivement pour les 25 cannettes de la première glissière.

Au moment où la 25e cannette s'écoulera de la première glissière, et arrivera sur les marteaux pour se placer devant l'orifice du conduit d'air comprimé et prendre la deuxième place pour l'enfilage, le mouvement de suspension du magasin sera actionné par un petit verrou intérieur, qui fera basculer d'un cran tout le magasin, amorçant la deuxième glissière, dont la première cannette inférieure glissera alors sur la 25e cannette de la première glissière.

Les 25 cannettes de la deuxième glissière s'écouleront successivement, comme cela avait lieu pour la première glissière. Ce mouvement d'avance d'un cran par glissière continuera de même et successivement pour les 7 glissières, au fur et à mesure qu'elles se videront et, enfin, quand la septième glissière sera à moitié vide, le moment sera venu pour l'aide de songer à remplir à nouveau tout le magasin de cannettes fraîches.

Enfilage de la navette. – Nous avons dit que la première cannette est toujours prête à être enfilée, c'est-à-dire que, sa capsule ayant été éjectée par le courant d'air comprimé, le fil est tendu,

Les marteaux, en présentant et appuyant vigoureusement cette cannette dans la navette, font partir la cannette vide, mettent en place la cannette pleine et le coup de fouet de la chasse fait partir la navette qui emmène dans son escargot, en l'enfilant ainsi automatiquement, le fil de trame, qui se trouve toujours tendu par la capsule qui pend dans le vide, dans le récipient.

Au moment où le fil de trame est entraîné par la navette, il est coupé par le couteau et son extrémité adhérente à la capsule est enroulée par un petit cône en bois, en même temps que la capsule entraînée par son propre poids, tombe au fond du récipient. De cette façon, les lisières sont nettes, les fils pendants ayant été coupés par le couteau sont enroulés sur le cône du récipient, d'où ils sont faciles à enlever. Les capsules réunies au fond du récipient peuvent en être sorties par une petite portière ménagée dans le bas et rapportées à la filature.

Les tubes vides, de leur côté, sont réunis dans le récipient qui

leur est propre; de cette façon, l'ordre et la propreté règnent sur ces métiers.

Changement successif de 3 cannettes. — Si la première cannette s'enfile mal, ou que le fil de trame casse au moment du remplacement, c'est la cannette suivante qui prend sa place. Le changement de trame est réglé de façon à ce que successivement 3 cannettes puissent être changées dans la navette.

Le métier est muni d'un appareil qui l'arrête automatiquement après trois changements infructueux de cannettes se suivant à intervalle rapproché. Il a été établi parce que, quand le fait se produit, il y a présomption qu'il provient d'un défaut de réglage du métier.

Il est excessivement rare que ce changement soit opéré trois fois de suite successivement. Cela peut arriver cependant et le changement est opéré deux fois de suite assez souvent. La navette ne saute pas, ni ne s'arrête dans la foule. Le métier Steinen est agencé de façon à empêcher autant que possible tout arrêt *pour cause de la trame!*

Les seuls arrêts possibles restent ceux produits par la rupture d'un fil de chaîne ou d'un accident à un des organes du métier pendant la marche; accidents impossibles à prévoir et à éviter en fabrication courante!

Avantages du système à air comprimé. — On évite par le procédé de capsules éjectées par l'air comprimé :

1° L'enfilage de la navette ou l'aspiration du fil de trame par l'ouvrier; opération malsaine et faisant perdre du temps.

2° On supprime les fils pendants aux lisières, point important pour les tissus destinés à l'impression ou aux belles confections.

EN FILATURE

Appareil spécial pour faire les dernières aiguillées de trame sur les capsules. — Restait la question du casse-chaîne.

MM. Kœchlin ont adopté un casse-chaîne électrique à lamelles chevauchantes. A chaque casse de fil, le casse-chaîne agit électriquement sur la courroie de commande, arrête le métier, tout en actionnant les freins.

Signal lumineux électrique. — De plus, ces Messieurs ont adapté à chaque métier une lampe électrique placée au milieu du cintre du bâti du métier.

Cette lampe, reliée électriquement au casse-chaîne, s'allume immédiatement dès qu'un fil casse et indique ainsi, à l'ouvrier, vers quel métier il doit se diriger de suite pour rattacher le fil cassé et remettre en train.

Economie d'éclairage. — Outre cette manière originale de signaler à l'ouvrier le métier arrêté, cet éclairage instantané du métier présente le grand avantage, en hiver et le soir, d'éclairer seul le métier qui doit être éclairé pour la rattache du fil de chaîne, tous les autres métiers continuent à marcher dans l'obscurité!

D'où économie sérieuse d'éclairage, les salles n'ayant besoin que de deux ou trois petites lampes ordinaires fixées au plafond.

Pour un groupe de 50 métiers, il y a, à Steinen, quatre petites lampes au plafond, donnant juste assez de clarté dans le local pour pouvoir s'y diriger. Dès que le métier est remis en train, la lampe s'éteint automatiquement.

L'ouvrière peut donc rester assise dans un coin de la salle et ne se déranger que quand elle voit une lampe s'allumer sur un métier: éclairage qui lui signale qu'à ce métier il y a casse de fils de chaîne!

Travail de nuit ou pendant les heures de repas. — Le changement de trame ne ratant pour ainsi dire jamais, le métier ne peut arrêter que pour cause de casse de chaîne, et si la chaîne employée est bonne les arrêts sont rares. Ce système permet aussi de travailler pendant les heures de repos, sans ouvrier aucun et même pendant la nuit, en cas de convenance!

Un garde de nuit, ou un surveillant quelconque, passe de temps à autre dans les salles et éteint à la main (chaque lampe étant aussi munie d'un commutateur) les lampes des métiers arrêtés, qui seront remis en train, au matin suivant, par l'ouvrière tisseuse quand elle reviendra.

Il faut un groupe de 50 métiers pour une seule ouvrière, pour faire rendre le maximum possible à ce système de métiers.

L'avantage est tellement grand au point de vue de l'économie et de la main-d'œuvre, de l'éclairage, etc., que ce système est à recommander à tous les tisseurs désireux de marcher avec le progrès!

Les mouvements sont doux, mécaniques et bien réglables.

MM. Kœchlin ont encore adapté à leurs métiers :

1° Le mouvement d'alimentation automatique du rouleau de chaîne suivant le duitage à donner, mouvement dit « duite à duite ». Chaque métier est muni de son compteur de duites.

2° Les harnais métalliques à lisses interchangeables, permettant de changer à volonté le nombre de portées.

3° Les métiers sont construits pour être actionnés par transmissions à courroies ou directement, comme c'est déjà le cas à Steinen, par moteurs électriques propres à chaque métier.

4° Chaque métier est muni d'un compteur de métrage, permettant de terminer chaque pièce très exactement au métrage demandé, et ce pour n'importe quel métrage, l'échelle du compteur allant de 50 centimètres à 250 mètres et plus si on le désire. Il ne peut donc jamais y avoir de fausses coupes ou de pièces à métrages différents.

Résumé. — En résumé, le métier Steinen est un perfectionnement sérieux des métiers automatiques connus. Il diffère du Northrop, pour l'enfilage de la navette et le chargeur de trame.

Il diffère du Gabler et du Briot, par sa façon d'actionner électriquement le changement de cannette; par ses glissières, par les divers organes de tout le système, qui ne sont plus les mêmes que dans l'appareil Gabler. L'adaptation de l'électricité, de l'air comprimé et de toutes les améliorations brevetées, en fait un métier absolument à part, bien distinct des systèmes connus.

MM. Kœchlin ont construit une salle spéciale qui contient cinquante métiers de toutes laizes avec ou sans ratières, faisant divers articles. Cette salle est surveillée par un contremaître expérimenté et les métiers sont conduits par une seule ouvrière. Elle est aidée par deux apprentis-ouvriers pour le remplissage des magasins de

cannettes, le remontage des chaînes, le déroulement des pièces et l'enlèvement des déchets, des tubes et des capsules.

La salle contient un petit moteur électrique à faible courant, et une pompe à air, pour l'air comprimé. Les métiers marchent par transmission actionnée par le moteur de l'usine ou par moteurs électriques à chaque métier.

J'ai cru bien faire, en entrant dans quelques détails sur cet intéressant métier Steinen, qui marque un réel progrès sur les systèmes automatiques connus et qui, par sa perfection et le soin avec lequel tous les détails du travail ont été prévus et étudiés fait le plus grand honneur à ses inventeurs.

Ils ont, de plus, résolu une question sociale et humanitaire en ce sens que, donnant 50 métiers à conduire à un seul ouvrier, ils peuvent arriver à le faire gagner suffisamment pour que *seul* il puisse suffire à l'entretien d'un fort ménage.

La femme, la jeune fille, les jeunes enfants peuvent donc rester à la maison, le chef de famille gagnant assez pour tous et on évite ainsi l'éparpillement du ménage! La femme reste à son foyer, les enfants peuvent s'instruire et grandir librement sans être forcés d'entrer aux ateliers, souvent à un âge trop précoce, ce qui nuit à leur santé corporelle et morale!

C'est aussi un des avantages de cette invention que je tenais à mettre en lumière et qui frappera certainement tout homme ami de l'ouvrier et soucieux de son bien-être!

Ces métiers sont construits par la maison Léon Olivier, à Roubaix.

Nous terminerons ce *Traité de Tissage* par quelques notes sur les métiers à tisser automatiques, tirées en partie d'un opuscule publié à Roubaix par M. M. Reivoil, dont la compétence en la matière est bien connue

---

Il est fort difficile de convaincre les fabricants, qui sont sollicités et conseillés de tous côtés, que tel système automatique est supérieur à tel autre : ils ne savent plus où placer leur confiance, et c'est compréhensible. En effet, des métiers automatiques, il en pleut, rien ne devient plus commun qu'un inventeur; chaque maison, chaque employé de maison a pris des brevets.

Quand l'industriel voit un métier bien au point, lui offrant des garanties suffisantes de ne pas être dépassé avant plusieurs années par ses confrères, il doit l'adopter, l'appliquer soigneusement chez lui, en lui faisant rendre son maximum.

Une brochure, „ *Ce qu'il faut savoir* ", donnait des idées générales sur l'automatique, indiquant le système à employer pour chaque genre de tissu. — Son but, à cette époque, était de faire éclore chez les industriels le métier automatique et de les tenir au courant de ce qui se faisait de mieux en matériel de tissage. Il nous a paru nécessaire, maintenant, de nous spécialiser dans un article et de le traiter plus complètement. Cet article est celui dit „ *Des Vosges* ", qui comprend les calicots, croisés, sergés, satins, etc.

L'étude a été partagée en deux parties bien distinctes, l'une technique, l'autre pratique.

La première aura pour titre :

Qu'est-ce qu'un métier automatique parfait ?

La seconde :

Mesures à prendre et conseils pour l'installation d'un tissage moderne.

. — Qu'est-ce qu'un métier automatique parfait?

Ce devrait être un métier autochaîne, autotrame, c'est-à-dire un métier qui s'alimente en trame et répare ses fils de chaîne par ses propres moyens; en un mot, un tissage sans ouvriers.

Voilà évidemment la plus belle formule qu'on puisse énoncer et qui rallierait autour d'elle grand nombre d'industriels; mais c'est malheureusement de l'optimisme, et il faut le signaler pour que les fabricants, qui attendent ce merveilleux âge d'or, ne se fassent plus d'illusions et sachent que cet âge n'arrivera, s'il arrive, que dans des temps excessivement lointains encore!

Maintenant, que nous avons parlé d'un idéal trop éloigné et fort confus, soyons plus prosaïques et examinons ce qui se rapproche le plus de nos désirs, de nos aspirations et quel pourrait être le métier consolateur? En cherchant une formule pratique pour répondre à la question, nous obtenons : « Un métier automatique parfait, c'est un métier qui, non seulement change automatiquement de trame, mais encore ménage suffisamment la chaîne pour éviter le plus possible la casse des fils de chaîne et permettre à l'ouvrier de réparer, dans un temps minimum, les fils cassés, en lui donnant les facilités nécessaires pour conduire un grand nombre de métiers ». Cette formule doit être retenue par les fabricants. Nous avons cherché autour de nous quel était le métier capable de réaliser le plus cette formule et sommes forcés de reconnaître que le métier „Steinen" remplit les conditions demandées. Ce métier répond à toutes les exigences modernes, qui veulent qu'un métier soit en même temps excellent autotrame et « manager » de fils de chaîne. L'ensemble du métier, tiré des métiers américains, est parfait, silhouette gracieuse et plaisante, métier très bas, pratique, donnant toute facilité à l'ouvrier, coulé en fontes spéciales extra résistantes pour éviter qu'il ne paraisse trop massif. Chaque pièce à sa place et fixe, ne pouvant ni se dérégler, ni bouger.

Le *vilbrequin* tourne à l'envers, comme dans les „Northrop" américains. C'est un avantage pour le changement de cannette, car le point mort est, de ce fait, en avant au lieu d'être en arrière et

la navette vient à l'encontre de la cannette, ce qui facilite le changement.

Le *dérouleur* et l'enrouleur automatiques sont fort simples.

Les *graisseurs* à graisse consistante évitent le graissage quotidien.

Le *mouvement automatique* est le mouvement „Steinen", de M. Kœchlin, qui a permis de faire conduire pratiquement jusqu'à cinquante métiers par un homme et une femme.

L'alimentation en trame est assurée par un grand magasin à plusieurs compartiments qui contiennent 150 cannettes. Ce nombre de cannettes correspond, avec un numéro de fil de trame moyen, à une journée de travail sans avoir à réapprovisionner. On n'a donc pas, comme dans le „Northrop", à remplir le barillet toutes les heures, et on peut travailler durant les repas de l'ouvrier.

L'attention du tisserand se concentre sur la chaîne, n'ayant plus à se préoccuper de la trame.

Ce métier est muni de ciseaux arracheurs à griffes et non à lames, pour ne rien avoir à aiguiser, les lisières sont belles et les fils de trame ne pendent pas.

Le tâteur fonctionne mieux que tout autre et nous y attachons une grande importance, car si l'on veut obtenir un article égal en qualité à celui tissé sur les métiers ordinaires, il est indispensable.

En effet, pour fabriquer de la mauvaise marchandise sur laquelle on est obligé de faire de gros sacrifices, il est toujours temps. *Il faut que l'acheteur ne puisse pas s'apercevoir, dans la qualité, que l'article provient de métiers automatiques.*

Jusqu'à aujourd'hui il n'existait, à proprement parler, aucun tâteur pratique pouvant intéresser le tissage ; c'est pourquoi tous ceux qui en avaient les démontaient et préféraient tisser des articles remplis de fausses duites et de clairs, en accordant de fortes concessions à la vente de ces tissus de second choix.

On peut maintenant affirmer que le tâteur électrique employé sur les métiers „Steinen" a complètement résolu le problème. On a placé une bague en cuivre sur les tubes de cannettes en bois : le tâteur comprend deux tétons en cuivre, animés par un fil électrique, qui viennent toucher la matière toutes les deux duites. Lorsqu'il ne reste plus que quelques tours de trame autour de la

bague, il se forme un contact qui fait changer automatiquement de cannette.

Nous avons vu travailler, plusieurs jours, les différents mécanismes, nous avons vérifié et visité les pièces de tissu et sommes obligés de dire qu'il n'existe rien de mieux.

Ce que nous signalerons surtout, c'est l'étude faite par le constructeur pour éviter le plus possible la casse des fils de chaîne. Nous citerons les moyens qui frappent particulièrement les visiteurs et qui, unis les uns aux autres, donnent aux chaînes une souplesse jusqu'ici inconnue. Il y a, sur le devant du métier ou poitrinière, une barre à double filet, en sens contraire, pour que le tissu soit plus large, fini, qu'au peigne, et donc sans retrait.

Une baguette de verre, placée sur le battant ou échasse, derrière le peigne, empêche les fils de se couper sur le bois; or, tout le monde sait qu'il se casse à cet endroit un assez grand nombre de fils de chaîne. La meilleure preuve en est palpable. Faites passer votre doigt le long du bois, vous sentirez toutes les petites dents qui se sont formées à l'endroit où travaillent les fils, et pour former toutes ces dents de scie dans le battant, quel grand nombre de fils il a fallu laisser toucher et casser?

Les mouvements calicots et satins sont spéciaux. On évite toute brutalité aux lames, par conséquent aux fils de chaîne. C'est un mouvement à réaction très original, dont les excentriques ont une douceur incomparable. Une baguette d'enverjure en métal facilite la croisure et assiste, par son mouvement de va-et-vient, les fils faibles et les nœuds.

Le porte-fils a 6 réglages : 3 pour la tendée, 3 pour l'angle de tendée. Suivant l'article à tisser et la force de la matière, on prend une tendée et un angle différents.

Le dérouleur de la chaîne, très régulier, évite le moindre choc à la chaîne et va très légèrement.

Il a été fait, pour ce métier, des études spéciales au sujet de l'humidification et de l'éclairage.

Le chapeau de peigne est en forme de sifflet, pour donner une réverbération au peigne.

Le bâti, dégagé à l'arrière, permet de voir immédiatement, par la lamelle tombée, le fil cassé; donc, pas de perte de temps. La

hauteur du bâti, derrière le vilbrequin, n'est que de 68 centimètres. Les gamins ont toute facilité pour réparer les fils sur un métier aussi bas. Pour éviter les grands clairs et l'ennui de devoir détisser lorsque la fourchette, par suite d'un déréglage, a été un moment sans agir, on a imaginé sur le templet le placement d'un fil électrique qui fait fonctionner la fourchette ou casse-trame et arrête le métier.

Le métier est étudié à fond et marque le plus sérieux progrès accompli en matériel de tissage; il assure une longue alimentation en trame et réduit si sensiblement la casse des fils de chaîne que nous pouvons déclarer que cette casse de fils, qui interrompt constamment la production, est réduite de plus de 55 %, ce qui veut dire qu'il casse à peine 2 à 3 fils sur ces nouveaux métiers, alors qu'il en casserait, dans le même laps de temps, 5 à 6 sur un métier ordinaire.

Ce résultat obtenu, en plus d'un parfait changement de cannette, permet donc de dire que le métier Steinen type n° 5 est réellement le métier de l'avenir.

Nous savons que ce métier, comme tant d'autres, a sa contrepartie; toute supériorité s'expie, dit-on. Le tout est de voir quels sont les griefs et de les discuter :

1) Il faut des continus trame. Le continu trame est-il un avantage ou un désavantage? Voilà comment devrait être posée la question. Fait-il faire un pas en avant ou en arrière à la Filature?

Le seul désavantage est que toutes les filatures n'ont pas de continus trame, car nous remarquons, d'une façon générale, que le continu trame est plutôt un progrès; on semble vouloir l'appliquer dans beaucoup de nouvelles maisons, car il tourne quelques milliers de tours plus vite, met plus de matière autour des tubes, serrant plus fort le fil et ne donnant pas lieu aux éboulures de cannettes, par conséquent au déchet; il permet l'emploi de jeunes ouvriers.

2) On doit appliquer sur le continu un appareil breveté pour enrouler en même temps, sur toutes les cannettes placées sur le continu, la trame autour de chapeau, capsule ou bouchon, contenant une réserve de trame qui sert à l'enfilage dans la navette.

A moins de revenir de quinze ans en arrière, au „Northrop“,

nous considérons qu'on ne peut rien faire de mieux que d'enrouler 400 cannettes d'un coup. Certains constructeurs, ne pouvant appliquer ce procédé breveté, ont essayé d'y arriver par différents moyens, soit en faisant une cannette à la fois avec un appareil mécanique à pédale. Nous trouvons que ces dernières méthodes constituent un mouvement rétrograde, car si l'on cherche à supprimer du personnel dans les tissages, ce n'est pas pour en avoir dans les coulisses.

Or, si l'on doit enrouler 20 ou 30 tours de trame à la fois, il est impossible d'aller vite et d'économiser de la main-d'œuvre, car dans les gros numéros, il faudrait déjà une personne pour enrouler les chapeaux de dix métiers, en admettant que les cannettes durent 5 minutes et qu'on enroule 2 chapeaux à la minute, ce qui fait 5 ouvriers occupés pour le tissage, en dehors du tissage, pour un groupe de 50 métiers. On voit donc que la méthode des cannettes de continu trame est la seule bonne pour les métiers modernes.

3) ÉLECTRICITÉ. — Deux appareils sont électriques :

1° *Le casse-fils.*

2° *Le tâteur.*

Le courant employé est à 8 ou 10 volts. Les deux fils nécessaires sont unis aux fils des lampes et ne se remarquent pas ; le montage en est simple et propre.

Malgré cela, le métier „ Steinen " peut aussi employer un casse-fils mécanique; il n'est pas tenu à l'électricité, mais il l'a adoptée comme étant plus simple et plus facile.

Quant au tâteur, il n'y a pas de milieu, il faut choisir :

Ou bien ne pas en mettre du tout, car les tâteurs mécaniques manquent de précision par suite de la diversité des cannettes,

ou adopter les tâteurs électriques.

Ces trois points, que nous venons d'expliquer, ne forment pas, à proprement parler, des objections ; ce sont des principes qui, acceptés, forment la supériorité de ce métier sur les autres.

II. — Mesures générales et précautions à prendre pour l'installation d'un tissage moderne

Il est certainement préférable, lorsqu'on le peut, de construire un nouveau tissage.

Si on veut utiliser des salles existantes, prendre de longues salles, pour pouvoir mettre des rangées de 24 ou 48 métiers en ligne.

C'est une chose dont on ne voit pas l'utilité à première vue, mais qui est importante pour la surveillance d'un grand nombre de métiers. Un ouvrier ou contremaître, au bord d'une ligne, sait ainsi suivre *de visu* la marche de 48 ou 96 métiers, sans avoir à courir dans tous les sens, comme il aurait à le faire avec des rangées de 6, 8, 10 ou 12 métiers. La filature a suivi forcément cette méthode et s'en trouve bien; un ouvrier de filature ne conduit un si grand nombre de broches que parce qu'il les a toutes devant l'œil, dans le prolongement de son rayon visuel. Si les broches étaient disséminées, il n'en surveillerait pas la moitié (nous admettons, pour la démonstration de cette théorie, que les broches sont placées comme des métiers à tisser), il faut donc qu'il en soit de même pour les métiers à tisser, il faut les placer en longues lignes.

Nous aborderons maintenant la question du personnel.

Il ne s'agit pas, lorsque l'on monte un tissage d'automatiques, de prendre des apprentis n'ayant jamais travaillé dans la partie et de vouloir les mettre au courant, sous prétexte qu'ils ne sont pas aptes encore à les conduire et qu'ils se formeront plus tard. Agir de cette façon, c'est courir à un échec certain.

Nous sommes enclins à recommander aux industriels de prendre, pour conduire des automatiques, des hommes faits, bons tisserands, actifs et ayant de l'amour-propre et désireux d'arriver à de très belles payes! Ces hommes sont peut-être rares dans diverses contrées industrielles; mais il n'en faut pas beaucoup, car, pour un groupe de 100 métiers, il ne faudra guère que trois hommes et deux femmes, contremaître compris. Il faut intéresser l'ouvrier à la production de l'automatique et quand l'ouvrier tisseur, conduisant un groupe de 50 métiers, verra qu'il arrive, ainsi que les deux ou trois aides qui lui seront nécessaires, à des payes supérieures à

celles des contremaîtres habituels, ils ne feront aucune opposition à l'adoption et à la bonne marche des automatiques et seront des premiers à postuler auprès du fabricant la faculté de les conduire.

En terminant ces notes sur les métiers automatiques, nous pounons déclarer, en toute sincérité et en connaissance de cause, que l'avenir est aux métiers automatiques, et que les fabricants qui s'entêteront à ne pas les adopter ne pourront plus, d'ici quelques années, supporter la concurrence que leur feront leurs collègues plus avisés et qui se seront montés sans hésiter en métiers nouveaux systèmes automatiques!

Arrivé à la fin de notre *Traité du Tissage moderne,* nous sommes heureux de pouvoir remercier ici nos amis, connus et inconnus, qui, par l'achat de nos précédentes éditions, ont assuré le succès de notre œuvre.

Cette troisième édition, revue et augmentée, obtiendra certainement le même bon accueil auprès des tisseurs de toutes les régions, de tous les pays, et si nos collègues, parmi ceux de la jeune génération surtout, y trouvent des conseils et des données qui peuvent leur être de quelque utilité dans leur carrière, ce sera pour nous la meilleure des récompenses et le succès sérieux que nous nous sommes efforcé d'atteindre.

J.-V. SCHLUMBERGER. (1911.)

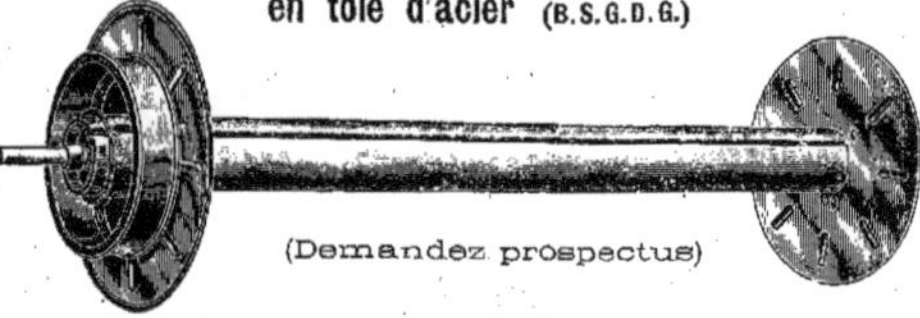

BELFORT
MULHOUSE
6 MÉDAILLES D'ARGENT
PARIS 1867 – TROYES – MULHOUSE
EXPOSITIONS UNIVERSELLES
PARIS 1889 | PARIS 1900
MÉDAILLE D'OR | 2 GRANDS PRIX
2 MÉDAILLES D'ARGENT | 1 MÉDAILLE D'OR
CROIX DE LA LÉGION D'HONNEUR

LE
TISSAGE MÉCANIQUE MODERNE

PAR

JULES-VICTOR SCHLUMBERGER ✻ I ✠

Ingénieur-Conseil.

Expert près les Tribunaux de Commerce

Médaille d'honneur de la Société industrielle de Mulhouse

Ancien Industriel, etc., etc.

MULHOUSE
IMPRIMERIE VEUVE BADER & Cie

1911